高等院校立体化创新教材系列

机械设计基础
(第 2 版)

刘艳秋　胡建忠

王　蔓　谢宝玲　编著

清华大学出版社

北　京

内 容 简 介

本书是根据教育部高等学校机械基础课程教学指导委员会修订的"机械设计基础课程教学基本要求",在国家"十四五"规划的大局下,坚持"以理论知识为前提,重点加强应用技能与理论结合培养"的原则,加大实验、实践的力度,结合本校的教学改革与精品课程建设,打造的贯穿式立体化精品教材。

本书共分为 14 章,重点介绍了平面机构的自由度、平面连杆机构、凸轮机构及间歇机构、齿轮机构、轮系、齿轮传动、带传动、链传动、连接、轴、滑动轴承、滚动轴承、联轴器和离合器等内容。

本书可作为高等学校工科非机械类专业"机械设计基础"课程的教材,也可供有关专业师生和工程技术人员参考。

图书在版编目(CIP)数据

机械设计基础/刘艳秋等编著. —2 版. —北京:清华大学出版社,2023.4(2024.10重印)
高等院校立体化创新教材系列
ISBN 978-7-302-63021-0

Ⅰ. ①机⋯ Ⅱ. ①刘⋯ Ⅲ. ①机械设计—高等学校—教材 Ⅳ. ①TH122

中国国家版本馆 CIP 数据核字(2023)第 038726 号

责任编辑:陈冬梅
封面设计:李 坤
责任校对:李玉茹
责任印制:丛怀宇
出版发行:清华大学出版社
    网　　址:https://www.tup.com.cn,https://www.wqxuetang.com
    地　　址:北京清华大学学研大厦 A 座   邮　　编:100084
    社 总 机:010-83470000   邮　　购:010-62786544
    投稿与读者服务:010-62776969,c-service@tup.tsinghua.edu.cn
    质量反馈:010-62772015,zhiliang@tup.tsinghua.edu.cn
    课件下载:https://www.tup.com.cn,010-62791865
印 装 者:三河市天利华印刷装订有限公司
经　　销:全国新华书店
开　　本:185mm×260mm 印　张:16.75   字　数:405 千字
版　　次:2018 年 8 月第 1 版 2023 年 4 月第 2 版 印　次:2024 年 10 月第 2 次印刷
定　　价:49.80 元

产品编号:099727-01

前　言

本书第 1 版是辽宁省优秀教材，此版是中国轻工业"十四五"规划教材。根据教育部高等学校机械基础课程教学指导委员会修订的"机械设计基础课程教学基本要求"，在国家"十四五"规划的大局下，坚持"以理论知识为前提，重点加强应用技能与理论结合培养"的原则，加大实验、实践的力度，结合大连工业大学的教学改革与精品课程建设，打造的贯穿式立体化精品教材。本书主要是大连工业大学机械设计教研室和沈阳工业大学的教师编写。

在本版的修订过程中，编者试图从满足教学基本要求出发，坚持少而精的原则，适当拓宽知识面，难度适中，借助多媒体技术，为重点内容配备了精品课程讲解视频、动画等，借助二维码技术，通过"扫一扫"方式，让学生可以利用手机学习，实现了教学中的"互联网+"碎片化。

本书通过互联网式的碎片化教学方式，实现信息化管理，为国家的教学改革事业起到了启航者的作用。本书不仅能够使学生在掌握相关理论知识的基础上具备一定的实际操作技能，而且实现了精品课程与教材编写的结合，也向出版精品教材方向迈进了一步。

参加本书编写工作的有刘艳秋(第一、二、六、十一、十四章)、王蔓(第五、七、十章)、胡建忠(第三、四、八、九章)、谢宝玲(第十二、十三章)。全书由刘艳秋负责统稿，初家鹏主审。

限于编者的水平，书中难免有不足之处，恳请广大读者批评、指正。

编　者

目　　录

第一章　导论 1

 第一节　"机械设计基础"课程研究的
  对象和内容 1

 第二节　机械设计的基本要求和一般步骤 ... 3

  一、机械设计的基本要求 3

  二、机械设计的一般步骤 4

 第三节　机械零件的设计计算准则 5

  一、机械零件的主要失效形式 5

  二、机械零件设计应满足的
   基本要求 6

 第四节　机械零件结构的工艺性及
  标准化 7

  一、工艺性 7

  二、标准化 7

 本章小结 8

 复习思考题 8

第二章　平面机构的自由度 9

 第一节　机构的组成及其运动简图的
  绘制 9

  一、机构的组成要素 9

  二、运动副的分类 10

  三、机构运动简图的绘制 12

 第二节　平面机构自由度的计算 15

  一、平面机构自由度的计算公式 15

  二、平面机构自由度的意义及
   机构具有确定运动的条件 16

 第三节　计算机构自由度时应注意的
  事项 17

  一、复合铰链 17

  二、局部自由度 18

  三、虚约束 18

 本章小结 20

 复习思考题 20

第三章　平面连杆机构 22

 第一节　概述 22

 第二节　平面四杆机构的基本类型及
  应用 23

  一、曲柄摇杆机构 23

  二、双曲柄机构 24

  三、双摇杆机构 25

 第三节　平面四杆机构的演化 25

  一、改变相对杆长、转动副演化成
   移动副 25

  二、选用不同构件为机架 26

 第四节　平面四杆机构有曲柄的条件及
  几个基本概念 28

  一、铰链四杆机构中有曲柄的
   条件 28

  二、压力角和传动角 29

  三、急回运动和行程速度变化
   系数 30

  四、机构的死点位置 32

 第五节　平面四杆机构的设计 33

  一、按给定的行程速度变化系数
   设计四杆机构 33

  二、按给定连杆位置设计四杆
   机构 35

  三、按给定两连架杆对应位置设计
   四杆机构 35

  四、按给定点的运动轨迹设计四杆
   机构 38

  五、运用连杆曲线图谱设计四杆
   机构 38

六、连杆曲线的绘制.....................39

本章小结...39

复习思考题.......................................40

第四章　凸轮机构及间歇机构.............42

第一节　凸轮机构的应用及分类.................42

　　一、凸轮机构的应用.......................42

　　二、凸轮机构的分类.......................43

第二节　从动件常用运动规律及其选择.....44

　　一、凸轮机构的运动循环及基本

　　　　名词术语.................................45

　　二、从动件运动规律.......................46

　　三、从动件运动规律的选择..............48

第三节　图解法设计凸轮轮廓...................49

第四节　解析法设计凸轮轮廓...................53

　　一、凸轮的轮廓线方程...................53

　　二、刀具中心轨迹方程...................54

第五节　设计凸轮机构应注意的问题.........54

　　一、滚子半径的选择.......................55

　　二、压力角的校核.........................55

　　三、基圆半径的取值对凸轮机构的

　　　　影响...56

第六节　间歇运动机构和组合机构.............57

　　一、间歇运动机构.........................57

　　二、组合机构.................................64

本章小结...65

复习思考题.......................................65

第五章　齿轮机构...............................67

第一节　概述.......................................67

第二节　齿廓啮合基本定律和齿廓曲线.....69

　　一、齿廓啮合基本定律...................69

　　二、共轭齿廓.................................70

第三节　渐开线齿廓.............................70

　　一、渐开线的形成和性质...............70

　　二、渐开线齿廓的啮合特点............71

第四节　渐开线标准直齿圆柱齿轮及其

　　　　啮合传动.................................73

一、齿轮轮齿各部分的名称和

　　符号...73

二、基本参数和几何尺寸..................74

三、一对渐开线齿轮的啮合传动.......75

第五节　渐开线齿轮的加工方法及变位

　　　　齿轮...78

　　一、仿形法.....................................78

　　二、范成法.....................................79

　　三、根切及避免根切的最少齿数.....80

　　四、变位齿轮.................................82

第六节　斜齿圆柱齿轮机构...................82

　　一、斜齿圆柱齿轮齿廓曲面的

　　　　形成及主要啮合特点..............82

　　二、斜齿圆柱齿轮的几何参数和

　　　　正确啮合条件.........................83

　　三、斜齿圆柱齿轮的当量齿数和

　　　　最少齿数.................................85

第七节　锥齿轮机构.............................87

　　一、锥齿轮的特点和应用...............87

　　二、锥齿轮齿廓的形成...................88

　　三、背锥和当量齿轮.......................88

　　四、直齿锥齿轮啮合特点...............89

第八节　蜗杆机构.................................90

　　一、概述...90

　　二、蜗杆机构的正确啮合条件........90

　　三、蜗杆机构的主要参数和几何

　　　　尺寸...91

　　四、蜗杆机构的传动比及转向........93

　　五、蜗杆机构的滑动速度v_s与

　　　　效率η..............................93

本章小结...94

复习思考题.......................................94

第六章　轮系....................................96

第一节　轮系的类型.............................96

　　一、定轴轮系.................................96

　　二、周转轮系.................................96

三、混合轮系 ……………………96
第二节 定轴轮系的传动比 ………97
 一、一对齿轮传动的传动比 ………97
 二、平面定轴轮系传动比 …………98
 三、空间定轴轮系传动比 …………99
第三节 基本周转轮系的传动比 …………100
 一、周转轮系的组成及类型 …………100
 二、周转轮系传动比的计算 ………101
第四节 混合轮系的传动比 ………103
 一、区分基本轮系 …………………103
 二、列出基本轮系传动比方程 ……103
 三、联立求解 ………………………103
第五节 轮系的功用 ………………105
 一、实现大传动比的传动 …………105
 二、实现远距离的两轴间传动 ……106
 三、实现变速、换向传动 …………106
 四、实现分支传动 …………………106
 五、实现运动的合成与分解 ………107
本章小结 ……………………………107
复习思考题 …………………………107

第七章　齿轮传动 ………………109
第一节 齿轮传动的失效形式及设计
  准则 ……………………………109
 一、齿轮传动的失效形式 …………110
 二、设计计算准则 …………………112
第二节 齿轮材料、许用应力及齿轮
  精度 ……………………………112
 一、齿轮的常用材料 ………………112
 二、许用应力[σ] …………………114
 三、齿轮传动的精度 ………………115
第三节 直齿圆柱齿轮受力分析和强度
  计算 ……………………………116
 一、轮齿受力分析和计算载荷 ……116
 二、齿面接触强度计算 ……………117
 三、齿根弯曲强度计算 ……………119
第四节 直齿圆柱齿轮传动的设计计算 …121

一、强度计算应注意的问题 ………121
二、主要参数选择 …………………121
第五节 斜齿圆柱齿轮传动的强度计算 …124
 一、轮齿间的作用力 ………………124
 二、强度计算 ………………………125
第六节 直齿锥齿轮传动的强度计算 ……127
 一、直齿锥齿轮传动的受力分析 …127
 二、强度计算 ………………………128
第七节 蜗杆传动的强度计算 ……129
 一、蜗杆传动的失效形式、设计
  准则及常用材料 ……………129
 二、蜗杆传动的受力分析 …………129
 三、蜗杆传动强度计算 ……………130
 四、蜗杆传动热平衡计算 …………132
第八节 齿轮的结构与润滑 ………133
 一、齿轮的结构 ……………………133
 二、齿轮的效率及润滑 ……………135
本章小结 ……………………………136
复习思考题 …………………………136

第八章　带传动 …………………138
第一节 概述 ………………………138
 一、带传动的类型和传动形式 ……138
 二、带传动的优、缺点 ……………139
 三、V 带传动 ………………………139
第二节 V 带和 V 带轮 ……………140
 一、V 带的结构和规格 ……………140
 二、V 带轮 …………………………141
第三节 带传动的工作情况分析 …………143
 一、带传动的受力分析 ……………143
 二、带传动的应力分析 ……………144
 三、带的弹性滑动、打滑和传
  动比 …………………………146
 四、带传动的失效形式和设计
  准则 …………………………146
第四节 V 带传动的设计计算 ……147
第五节 同步齿形带传动简介 ……153

一、同步齿形带传动的特点..........153
二、同步齿形带的应用..............154
三、同步齿形带的结构..............154
本章小结..................................154
复习思考题..............................155

第九章　链传动....................................156

第一节　概述............................156
一、链传动的组成..................156
二、链传动的类型及特点..........156
三、链传动的应用..................157
第二节　传动链和链轮................159
一、传动链的类型和结构..........159
二、套筒滚子链链轮的结构........161
第三节　链传动的运动特性和参数选择...162
一、链传动的运动不均匀性........162
二、参数的选择......................163
第四节　链传动的设计计算..........164
一、主要失效形式..................164
二、额定功率曲线图................164
三、设计计算........................166
第五节　链传动的布置及润滑........169
一、链传动的布置..................169
二、链传动的润滑..................170
本章小结..................................171
复习思考题..............................171

第十章　连接..173

第一节　螺纹连接的基础知识........173
一、螺纹的形成......................174
二、螺纹的分类......................174
三、螺纹的主要参数................175
四、螺纹的特点和应用............176
第二节　螺旋副的受力分析、效率和
自锁..................................177
一、矩形螺纹........................177
二、非矩形螺纹......................179
第三节　螺纹连接和螺纹连接件......180

一、螺纹连接的基本类型..........180
二、螺纹连接件......................182
第四节　螺纹连接的强度计算........182
一、螺纹连接的主要失效形式和
计算准则..........................182
二、螺纹的材料及许用应力..........182
三、松螺纹连接强度计算............184
四、紧螺纹连接强度计算............185
第五节　设计螺纹连接应注意的几个
问题..................................190
一、螺纹连接的预紧................190
二、螺纹连接的防松................191
三、影响螺纹连接强度的因素......193
本章小结..................................195
复习思考题..............................195

第十一章　轴..197

第一节　轴的类型和材料............197
一、轴及其分类......................197
二、轴的设计要求和设计步骤......198
三、轴的材料........................198
第二节　轴的结构设计................199
一、轴上零件的定位和固定........199
二、良好的结构工艺性............201
三、提高轴的疲劳强度............202
第三节　轴的工作能力计算..........203
一、轴的强度计算..................203
二、轴的刚度计算简介............208
三、轴的振动稳定性概念..........209
第四节　轴毂连接......................209
一、键连接..........................209
二、花键连接........................213
三、销连接..........................214
四、过盈连接及成形连接..........215
本章小结..................................215
复习思考题..............................216

第十二章　滑动轴承............................217

第一节　摩擦、磨损、润滑的基础知识..217

一、摩擦 217
二、磨损 218
三、润滑 219
第二节 滑动轴承的结构形式 221
一、向心滑动轴承 221
二、普通推力滑动轴承 222
第三节 轴瓦材料和轴瓦结构 222
一、轴瓦材料 223
二、轴瓦结构 224
第四节 非液体摩擦滑动轴承的校核
计算 225
一、非液体摩擦径向轴承的校核
计算 226
二、非液体摩擦推力滑动轴承的
校核计算 226
第五节 液体摩擦滑动轴承及其他滑动
轴承简介 228
一、动压轴承和静压轴承 228
二、含油轴承 229
三、尼龙轴承 229
本章小结 229
复习思考题 229

第十三章 滚动轴承 231
第一节 滚动轴承的结构、类型和
代号 231
一、滚动轴承的结构 231
二、滚动轴承的主要类型及特点 231
三、滚动轴承类型的选择 233
四、滚动轴承的代号 233
第二节 滚动轴承的失效形式及其
计算 235

一、失效形式 235
二、轴承寿命的计算 236
第三节 滚动轴承的组合设计 242
一、轴承的固定 242
二、轴承组合的调整 244
三、滚动轴承的配合 245
四、轴承的装拆 245
五、滚动轴承的润滑 245
六、滚动轴承的密封 246
本章小结 247
复习思考题 247

第十四章 联轴器和离合器 248
第一节 联轴器 248
一、固定式刚性联轴器 248
二、可移式刚性联轴器 249
三、弹性联轴器 251
第二节 离合器 252
一、牙嵌离合器 252
二、摩擦离合器 253
三、电磁粉末离合器 254
四、超越离合器 255
第三节 联轴器和离合器的选用 255
一、类型选择 255
二、型号和尺寸选择 256
本章小结 256
复习思考题 256

附录 常用标准 257

参考文献 258

第一章　导　论

学习要点及目标

(1) 了解"机械设计基础"课程研究的对象和内容。

(2) 学习机械设计的基本要求和一般步骤。

第一节　"机械设计基础"课程研究的对象和内容

机器是人类在长期生产实践中创造的具有某种用途的设备，如机床、汽车、起重机、运输机、自动化生产线、机器人和航天器等。机器和机构统称为机械。机械既能承担人力所不能或不便进行的工作，又能较人工生产大大提高劳动生产率和产品质量，还便于集中进行社会化大生产。因此，生产的社会化和自动化已成为反映当今社会生产力发展水平的重要标志。

图 1-1 所示为单缸四冲程内燃机。燃气推动活塞做往复移动，经连杆转变为曲轴的连续转动。凸轮和顶杆是用来启闭进气阀和排气阀的。为了保证曲轴每转两周，进、排气阀各启闭一次，曲轴与凸轮轴之间安装了齿数比为 1∶2 的齿轮。这样，当燃气推动活塞运动时，各构件便协调地动作，进气阀和排气阀有规律地启、闭，加上汽化、点火等装置的配合，就把热能转换为曲轴回转的机械能。

机器的种类繁多，形式各不相同，但就其组成来说，一部完整的机器主要由以下四个部分组成，如图 1-2 所示。

(1) 原动部分。原动部分是机器的动力来源，除最常用的电动机外，还有热力机(内燃机、汽轮机、燃气机)、液压马达等。原动部分的作用是把其他形式的能量转变为机械能，以驱动机器运动和做功。

(2) 执行部分。执行部分又称工作部分，是直接完成机器预定功能的部分，如起重机的吊钩、车床的刀架、仪表的指针等。

(3) 传动部分。传动部分是将原动部分的运动和动力传递给执行部分的中间环节，在传递运动方面，它可以改变运动速度、转换运动形式等，从而满足执行部分的各种要求，如将高转速变为低转速、小转矩变为大转矩、回转运动变为直线运动等。

(4) 控制部分。控制部分(操纵部分)的作用是控制机器的其他各部分，使操作者能随时实现或终止各自预定的功能，如机器的启停、运动速度和方向的改变等。一般来说，现代机械的控制部分包括机械控制系统和电子控制系统。随着科学技术和生产的发展，对机械的功能和高度自动化的要求日益增长，因此对控制系统的要求也越来越高。

原动部分、传动部分、执行部分就可以组成简单的机器，有的机器甚至只有原动部分和执行部分，如水泵、砂轮机等。但是对于较复杂的机器，除上述四个基本组成部分外，还有润滑、照明等辅助装置。

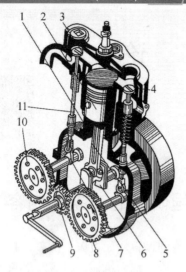

图 1-1　单缸四冲程内燃机

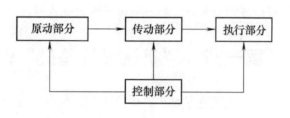

图 1-2　机器的组成

1—汽缸；2—活塞；3—进气阀；4—排气阀；5—连杆；
6—曲轴；7—凸轮；8，9，10—齿轮；11—顶杆

　　机器具有以下几个共同特征：①都是一种人为的实体组合；②各实体之间具有确定的相对运动；③在工作时能转换为机械能(如内燃机、发电机等)或做有效的机械功(如洗衣机、缝纫机等)。

　　仅具有前两个特征的称为机构。若从结构和运动的观点来看，机器与机构两者之间并无区别，所以，通常用"机械"一词作为机器和机构的总称。

　　组成机构的各个相对运动部分称为构件。构件可以是单一的整体，也可以是由几个零件组成的刚性结构。图 1-3 所示的内燃机连杆就是由连杆体、连杆盖、轴套、轴瓦、螺栓、螺母及开口销等零件组成的刚性构件。由此，构件与零件的区别在于：构件是运动的最小单元，零件是制造的最小单元。机械中的零件按其用途可分为两类：各种机械中都经常使用的零件，如螺母、螺钉、键、弹簧等，称为通用零件；只在某些机械

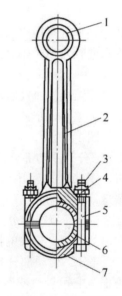

图 1-3　内燃机连杆

1—轴套；2—连杆体；3—开口销；
4—螺母；5—螺栓；6—轴瓦；7—连杆盖

中使用的零件，如缝纫机中的曲轴、连杆，灌装机中的凸轮，纺织机械中的纺锭、织梭，汽轮机的叶片等，称为专用零件。

　　另外，还常把一组协同工作的零件所组成的独立制造或独立装配的组合体称为部件，如减速器、离合器等。

　　"机械设计基础"课程主要阐述一般机械中的常用机构和通用零件的工作原理、结构

特点、基本的设计理论和计算方法等，同时，还扼要地介绍与本课程有关的国家标准和规范，以及某些零件的选用原则和方法。

为了学好"机械设计基础"课程，首先要求学生必须掌握机械制图、工程力学、金属工艺学等先修课程。学习本课程，可使学生获得认识、使用和维护机械设备的一些基础知识，培养学生运用机械设计手册等资料设计简单的机械装置，为学习专业机械设备课程及以后参与技术革新奠定必要的基础。

第二节　机械设计的基本要求和一般步骤

设计机器时，必须满足技术条件所规定的各项要求。对机器的要求首先是机器的全部职能、预定的使用寿命、制造和运转成本、重量与尺寸指标等。此外，还应考虑机器运输的可能性、操作方便性、外形美观等要求。本节将扼要阐明机械零件设计的一些共性问题。

一、机械设计的基本要求

机械的种类虽然很多，但设计时所考虑的基本要求往往是相同的，这些基本要求有以下两个方面。

1. 运动和动力性能要求

根据预定的使用要求确定机械的工作原理，并据此选择机构类型和机械传动方式，达到用合理的机构组合来协调运动，实现预定动作。在运动分析的基础上，对机构进行动力分析，从而确定作用在各零件上的功率、扭矩和作用力等。

2. 工作可靠性要求

为了使机械在预定的工作期限内可靠地工作，防止因零件失效而影响其正常运行，零件应满足下列要求。

1) 强度

强度是指零件抵抗破坏的能力，是保证零件工作的最基本要求。零件强度不足时，就会发生不允许的塑性变形，甚至造成断裂破坏，轻则使机械停止工作，重则发生严重事故。为保证零件具有足够的强度，零件的工作应力不得超过许用应力，这就是零件的强度计算准则。

2) 刚度

刚度是指零件抵抗弹性变形的能力。零件的刚度不足时，就会产生不允许的弹性变形，形成载荷集中等，影响机械的正常工作。例如，造纸机的辊子、机床的主轴如果没有足够的刚度，就会导致产品质量严重恶化。刚度计算准则要求零件工作时的弹性变形量(弯曲挠度或扭转角)不超过机械工作性能所允许的极限值(即许用变形量)。

3) 耐磨性

耐磨性是指零件抵抗磨损的能力。例如，齿轮的轮齿表面磨损量超过一定限度后，轮齿齿形会有较大的改变，使齿轮转速不均匀，产生噪声和动载荷，严重时会因齿根厚度减薄而导致轮齿折断。因此，在磨损严重的条件下，以限制与磨损有关的参数(如零件接触表面间的压强和相对滑动速度)作为磨损计算的准则。

4) 耐热性

耐热性是指抗氧化、抗热变形和抗蠕变的能力。零件在高温(一般钢件在300～400℃以上，轻合金和塑料件在100～150℃以上)下工作时，将会因强度削弱而降低其承载能力，同时会出现蠕变，增加塑性变形甚至发生氧化现象，从而大大影响机械的精度，进而使零件失效。另外，高温下润滑油膜容易破裂，导致润滑油的润滑能力降低甚至完全丧失。

对于不同用途的机械还可提出一些特殊要求。例如，对机床的要求是能长期保持其精度；对流动使用的机械(如钻探机、塔式起重机等)的要求是便于安装、拆卸和运输；对医药、食品、印刷、纺织和造纸等机械的要求是能保持清洁，不得污染产品。

二、机械设计的一般步骤

机械设计一般可分为以下几个阶段。

1. 提出设计要求

设计任务的提出，主要是根据社会和市场的需要，一定要有明确的目的。不论是设计新的机械产品，还是进行技术改造，总要达到某种技术经济目的，如提高劳动生产率、提高产品质量与使用寿命、节约原材料、降低能耗或减轻劳动强度等。

2. 调查研究、分析对比、确定设计模型与方案

设计者要了解所设计对象的工作条件、工作环境、预计的生产能力、技术经济指标以及是否具有特殊的技术要求等，如耐高温、耐腐蚀以及对材料、尺寸及重量的限制等，以作为设计的依据。同时要根据国家标准、规范做到产品系列化、部件通用化、零件标准化。

根据调查、分析与研究，拟订所设计的机器方案，这是设计中的重要阶段，应力求做到所设计的方案技术先进并且使用可靠、经济、合理。

3. 结构设计

在方案确定以后，需经过必要的计算和分析来确定数学模型与计算公式，在进行校验之后，即可着手进行结构设计，绘制装配草图、装配图和部装图，最后根据装配图与结构设计绘制零件工作图。

4. 试验分析

图纸设计完成后，需要编制必要的技术文件，进行产品试制，经过试车获得预期的结果；否则需要反复进行修改，直至完善。

5. 使用与考核

产品在成批制造与投放市场后，需广泛征求用户意见，以求不断提高和完善产品。

第三节　机械零件的设计计算准则

机械设计应满足的要求：在满足预期功能的前提下，性能好、效率高、成本低，在预定使用期限内安全可靠、操作方便、维修简单和造型美观等。概括地说，所设计的机械零件既要工作可靠，又要成本低廉。

机械零件由于某种原因不能正常工作时，称为失效。在不发生失效的条件下，零件所能安全工作的限度称为工作能力。通常此限度是对载荷而言的，所以习惯上又称其为承载能力。

一、机械零件的主要失效形式

1. 整体断裂

机械零件在受拉、受压、受弯、受剪和受扭等外载荷作用下，由于某一危险截面上的应力超过零件的强度极限而发生的断裂；或者零件在受交变应力作用时，危险截面上发生的疲劳断裂，均属于整体断裂。

2. 残余变形过大

如果作用于零件上的应力超过材料的屈服极限，则零件将产生残余变形。当残余变形过大时，机器的运动精度将丧失，甚至不能运动。例如，对于机床上的零件，过大的残余变形将使机床的运动精度部分丧失，由此降低了加工精度。

3. 零件的表面破坏

零件的表面破坏主要是腐蚀、磨损和接触疲劳等。

腐蚀是发生在金属表面的一种电化学或化学侵蚀现象，其结果是使金属表面产生锈蚀。对于承受变应力的零件，还会引起腐蚀疲劳的现象，进而使零件表面遭到破坏。

磨损是两个接触表面在做相对运动的过程中表面物质丧失或转移的现象。所有做相对运动的零件其接触表面都有可能发生磨损。

在接触变应力条件下工作的零件表面，也有可能发生接触疲劳。

腐蚀、磨损和接触疲劳都是零件随工作时间的延续而逐渐发生的失效形式。

4. 破坏正常工作条件引起的失效

有些零件只有在一定的工作条件下才能正常工作。例如，液体摩擦的滑动轴承，只有在存在完整的润滑油膜时才能正常工作；带传动和摩擦轮传动，只有在传递的有效圆周力小于临界摩擦力时才能正常工作；高速转动的零件，只有其转速与转动件系统的固有频率避开一个适当的间隔时才能正常工作等。如果破坏了这些必备的条件，零件将发生不同类型的失效。

据相关文献介绍，由于腐蚀、磨损和各种疲劳破坏所引起的零件失效占 74%左右，而由于断裂所引起的零件失效只占 5%左右，所以腐蚀、磨损和接触疲劳是引起零件失效的主要原因。

二、机械零件设计应满足的基本要求

1. 强度方面

强度是指零件抵抗破坏的能力。零件强度不足，将导致过大的塑性变形，甚至断裂破坏，使机器停止工作，甚至发生严重事故。采用高强度材料、增大零件截面尺寸、合理设计截面形状、采用热处理及化学处理方法、提高运动零件的制造精度，以及合理配置机器中各零件的相互位置等，均有利于提高零件的强度。

2. 刚度方面

刚度是指零件抵抗弹性变形的能力。零件刚度不足，将导致过大的弹性变形，引起载荷集中，影响机器的工作性能，甚至造成事故。例如，机床的主轴、导轨等，若刚度不足导致变形过大，将严重影响所加工零件的精度。

零件的刚度分为整体变形刚度和表面接触刚度两类。增大零件的截面尺寸或增大截面惯性矩、缩短支承跨距或采用多支点结构等措施，有利于提高零件的整体变形刚度。而增大零件接触贴合面及采用精细加工等措施，有利于提高零件的表面接触刚度。

一般情况下，满足刚度要求的零件也能满足其强度要求。

3. 寿命方面

机器寿命是指零件正常工作的期限。材料的疲劳、腐蚀及相对运动零件接触表面的磨损和高温下的蠕变等是影响零件寿命的主要因素。提高零件抗疲劳破坏能力的主要措施有减小应力集中、保证零件有足够的尺寸及提高零件的表面质量等。

4. 结构工艺性方面

机械零件结构工艺性是指在一定的生产条件下能方便、经济地生产出零件，并便于装配成机器。为此，应从零件的毛坯制造、机械加工及装配等生产环节，综合考虑零件的结构设计。

5. 可靠性方面

机械零件可靠性的定义与机器可靠性的定义相同。提高零件的可靠性应从工作条件(载荷、环境温度等)和零件性能两个方面考虑，使其随机变化尽可能小。加强零件使用中的维护与监测，也可提高零件的可靠性。

6. 经济性方面

零件的经济性主要取决于零件所用的材料和加工成本，因此提高零件的经济性主要从零件的材料选择和结构工艺性设计两个方面考虑，如采用相对廉价的材料代替贵重材料，采用轻型结构和少余量、无余量的毛坯，简化零件结构，改善零件的结构工艺性，以及尽可能采用标准化零部件等。

7. 零件质量大小方面

一般情况下，绝大多数机械零件要求尽可能减小其质量。对于运输机械，减小零件质量就可以减小机械本身的运动质量，增加其有效运载量。另外，减小零件质量可以节约原材料，对于运动的零件，还可减小其运动惯性力，从而改善机器的整体动力性能。

第四节　机械零件结构的工艺性及标准化

如果零件的结构既能满足使用要求，又能在具体的生产条件下使制造和装配时所耗的时间、劳动量及费用最少，这种结构就是符合工艺的。

零件标准是在总结先进生产技术和经验的基础上制定的，在机械制造中具有重大意义。

一、工艺性

设计机械零件时，不仅应使其满足使用要求，即具备所要求的工作能力；同时还应当满足生产要求，否则就可能制造不出来，或虽能制造但费工费料。

在具体生产条件下，如所设计的机械零件便于加工而且加工费用又很低，则这样的零件就称为具有良好的工艺性。有关工艺性的基本要求如下。

1. 毛坯选择合理

机械制造中毛坯制备的方法有直接利用型材、铸造、锻造、冲压和焊接等。毛坯的选择与具体的生产技术条件有关，一般取决于生产批量、材料性能和加工可能性等。

2. 结构简单合理

设计零件的结构形状时，最好采用最简单的表面(如平面、圆柱面)及其组合，同时还应当尽量使加工表面数目最少和加工面积最小。

3. 规定适当的制造精度及表面粗糙度

零件的加工费用随着精度的提高而增加，尤其是对于精度较高的情况，这种增加极为显著。因此，在没有充分根据时，不应盲目追求高的精度。同理，零件的表面粗糙度也应根据配合表面的实际需要，做出适当的规定。

要设计出工艺性最好的零件，设计者必须与工艺技术人员和工人相配合并善于向他们学习。此外，"金属工艺学"课程和机械设计手册中也都提供了一些有关工艺性的基础知识，可供参考。

二、标准化

标准化是指以制定标准和贯彻标准为主要内容的全部活动过程。标准化的原则是统一、简化、协调、选优(优化)。将产品及其零件加以标准化具有重大意义：在制造方面可以施行专业化大量生产，这既可提高产品质量，又能降低成本；在设计方面，零件的标准化也使设计人员可以集中精力创造新的及重要的结构，从而减轻设计工作量；在管理和维修方面，可减少库存量和便于更换损坏的零件。

我国的标准分为国家标准、行业标准、地方标准和企业标准四级，公差与配合、表面粗糙度和优先数系都有国家标准。就机械零部件而言，已颁布有连接件(如螺钉、键、铆钉等)、传动件、润滑件、密封件、轴承、联轴器等标准。零件的标准是在总结先进生产技术和经验的基础上制定出来的，因此，如无特殊需要，设计时必须采用这些标准。

我国已加入国际标准化组织(International Organization for Standardization，IOS)，并鼓励企业积极采用国际标准。近年来，我国颁布的许多国家标准已采用相应的国际标准。

本 章 小 结

本章作为"机械设计基础"课程的基础知识，简要介绍了机械设计的基本要求和进行设计的一般步骤，以及具体零件的设计要求、设计计算准则和设计程序等。设计机械零件首先要选择合适的材料，所以常用的金属材料及其热处理方法的相关知识也是必须了解的。在具体生产条件下，所设计的机械零件应具有良好的工艺性，使零件便于加工且费用低廉。零件的标准化使设计人员的工作量大大减少，所以了解和正确选用标准也是机械设计人员必须具备的能力。

复习思考题

知识拓展

一、基本概念

机器　机构　机械　零件　部件　构件

二、简答题

1. 机器主要由哪几部分组成？各部分的作用是什么？
2. 设计机械零件时应满足哪些基本要求？
3. 选择机械零件材料时应考虑哪些原则？

第二章　平面机构的自由度

学习要点及目标

(1) 掌握机构运动简图的绘制方法。
(2) 掌握平面机构自由度的计算方法。

第一节　机构的组成及其运动简图的绘制

一、机构的组成要素

机构的组成　平面机构运动
简图的绘制

虽然各种机构的形式、结构各不相同，但是通过仔细观察和分析可以看到，机构是具有相对运动的构件组合体，各构件按一定方式连接而成。机构是由构件和运动副两个要素组成的。

1. 构件

构件是指作为一个整体参与机构运动的刚性单元。一个构件，可以是不能拆开的单一整体，也可以是由若干个不同零件装配起来的刚性体，因此构件是运动的单元。

内燃机中的连杆如图 2-1 所示，该构件就是由几种零件组合在一起的(见图 1-3)。

当不考虑构件自身的弹性变形时，则视之为刚性构件。本书在不做特殊说明时，均指刚性构件。

在机构简图中，常用简单直线或曲线表示构件，图 2-1(a)所示内燃机中的连杆用简单直线表示，如图 2-1(b)所示。

2. 运动副

一个做平面运动的自由构件有三种独立运动的可能性，如图 2-2 所示，在 xOy 坐标系中，构件 S 可随其上任一点 A 沿 x 轴、y 轴方向移动和绕 A 点转动，这种可能出现的独立运动数目称为构件的自由度。所以，一个做平面运动的自由构件有三个自由度。

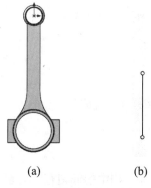

(a)　　　　(b)

图 2-1　内燃机中的连杆

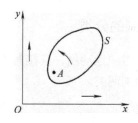

图 2-2　平面运动刚体的自由度

在机构中，每个构件都是以一定的方式与其他构件相互连接起来的，这种连接是可动的，但是，其相对运动又受到一定的限制，以保证构件间具有确定的相对运动。两构件之间的这种直接接触而又能产生一定相对运动的连接称为运动副。构件组成运动副后，其独立运动受到约束，自由度随之减少。

若干个构件通过运动副连接组成的构件系统为运动链。如果运动链中的各构件构成首尾封闭的系统，则称为闭式链，如图 2-3(a)～(c)所示；否则称为开式链，如图 2-3(d)～(f)所示。

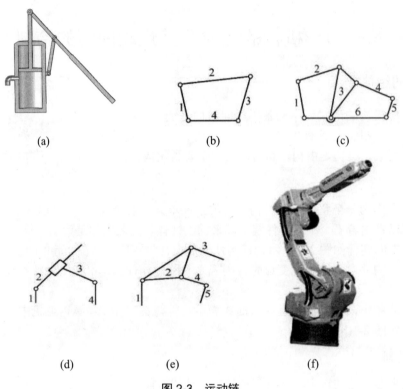

(a)　　　　　　(b)　　　　　　(c)

(d)　　　　(e)　　　　(f)

图 2-3　运动链

如果将运动链中的一个构件固定作为参考系(如机架)，则这种运动链称为机构。机构中作为参考系的构件为机架，机架相对地面可以是固定的，也可以是运动的(如汽车、船、飞机等中的机架)。机构中按给定运动规律运动的构件称为主动件，或称为原动件，其余随主动件运动的构件称为从动件。

二、运动副的分类

两构件组成运动副，其接触方式不外乎点、线、面。按照接触情况，通常把运动副分为低副和高副两类。

1. 低副

两构件通过面接触组成的运动副称为低副。平面机构中的低副有转动副和移动副两种。

(1) 转动副。若组成运动副的两构件只能在一个平面内相对转动，则这种运动副称为转动副或铰链，如图 2-4 所示。图 2-4(a)所示为由轴 1 与轴套 2 组成的转动副，其中构件 2 为机架，这种转动副称为固定铰链。而在图 2-4(c)所示的两个构件都未固定，故称为活动铰链。

(2) 移动副。若组成运动副的两构件只能沿某一轴线相对移动，则这种运动副称为移动副，如图 2-5 所示。

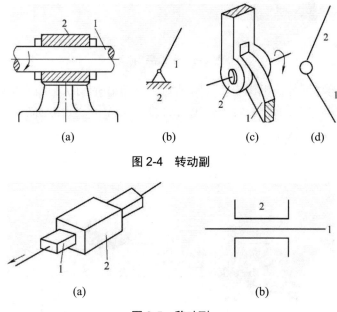

图 2-4　转动副

图 2-5　移动副

2. 高副

两构件通过点或线接触组成的运动副称为高副。图 2-6(a)所示的车轮 1 与钢轨 2、图 2-6(b)所示的凸轮 1 与从动件 2、图 2-6(c)所示的轮齿 1 与轮齿 2 分别在接触处组成高副。

图 2-6(a)所示两构件间的相对运动为沿接触点 A 处纯滚动，图 2-6(b)所示两构件的运动为沿接触点切线方向的相对移动，而图 2-6(c)所示为两构件在平面内的相对转动。

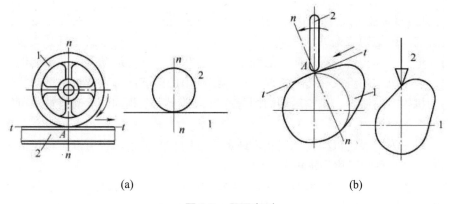

图 2-6　平面高副

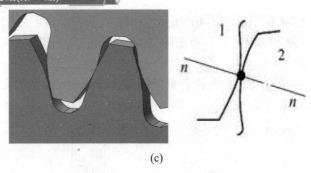

(c)

图 2-6 平面高副(续)

除上述平面运动副外，机械中还经常见到图 2-7(a)所示的螺旋副和图 2-7(b)所示的球面副。这些运动副两构件的相对运动是空间运动，故属于空间运动副。空间运动副已超出本章讨论的范围，故不赘述。

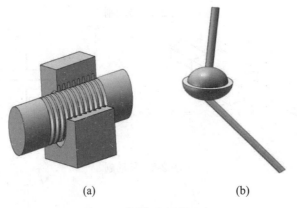

(a)   (b)

图 2-7 螺旋副和球面副

三、机构运动简图的绘制

实际机构往往是由外形和结构都很复杂的构件组成的。但从运动的观点来看，各种机构都是构件通过运动副连接而构成的，构件的运动取决于运动副的类型和机构的运动尺寸(确定各运动副相对位置尺寸)，而与构件外形、断面尺寸、组成构件的零件数目、连接方式及运动副的具体结构等无关。因此，为了便于研究机构的运动方式，有必要撇开构件、运动副的外形和具体构造，只用简单的线条和符号代表构件及运动副，并按比例尺定出运动副位置，表示机构的组成和传动情况。这样绘制出的能够准确表达机构运动特性的简明图形就称为机构运动简图。机构运动简图与原机构具有完全相同的运动特性，可以根据它对机构进行运动分析。

有时，只是为了表明机构的运动状态或各构件的相互关系，也可以不按比例来绘制运动简图。通常把这种简图称为机构示意图。

表 2-1 中给出了绘制机构运动简图时一些常用构件和运动副的代表符号[摘自国家标准《机械制图机构运动简图用图形符号》(GB/T 4460—2013)]。

在绘制机构运动简图时，必须搞清楚机械的实际构造和运动情况。

（1）确定机构的原动件和执行件，两者之间的构件为传动部分，由此确定组成机构的所有构件，然后确定构件间运动副的类型。

（2）为将机构运动简图标示清楚，需要恰当地选择投影面。一般选择与多数构件的运动平面相平行的平面为投影面。

（3）选择适当的比例尺，根据机构的运动尺寸定出各运动副之间的相对位置，然后用规定的符号画出各类运动副，并将同一构件上运动副用简单的线条连接起来。一般情况下以构件运动平面为视图平面，这样便于绘制出机构运动简图。下面举例说明机构运动简图绘制步骤。

表 2-1　常用机构构件、运动副符号

名　称	符　号	名　称	符　号
杆、轴构件		转动副	
固定构件		移动副	
同一构件		平面高副	
两副构件		滚动轴承	
三副构件		电动机	
螺旋副		凸轮机构	

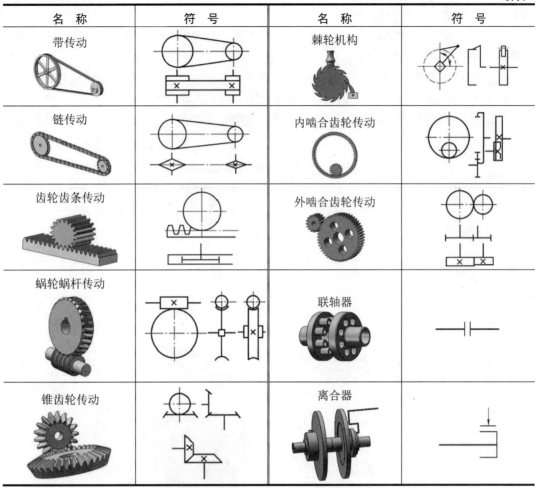

名　称	符　号	名　称	符　号
带传动		棘轮机构	
链传动		内啮合齿轮传动	
齿轮齿条传动		外啮合齿轮传动	
蜗轮蜗杆传动		联轴器	
锥齿轮传动		离合器	

例 2-1　绘制图 2-8 所示牛头刨床机构的运动简图。

解：(1) 从主动件开始，按运动传动顺序，分析各构件之间的相对运动性质，并确定连接各构件的运动副类型。图中安装于机架 1 上的主动齿轮 2 将回转运动传递给与之相啮合的齿轮 3，齿轮 3 带动滑块 4 使导杆 5 绕 E 点摆动，并通过连杆 6 带动滑枕 7 使刨刀做往复直线运动。齿轮 2、3 及导杆 5 分别与机架 1 组成转动副 A、C 和 E，构件 3 与 4、5 与 6、6 与 7 之间的连接组成转动副 D、F 和 G，构件 4 与 5、7 与机架 1 之间组成移动副，齿轮 2 与 3 之间组成高副 B。

(2) 合理选择视图平面。本题选择与各构件运动平面平行的平面为视图平面。

(3) 合理选择比例尺 μ_l(m/mm 或 mm/mm)，μ_l 代表长度比例尺，括号内为实际长度与图上长度之比，确定各运动副之间的相对位置，用构件和运动副的规定符号绘制运动简图，如图 2-9 所示。

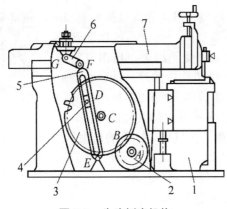

图 2-8 牛头刨床机构

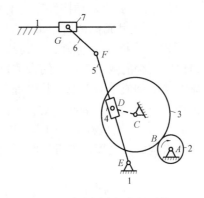

图 2-9 牛头刨床机构运动简图

1—机架；2—主动齿轮；3—齿轮；4—滑块；5—导杆；6—连杆；7—滑枕

例 2-2 试绘制图 1-1 所示内燃机的机构运动简图(进气阀和排气阀两套凸轮机构是对称的，这里仅绘制进气阀一路的机构运动简图)。

解： 下面参照图 1-1 所示序号对该机构进行分析。

(1) 内燃机的组成是由汽缸 1、活塞 2、连杆 5 和曲轴 6 组成的曲轴滑块机构，由齿轮 9、齿轮 10 和汽缸 1 即机架组成的齿轮机构，凸轮 7(与齿轮 10 固连)推动进气阀 3。活塞是原动件，曲轴是输出构件，其余都是从动件。

(2) 各构件之间的运动连接方式为 2 和 5、5 和 6、6(9)和 1、10(7)和 1 之间组成转动副；2 和 1、11 和 1 组成移动副；9 和 10、7 和 11 组成高副。

(3) 选择各构件运动平面作为视图平面。选取适当比例尺 μ_l(m/mm 或 mm/mm)，用构件和运动副规定符号绘出此机构运动简图，如图 2-10 所示。

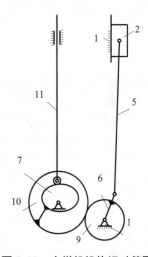

图 2-10 内燃机机构运动简图

1—汽缸；2—活塞；5—连杆；6—曲轴；
7—凸轮；9，10—齿轮；11—顶杆

由于原动件的位置选择不同，所绘制的机构运动简图图形也不同。一般为了表明各构件的相互关系，常选择原动件处在一般位置来绘制机构运动简图。

单个构件很自由，可是只有接受约束，联合其他小伙伴才能成为有用的机构，体现更大价值哦！

第二节 平面机构自由度的计算

一、平面机构自由度的计算公式

在平面机构中，各构件只做平面运动。一个不受任何约束的构件在平面内的运动有三种独立的自由运动，即三个自由度。具有 n 个活动构件(机架除外，因其相对固定不动)的平面机构，若这 n 个活动构件完全不受约束，则整个机构相对机架共有 $3n$ 个自由度。但是组成机构后，每个构件至少必须与另一构件通过运动副连接，当两构件连接成运动副后，其某些相对运动就受到约束，自由度将减少。自由度减少的数目应等于约束数目。由于平面机构中的运动副只可能是转动副、移动副或平面高副，其中每个低副引入的约束数为 2，每个平面高副引入的约束数为 1。因此，对于平面机构，若各构件之间共构成 P_L 个低副和 P_H 个高副，则机构中共引入 $2P_L+P_H$ 个约束。在机构中，总的自由度数减去总的约束数，称为机构的自由度。则机构的自由度 F 应该为

平面机构
自由度的计算

$$F=3n-(2P_L+P_H)=3n-2P_L-P_H \tag{2-1}$$

这就是平面机构自由度计算公式，也称该式为平面机构的结构公式。下面举例说明式(2-1)的应用。

例2-3 试计算图 2-11 所示平面四杆机构的自由度。

解： 图 2-11 所示机构中，有三个活动构件，即 $n=3$，包含四个转动副，$P_L=4$，没有高副，$P_H=0$，代入式(2-1)得机构自由度为

$$F=3n-2P_L-P_H=3\times3-2\times4=1$$

二、平面机构自由度的意义及机构具有确定运动的条件

机构自由度是描述或确定一个机械的运动(或位置)所必需的独立参数(或坐标数)的个数。图 2-11 所示四杆机构运动位置可由 B、C 两点的位置确定，由于平面上的每个点包含两个位置变量，故平面四杆机构的任意位置状态需由四个位置变量确定；另外，四杆机构又由三个杆长 AB、BC、CD 引入三个杆长约束方程。上述四个位置变量需满足三个约束方程。故只有一个变量是独立的，即一个独立参数，也就是说，它只有一个自由度。机构的自由度，即机构运动位置变量的数目与独立约束方程数间的差值。

平面机构具有
确定运动的条件

又如图 2-12 所示五杆机构。它有 B、C、D 三个点的 6 个位置变量，但它们必须满足杆 1、2、3、4 四个杆长约束方程，位置变量数与约束方程数之间的差值为 2，故该机构自由度为 2。在此机构中若只给定一个独立的运动参数，如给定构件 1 的角位移规律为 $\varphi=\varphi_1(t)$，设构件 1 按此规律运动到位置 AB，构件 2、3、4 的位置并不确定，它们可以处在 BC、CD、DE 位置，也可以处在 BC'、$C'D'$、$D'E$ 位置或其他任意位置。要使此机构具有确定的相对运动，还需要再引入一个独立运动参数，如使 DE 杆按给定的角位移规律 $\varphi_4=\varphi_4(t)$ 运动，则此五杆机构运动就完全确定了。

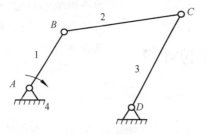

图 2-11 平面四杆机构

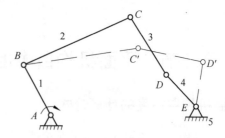

图 2-12 平面五杆机构

如上所述，所谓机构的自由度，实质上就是机构具有确定位置时必须给定的独立运动参数数目。在机构中引入独立运动参数的方式，通常是由原动件按给定的某一运动规律运动，所以，机构的自由度数也就是机构应具有的原动件数目。

总之，机构的自由度 F、机构原动件的数目与机构的运动紧密相关：①若机构的自由度 $F \leqslant 0$，则机构不能运动；②若 $F > 0$，且与原动件数目相等，则机构运动确定，因此，机构具有确定的运动条件为：机构的原动件数目等于机构的自由度数；③若 $F > 0$，而原动件数目大于 F，则构件间不能运动或构件遭到破坏，而原动件数目小于 F 时，机构则无确定运动。

第三节　计算机构自由度时应注意的事项

在计算机构自由度时，应注意下列情况，否则会出现自由度计算错误。

一、复合铰链

两个以上的构件在同一轴线上用转动副连接就形成复合铰链。图 2-13(a)和图 2-13(b)所示为三个构件组成的复合铰链，由图 2-13(c)可知，它们共组成两个转动副。同理，由 m 个构件汇集而成复合铰链，应当包含 $m-1$ 个转动副。在计算机构自由度时，必须注意正确判别复合铰链，否则会发生计算错误。图 2-14 给出了一些典型的三个构件连接的复合铰链示例。

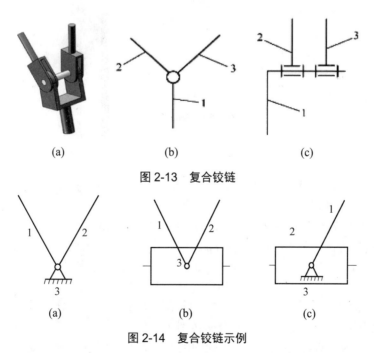

图 2-13　复合铰链

图 2-14　复合铰链示例

例 2-4 图 2-15 所示为一直线机构运动简图，试计算该机构的自由度。

解： 机构中有 7 个活动构件，E、B、C、D 四处都由三个构件组成复合铰链，它们各具有两个转动副。所以，在本机构中，$n=7$，$P_L=10$，$P_H=0$。由式(2-1)可得

$$F=3n-2P_L-P_H=3×7-2×10-0=1$$

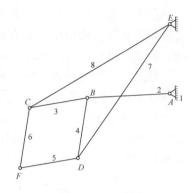

图 2-15 直线机构

二、局部自由度

某些不影响整个机构运动的自由度，称为局部自由度。计算机构自由度时应予以减去。

例 2-5 计算图 2-16(a)所示机构的自由度。

解： 在图 2-16(a)所示凸轮机构中，为了减少高副元素接触处的磨损，在凸轮和从动件之间安装了圆柱形滚子，可以看出，滚子绕其本身轴线的自由转动丝毫不影响其他构件运动，计算自由度时应予以去除。去除方法，可设想将滚子与从动件焊成一体，转动副消失[见图 2-16(b)]，则由式(2-1)得

$$F=3n-2P_L-P_H=3×2-2×2-1=1$$

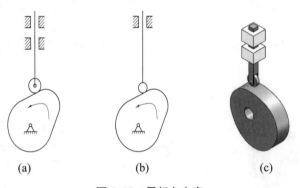

图 2-16 局部自由度

三、虚约束

在运动副中，有些约束对机构自由度的影响是重复的，这些重复的约束称为虚约束或消极约束，在计算机构自由度时应当除去不计。

例 2-6 图 2-17(a)所示为机车车轮联动机构，图 2-17(b)所示为其机构运动简图。图中的构件长度为 $l_{AB}=l_{CD}=l_{EF}$，$l_{AD}=l_{BC}$，$l_{BE}=l_{AF}$。试计算该机构自由度。

解： 在图 2-17(b)中，$n=4$，$P_L=6$，$P_H=0$，由式(2-1)得此机构的自由度为

$$F=3n-2P_L-P_H=3×4-2×6=0$$

上式表明该机构不能运动，这显然与实际情况不相符。仔细分析后可知，机构中的运动轨迹有重叠现象。如果去掉构件 5 及回转副 E、F，构件 3 上的 E 点相对于 F 点的轨迹，仍然是以 F 为圆心，l_{AB} 或 l_{CD} 为半径的圆。这表明构件 5 及回转副 E、F 引入的约束是不起限制运动作用的虚约束，因此计算时，应该去掉，即

$$F=3n-2P_L-P_H=3×3-2×4=1$$

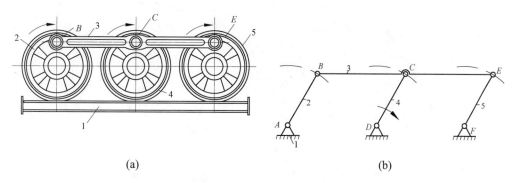

(a)　　　　　　　　　　　(b)

图 2-17　机车车轮联动机构

常见的虚约束有以下几种情况。

(1) 当两个构件组成多个移动副，且其导路互相平行或重合时，则只有一个移动副起约束作用，其余都是虚约束。如图 2-18 所示，构件 1 和机架 2 用两个移动副 A、A'连接，且导路平行，计算自由度时，仅考虑一个移动副，余者为虚约束。

(2) 当两构件组成多个转动副，且轴线重合时，则只有一个转动副起作用，其余转动副都是虚约束。例如，图 2-19(a)所示四缸发动机的曲轴 1 和轴承在 2、2′和 2″组成三处转动副。计算自由度时，仅计入一个转动副，余者均为虚约束，如图 2-19(b)所示。

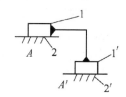

图 2-18　移动副的虚约束

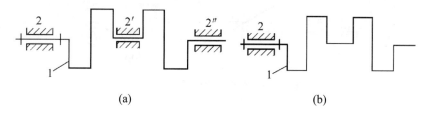

(a)　　　　　　　　　　　(b)

图 2-19　四缸发动机曲轴

(3) 如果机构中两活动构件上某两点的距离始终保持不变，此时若用具有两个转动副的附加构件来连接这两个点，将会引入一个虚约束。

例如，在图 2-20 中，$\triangle ABF \cong \triangle DCE$，当机构运动时，构件 1 和 3 上 F、E 两点间的距离始终不变，如果将 E、F 两点以构件 4 相连，则由此多引入一个虚约束，在计算自由度时，该机构可看作拿掉构件 4 连同 F、E 两点处的转动副，再计算自由度。必须注意，为使两动点间的距离始终不变，除要求它们有相同的轨迹外，还必须有相同的运动规律。

(4) 机构中对运动起重复限制作用的对称部分也往往会引入虚约束。图 2-21 所示的周转轮系，为了使受力均衡，采用三个行星轮 2、2′和 2″对称布置的结构，而事实上只要一个行星轮便能满足运动要求，其他两个行星轮则引入两个虚约束，即另外两个行星轮为虚约束，在计算自由度时应该去掉。该机构活动构件为中心轮 1，行星轮 2(或 2′或 2″)，转臂 4，即 $n=3$；中心轮 1、转臂 4 与机架 5 在 A 处形成复合铰链，有两个转动副，行星轮 2 与转臂 4 在 B 处为转动副，有 $P_L=3$，2 个高副，即 $P_H=2$，代入式(2-1)，可得该机构的自由度为

$$F = 3n - 2P_L - P_H = 3 \times 3 - 2 \times 3 - 2 = 1$$

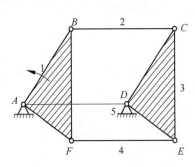

图 2-20 虚约束

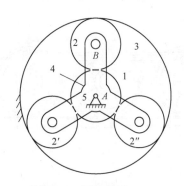

图 2-21 周转轮系

在此要特别指出，机构中的虚约束都是在一些特定几何条件下出现的，如果这些几何条件不能满足，则虚约束就会成为实际有效的约束，从而使构件卡住不能运动。

例 2-7 试计算图 2-22(a)所示大筛机构的自由度。

解： 机构中的滚子 F 具有局部自由度。顶杆与机架在 E 和 E′组成两个导路重合移动副，其中之一为虚约束。C 点是复合铰链。将滚子和顶杆焊成一体，去掉移动副 E′，并在 C 点注明转动副的个数，如图 2-22(b)所示。

$$F=3n-2P_L-P_H=3\times7-2\times9-1=2$$

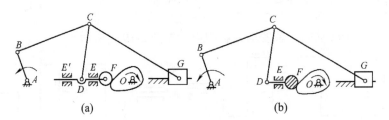

(a)   (b)

图 2-22 大筛机构

本 章 小 结

(1) 机构运动简图与原机构具有完全相同的运动，可以准确地表达机构的组成和传动情况，是研究分析机构运动与受力的依据和设计新机构的参考资料。

(2) 计算平面机构的自由度需要找准活动构件的个数，注意低副和高副引入的约束数目，然后进行计算。

复习思考题

知识拓展

一、选择题

1. 若组成运动副的两构件间的相对运动是移动，则称这种运动副为(　　)。

　　A. 转动副　　　　B. 移动副　　　　C. 球面副　　　　D. 螺旋副

2. 构件运动确定的条件是(　　)。

　　A. 自由度大于 1　　　　　　　　B. 自由度大于零

C. 自由度大于零且等于原动件数　　　D. 自由度等于 1

3. 车轮在轨道上转动，车轮与轨道间构成( )。

　　A. 转动副　　　　B. 移动副　　　　C. 球面副　　　　D. 高副

4. 机构中采用虚约束的目的是改善机构的运动状况和 ( )。

　　A. 美观　　　　B. 增加重量　　　　C. 对称　　　　D. 受力情况

二、填空题

1. 机构中两构件直接接触而又能产生一定相对运动的活动连接称为 ＿＿＿＿。

2. 机构组成要素包括＿＿＿＿和＿＿＿＿。

3. 机构中的相对静止件称为＿＿＿＿，机构中按给定运动规律运动的构件称为＿＿＿＿。

三、作图与计算题

1. 绘出图 2-23 所示机构的运动简图。

2. 绘出图 2-24 所示机构的运动简图。

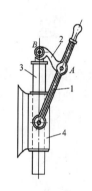

图 2-23　唧筒机构

图 2-24　多杆机构

3. 计算图 2-25 所示平面机构的自由度。

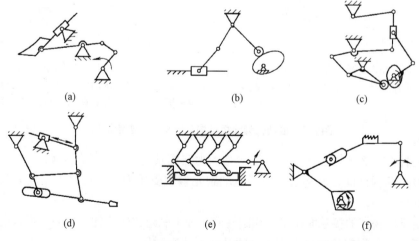

图 2-25　平面机构

第三章　平面连杆机构

学习要点及目标

(1) 熟悉平面四杆机构的三种基本形式。

(2) 掌握平面四杆机构及其演化机构的特性。

(3) 掌握平面四杆机构有曲柄的充要条件。

(4) 掌握按给定的行程速比系数 k 图解设计三类平面四杆机构的方法。

(5) 掌握按给定的连架杆位置设计平面四杆机构的方法。

核心概念

平面四杆机构　曲柄　压力角　传动角　极位夹角　急回运动　行程速比系数　死点

第一节　概　　述

平面连杆机构是由若干个刚性构件用低副连接而成的，故又称为低副机构。平面连杆机构广泛地应用于各种(轻工、动力、重型)机械和各种仪表中，如缝纫机的脚踏板机构[见图 3-1(a)]、牛头刨床进给机构[见图 3-1(b)]等。

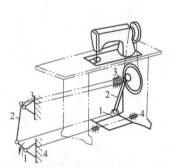 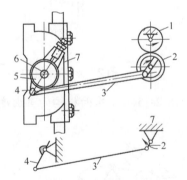

(a) 缝纫机脚踏板机构　　　　　　　　　　(b) 牛头刨床进给机构

1—摇杆；2—连杆；3—曲柄；4—机架　　　　1—主动齿轮；2—从动齿轮和曲柄；3—连杆；
　　　　　　　　　　　　　　　　　　　　　　4—摇杆；5—棘轮；6—棘轮轴；7—机架

图 3-1　缝纫机脚踏板机构及牛头刨床进给机构

平面连杆机构之所以应用如此广泛，是因为它们具有以下显著的优点。

(1) 由于两构件间是面接触，所以运动副元素承受压力小，可以承受较大载荷，且便于润滑，磨损较小。

(2) 由于两构件的接触面是平面和圆柱面，加工制造比较方便，容易获得较高的精度。

(3) 两构件之间的接触可以靠本身的几何形状来封闭。

(4) 能较好地实现多种运动规律和轨迹的要求。

平面连杆机构本身也有缺点，使其使用范围也受到一些限制。例如，为了满足实际生产的要求，需增加构件和运动副，使机构复杂，构件较多，而且运动积累误差较大，影响传动精度。另外，机构的设计方法也较复杂，不易精确地满足各种运动规律和轨迹的要求。

最常见的平面连杆机构由四个构件组成，又称平面四杆机构，而其他多杆机构都是在它的基础上扩充而成的。本章重点讨论平面四杆机构及其设计。

第二节　平面四杆机构的基本类型及应用

平面四杆机构的
基本类型及应用

如图 3-2 所示，全部运动副均为转动副的平面四杆机构称为铰链四杆机构，它是平面四杆机构的最基本形式。在这种机构中，固定不动的构件 AD 称为机架，与机架相连接的杆件 AB、CD 称为连架杆，其中能做整周回转运动的连架杆(如 AB)称为曲柄，相邻两杆能做相对整周运动的回转副称为周转副(如 A、B)，只能在一定范围内往复摆动的连架杆(如 CD)称为摇杆，而相邻两构件不能相对整周转动的回转副称为摆转副(如 C、D)。机构中做平面运动，不与机架直接相连的构件 BC 称为连杆。

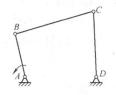

平面四杆机构莫小瞧，日常机构都是由它来变化。

图 3-2　铰链四杆机构

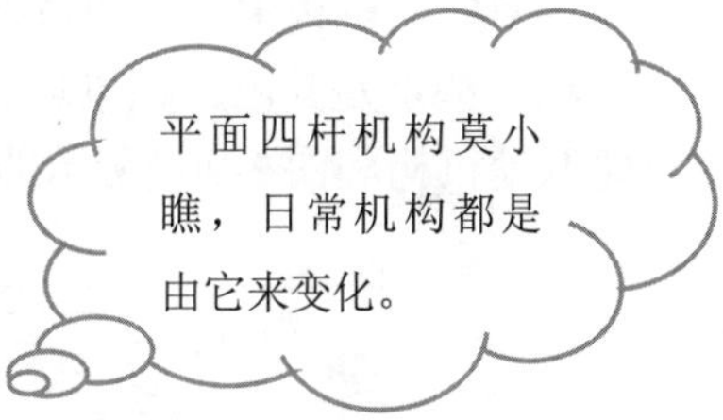

铰链四杆机构根据其两个连架杆的不同运动形式，又可分为以下三种类型。

一、曲柄摇杆机构

在铰链平面四杆机构中，若两连架杆中有一个为曲柄，而另一个为摇杆，这种四杆机构称为曲柄摇杆机构[见图 3-3(a)]。此种机构广泛应用在各种机械中，如缝纫机[见图 3-1(a)]、颚式破碎机(见图 3-4)、雷达天线(图 3-5，当图中曲柄转动时，可带动构件 3 摆动以调整雷达天线仰角)、搅拌机(见图 3-6)等。

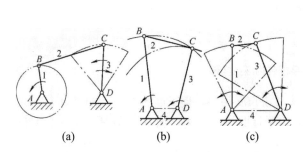

(a)　　　　　　(b)　　　　　　(c)

图 3-3　三种形式的铰链四杆机构

1—曲柄；2—连杆；3—摇杆；4—机架

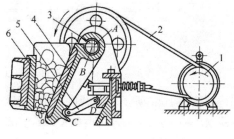

图 3-4　颚式破碎机

1—主动带轮；2—传动带；3—曲柄；4—连杆；
5—摇杆；6—固定颚板

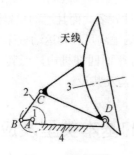

图 3-5 雷达天线

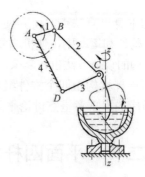

图 3-6 搅拌机

二、双曲柄机构

在铰链四杆机构中，两个连架杆都能相对机架做整周回转的曲柄，称为双曲柄机构[见图 3-3(b)]。在如图 3-7 所示的惯性筛中，当原动曲柄 AB 等速回转时，从动曲柄 CD 做变速转动，从而使筛体 6 具有较大惯性力，使被筛材料筛分。

在双曲柄机构中，若相对两杆长度相等且平行，称为正平行双曲柄机构(见图 3-8)。这种机构的特点是其两曲柄以同样的角速度回转，而连杆做平行移动。图 3-9(a)所示的机车车轮联动机构和图 3-9(b)所示的摄影平台升降机构均为其应用实例。

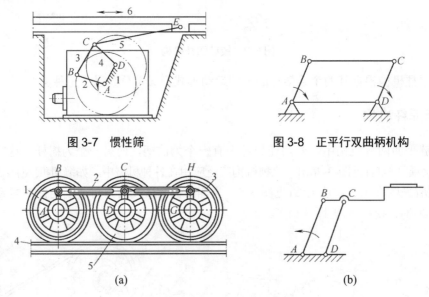

图 3-7 惯性筛

图 3-8 正平行双曲柄机构

(a)

(b)

图 3-9 正平行机构应用实例

在图 3-10(a)所示双曲柄机构中，虽然其对边长度相等，但 BC 杆与 AD 杆不平行，两曲柄 AB 和 CD 转动方向也相反，因此称为反平行四边形机构。图 3-10(b)所示的车门开闭机构即为其应用实例。

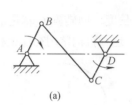

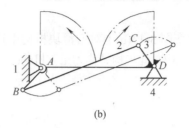

(a)   (b)

图 3-10 反平行机构及应用实例

三、双摇杆机构

当铰链四杆机构的两连架杆都是摇杆时，称为双摇杆机构[见图 3-3(c)]。图 3-11 所示鹤式起重机，可使悬挂重物做近似水平直线移动，避免了不必要的升降能量消耗。在双摇杆机构中，若两摇杆的长度相等又称等腰梯形机构，如图 3-12 所示的汽车前轮转向机构。

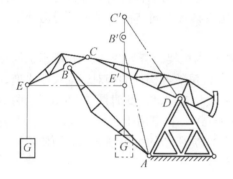

图 3-11 鹤式起重机

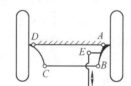

图 3-12 汽车前轮转向机构

第三节 平面四杆机构的演化

前面所介绍的三种铰链四杆机构，还远远满足不了实际工作机械中的需要，在实际机械的应用中，常常是采用多种不同外形、构造和特性的四杆机构。而这些类型的四杆机构可以看作由铰链四杆机构通过各种方法演化而成的。下面分别介绍几种演化方法及演化后的变异机构。

平面四杆机构的演化

一、改变相对杆长、转动副演化成移动副

若将图 3-3(a)所示的曲柄摇杆机构中杆 3 的长度增至无穷，转动副 D 转化成移动副，曲柄摇杆机构则演化成曲柄滑块机构(见图 3-13)，若导路方向线不通过曲柄回转中心 A，其偏移距离 e 称为偏距，机构称为偏置曲柄滑块机构[见图 3-13(a)]，若 $e=0$ 则称为对心曲柄滑块机构[见图 3-13(b)]，这种机构常应用在压力机和内燃机中。

当曲柄 AB 的实际尺寸很短并传递较大动力时，可将曲柄做成几何中心与回转中心距离等于曲柄 AB 长度的圆盘，如图 3-13(c)所示，AB 长又称为偏距，用 e 表示，常称此机构

为偏心轮机构。

若继续改变图 3-13(b)中对心滑块机构中连杆 2 的长度，回转副 C 转化成移动副，又可演化成双滑块机构，此机构又称为正弦机构(见图 3-14)，这种机构常用在仪表和解算装置中。

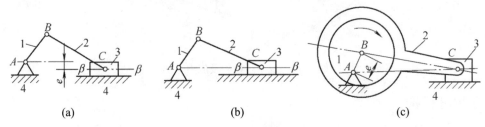

$$\text{(a)} \qquad\qquad \text{(b)} \qquad\qquad \text{(c)}$$

图 3-13　曲柄滑块机构

二、选用不同构件为机架

(1) 变化铰链四杆机构的机架。在图 3-3 所示的三种铰链四杆机构中，各杆件间的相对长度不变，选用不同构件机架，可以演化成具有不同结构形式、不同运动性质和不同用途的三种机构。

(2) 以对心的曲柄滑块机构中的不同构件为机架。若为图 3-13(b)所示机构重新选用不同的机架，如选构件 1 为机架[见图 3-15(a)]，虽然各构件的相对运动关系未变，但滑块 3 将在可转动(或摆动)的构件 4(称其为导杆)上做相对移动，此时图 3-13(b)所示曲柄滑块机构便演化成转动(或摆动)的导杆机构[见图 3-15(a)]。它可用于回转式液压泵、牛头刨床及插床等机器中。图 3-16 所示的小型刨床和图 3-17 所示的牛头刨床，分别使用转动导杆机构和摆动导杆机构。

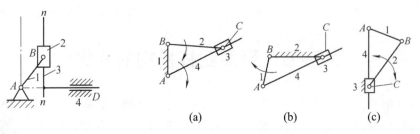

$$\text{(a)} \qquad\qquad \text{(b)} \qquad\qquad \text{(c)}$$

图 3-14　正弦机构　　　　图 3-15　曲柄滑块机构演化

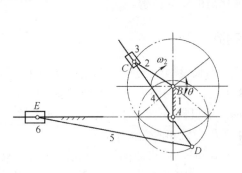

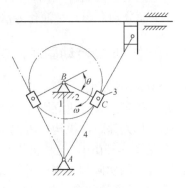

图 3-16　小型刨床　　　　　图 3-17　牛头刨床

若为图 3-13(b)所示机构选用构件 2 为机架，滑块 3 仅能绕机架上铰链做摆动，此时演化成曲柄摇块机构[见图 3-15(b)]。它广泛应用于机床、液压驱动及气动装置中，图 3-18 所示的自卸卡车的翻斗机构便是曲柄摇块机构的应用实例。

若选用曲柄滑块机构中滑块 3[见图 3-13(b)]为机架[见图 3-15(c)]，即演化成移动导杆机构(或称定块机构)。它应用于手摇唧筒(见图 3-19)和双作用式水泵中。

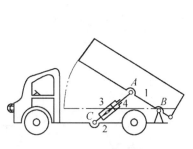

图 3-18 翻斗机构

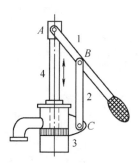

图 3-19 手摇唧筒

(3) 变化双移动副机构的机架。若为图 3-14 所示的具有两个移动副的四杆机构选择滑块 4 为机架，则演化成的机构在印刷机械、纺织机械中均得到广泛应用，如缝纫机针杆机构[见图 3-20(a)]。若选取构件 1 为机架[见图 3-20(b)]，则演化成双转块机构，它常用于两距离很小的平行轴的联轴器，如图 3-20(c)所示的十字滑块联轴器为其应用实例。若选择构件 3 为机架[见图 3-20(c)]，则演化成双滑块机构，常用于椭圆仪[见图 3-20(f)]中。

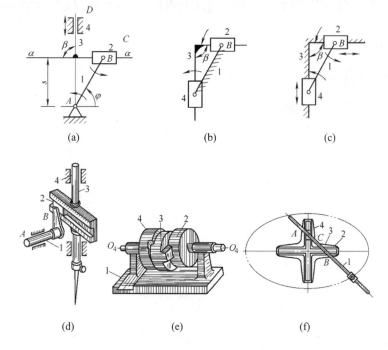

图 3-20 双移动副机构

为了查阅选用方便，将以上介绍的演化机构归纳于图 3-21 中。

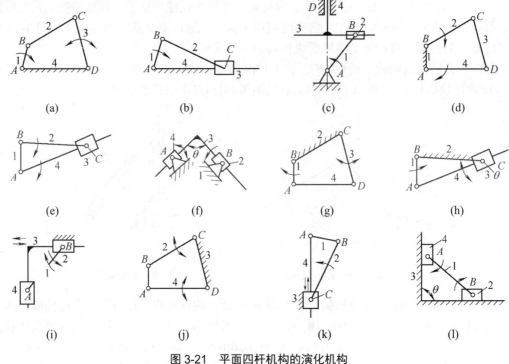

图 3-21　平面四杆机构的演化机构

第四节　平面四杆机构有曲柄的条件及几个基本概念

一、铰链四杆机构中有曲柄的条件

1. 铰链四杆机构中有曲柄的充分条件

在图 3-22 所示的铰链四杆机构中，构件 1、2、3、4 的杆长分别为 a、b、c、d，设 $a < d$。若杆 1 为曲柄，它必能绕铰链 A 相对机架做整周转动，A 和 B 回转副应均为周转副，并且使杆 1 上的铰链 B 能绕过 B_1 点和 B_2 点(距离 D 点的最近点和最远点)这两个特殊位置，此时，杆 1 和杆 4 共线。

由 $\triangle B_2 C_2 D$ 可得

$$a + d \leqslant b + c \tag{3-1}$$

由 $\triangle B_1 C_1 D$ 可得

$$b \leqslant (d - a) + c$$

或

$$c \leqslant (d - a) + b$$

即

$$a + b \leqslant d + c \tag{3-2}$$

$$a + c \leqslant b + d \tag{3-3}$$

将式(3-1)、式(3-2)和式(3-3)分别两两相加，则又可得

$$a \leqslant b \qquad\qquad (3\text{-}4)$$
$$a \leqslant c \qquad\qquad (3\text{-}5)$$
$$a \leqslant d \qquad\qquad (3\text{-}6)$$

即 AB 杆为最短杆。

综合分析式(3-1)至式(3-6)及图 3-22 可得出铰链四杆机构有曲柄的充分条件是：最短杆和最长杆长度之和小于或等于其他两杆长度之和，这也可称为杆长条件。

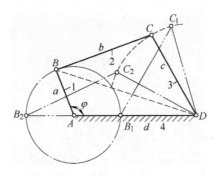

图 3-22　四杆机构有曲柄的条件

2. 铰链四杆机构中有曲柄的必要条件

只满足充分条件也不能确定某机构有曲柄。如果杆 1 为曲柄，则杆 1 上回转副 A、B 均为周转副，这时，作为机架的杆件上只含一个周转副，如图 3-22 所示机构中的 A 副。如果机架上含两个周转副，则只能以杆 1 为机架，A、B 均为周转副，两连架杆均为曲柄，此时，机构为双曲柄机构。在上述机构中，机架含一个周转副，可以杆 2 或杆 4 为机架，曲柄为连架杆。从上述分析可知，铰链四杆机构中的机架含几个周转副，则此机构就有几个曲柄，所以铰链四杆机构中有曲柄的必要条件为：最短杆是连架杆或机架。

综上所述，铰链四杆机构有曲柄的充分必要条件如下：

(1) 最短杆和最长杆长度之和小于或等于其他两杆长度之和；

(2) 最短杆是连架杆或机架。

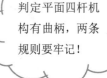

判定平面四杆机构有曲柄，两条规则要牢记！

二、压力角和传动角

1. 压力角

在图 3-23 所示的铰链四杆机构中，如果不考虑构件的惯性力和铰链中的摩擦力，则原动件通过连杆 BC 作用到从动件 CD 上的力 F 将沿 BC 方向，该力的作用线与作用点 C 的绝对速度 v_{c} 所夹锐角 α 称为压力角。由力的分解可看出，沿着速度方向的有效分力 $F_{t} = F\cos\alpha$，垂直 F_{t} 的分力 $F_{n} = F\sin\alpha$，力 F_{n} 只能使铰链 C、D 产生压轴力，因此这是个有害分力，在机械运动过程中，希望这个力越小越好，F_{t} 越大越好，这样可使其传动灵活效率高。总之，压力角越小越有利。

曲柄摇杆机构的几个基本概念

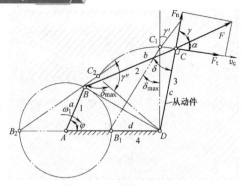

图 3-23 压力角和传动角

2. 传动角

图 3-23 所示机构中压力角的余角 γ 定义为传动角。由上面分析可知,传动角 γ 越大(α 越小)对传动越有利。为了保证设计具有良好的传动性能,通常应使最小传动角 $\gamma_{min} \geqslant 40°$,在动力传动情况下,应使 $\gamma_{min} \geqslant 50°$。在具体设计时,一定要校验最小传动角 γ_{min} 是否满足要求。由图 3-23 可见,当连杆 2 和摇杆 3 的夹角 δ 为锐角时, $\gamma = \delta$;若 δ 为钝角时, $\gamma = 180° - \delta$。由图 3-23 还可以得到, δ 角是随曲柄转角 φ 的变化而改变的。机构在任意位置时,由图 3-23 中两个三角形△ABD 和△BCD 可得以下关系式,即

$$BD^2 = a^2 + d^2 - 2ad\cos\varphi$$
$$BD^2 = b^2 + c^2 - 2bc\cos\delta$$

进一步可得

$$\cos\delta = \frac{b^2 + c^2 - a^2 - d^2 + 2ad\cos\varphi}{2bc} \tag{3-7}$$

从式(3-7)可知, δ 角是随各杆长度和原动件转角 φ 的变化而变化的。由于 $\gamma = \delta$ (锐角)或 $\gamma = 180° - \delta$ (δ 为钝角),所以在曲柄转动一周的过程中($\varphi = 0° \sim 360°$),只有 δ 为 δ_{min} 或 δ_{max} 时,才会出现最小传动角。从图 3-23 可知,此时正是 $\varphi = 0°$ 和 $\varphi = 180°$ 的位置,所以对应的 δ 为 δ_{min} 和 δ_{max},从而可得

$$\cos\delta_{min} = \frac{b^2 + c^2 - a^2 - d^2 + 2ad}{2bc}$$
$$\cos\delta_{max} = \frac{b^2 + c^2 - a^2 - d^2 - 2ad}{2bc} \tag{3-8}$$

由式(3-8)可求得出现最小传动角的两个位置为杆 1 和杆 4 重合的两个位置。

三、急回运动和行程速度变化系数

1. 极位夹角

在图 3-24 所示的曲柄摇杆机构中,当曲柄 AB 沿逆时针方向转过一周时,摇杆最大摆角 Ψ 对应其两个极限位置 C_1D 和 C_2D,此时正是曲柄和连杆处于两共线位置,通常把曲柄在这两个位置所夹的锐角 θ 称为极位夹角。

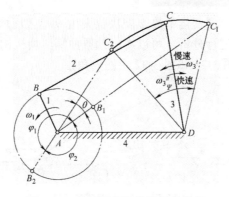

图 3-24　曲柄摇杆机构的极位夹角

2. 急回运动

如图 3-24 所示，当曲柄以 ω_1 等速沿逆时针方向转动 φ_1 角($AB_1 \rightarrow AB_2$)时，摇杆则沿逆时针方向摆过 Ψ 角($C_1D \rightarrow C_2D$)，设所用时间为 t_1。当曲柄继续转过 φ_2 角($AB_2 \rightarrow AB_1$)，摇杆沿顺时针方向摆回同样大小的 Ψ 角($C_2D \rightarrow C_1D$)，设所用时间为 t_2。常称 φ_1 为推程运动角，φ_2 为回程运动角。由图 3-24 可见

$$\varphi_1 = 180° + \theta, \quad \varphi_2 = 180° - \theta$$

则

$$t_1 = \frac{\varphi_1}{\omega_1} = \frac{(180° + \theta)}{\omega_1}$$

$$t_2 = \frac{\varphi_2}{\omega_1} = \frac{(180° - \theta)}{\omega_1}$$

可见

$$t_1 > t_2$$

摇杆往复摆动的平均角速度分别为 ω_3' 和 ω_3''，有

$$\omega_3' = \frac{\Psi}{t_1} < \omega_3'' = \frac{\Psi}{t_2}$$

在曲柄等速回转的情况下，摇杆往复摆动速度快慢不同的运动称为急回运动。

3. 行程速度变化系数

为了计算和了解摇杆急回作用的程度，通常把从动件往复摆动平均速度的比值(大于 1)称为行程速度变化系数，用 k 来表示，即

$$k = \frac{\text{从动件快速行程平均速度}}{\text{从动件慢速行程平均速度}}$$

由图 3-24 可得

$$k = \frac{\omega_3''}{\omega_3'} = \frac{\Psi}{t_2} \Big/ \frac{\Psi}{t_1} = \frac{t_1}{t_2} = \frac{\varphi_1}{\varphi_2} = \frac{180° + \theta}{180° - \theta} \tag{3-9}$$

所以，极位夹角 θ 为

$$\theta = 180° \frac{k-1}{k+1} \tag{3-10}$$

由式(3-9)可知，行程速度变化系数 k 随极位夹角 θ 增大而增大，即 θ 值越大，急回运动越显著。用同样的方法进行分析，可以看出偏置曲柄滑块机构(见图 3-25)和导杆机构(见图 3-32)均有急回运动(见图 3-25 和图 3-32 中的 θ 角)。

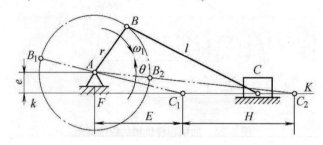

图 3-25　偏置曲柄滑块机构的极位夹角

在很多机器中都利用机构的急回特性节省空行程的时间，从而节省动力并提高生产率。

四、机构的死点位置

1. 死点位置

机构的死点位置是指从动件的传动角 $\gamma = 0°$ 时机构所处的位置。图 3-26 所示为缝纫机中采用的曲柄摇杆机构，当主动件摇杆 1(脚踏板)位于两个极限位置(DC_1 和 DC_2)时，从动件曲柄 3 的传动角 $\gamma = 0°$，机构处于死点位置。若曲柄 3 为主动杆，则摇杆两极限位置称为返回点位置。

2. 死点位置在机构中的作用

对于传动机构而言，在死点位置时，驱动从动件有效回转力矩为零，可见机构出现死点对传动是不利的。在实际设计过程中，应该采取措施使机构能顺利通过死点位置。例如，对于连续运转的机器，可采用惯性大的飞轮，如缝纫机借助带轮的惯性通过死点位置。也可以采用死点位置错位排列的方法，如图 3-27 所示的内燃机车车轮联动机构，在左右车轮组成的两组曲柄滑块机构中，曲柄 AB 与 $A'B'$ 位置错开 90°，借助另一组机构带过死点位置。

一分为二看问题，死点也有大用途。

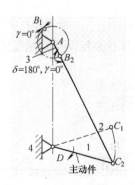

图 3-26　曲柄摇杆机构的死点位置

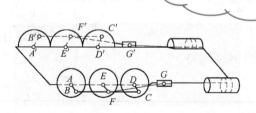

图 3-27　机车车轮联动机构

双摇杆机构也有死点位置，在实际设计中常采用限制摇杆摆角的方法来避免死点位置。在双曲柄机构中，从动件连续转动没有极限位置，则无死点位置。但应注意的是，在平行双曲柄机构中，当曲柄与机架重合时(见图 3-28)从动曲柄 *CD* 运动方向不定，机构运动不确定，即正平行四边形机构可能变成反平行四边形机构。为消除这种可能出现的情况，实际设计中常在从动曲柄上附加一定的质量，以利用惯性导向，或装上辅助曲柄 *EF*(见图 3-27)。

机构中死点位置并非总是起消极作用。在实际工程中，也常常利用死点位置来实现一定的工作要求。例如，飞机的起落架机构(见图 3-29)，飞机着陆时机构处于死点位置，从而可承受较大冲击。又如钻床夹具机构(见图 3-30)就是利用死点位置来夹紧工件，此时无论工件反力多大，都能保证钻削工件不松脱。

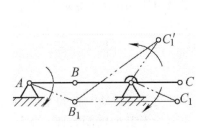

图 3-28　平行双曲柄机构

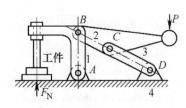

图 3-29　飞机起落架机构

图 3-30　钻床夹具机构

第五节　平面四杆机构的设计

平面四杆机构
的图解法设计

平面四杆机构设计的基本问题如下：

(1)　实现已知的运动规律；

(2)　实现已知的运动轨迹。

在机构具体设计中所给的已知条件不外乎运动条件、几何条件和动力条件(如最小传动角 $\gamma_{\min}$)。一般来说，以运动条件为主，后两个条件是辅助条件。进行平面四杆机构设计，最终是确定机构运动简图的尺寸参数。

平面四杆机构的设计方法有图解法、解析法和实验法三种。图解法比较简明，但精度稍差；解析法精度较好，但比较复杂。设计时选用哪种方法，应根据给定的已知条件和机构实际工作情况而定。下面以平面四杆机构设计为例，从中可以看出各种设计方法的具体应用。

一、按给定的行程速度变化系数设计四杆机构

当设计曲柄摇杆机构、偏置曲柄滑块机构、导杆机构等具有急回特性的机构时，应给出行程速度变化系数 k，然后根据机构在极限位置的几何条件，结合其他辅助条件来确定机构运动简图的尺寸参数。

1. 曲柄摇杆机构

已知条件：给定行程速度变化系数 k、摇杆长度 *CD* 及摇杆摆角 Ψ。

设计的实质是确定铰链中心 *A* 的位置，从而可根据几何条件确定其他三杆的尺寸。设

计步骤如下。

(1) 按 $\theta = 180°\,(k-1)\,/\,(k+1)$ 计算出 θ 值。

(2) 如图 3-31 所示,选定合适比例尺 μ_l(选为 1:1),任选转动副 D 的位置,作出摇杆两极限位置 DC_1 和 DC_2。

(3) 连接 C_1C_2,并作 $\angle C_1C_2P=90°-\theta$,与 C_1C_2 的垂线 C_1M 相交于 P,取 C_2P 中点为 O,以 OC_1(或 OC_2)为半径作圆。此圆上点 A 至 C_1 和 C_2 连线的夹角为 $\angle C_1OC_2(2\theta)$ 的一半(即 $\angle C_1AC_2 = \theta$)。

(4) 因在极限位置处曲柄和连杆共线,所以 $\overline{AC_1} = \overline{B_1C_1} - \overline{B_1A}$,$\overline{AC_2} = \overline{B_2C_2} + \overline{B_2A}$,从而得曲柄长度 $\overline{AB} = (\overline{AC_2} - \overline{AC_1})\,/\,2$、连杆长度 $BC=(AC_2 + AC_1)\,/\,2$,再以 A 点为圆心、AB 为半径作圆,交 C_1A 延长线于 B_1,交 C_2A 于 B_2,得 BC 及 AD。由于 A 点是在 $\triangle C_1C_2P$ 外接圆上任选的,所以按上述给定条件设计时可得无穷多组解。如果另有其他辅助条件,则 A 点位置可具体确定。

2. 偏置曲柄滑块机构

如果要设计的是偏置曲柄滑块机构,则根据机构演化原理可知,转动中心 D 在无穷远处,原摇杆的两极限位置成为已知滑块行程的两端点。若再加上其他辅助条件,如偏距 e,便可按上述相同的方法设计出该机构。

3. 导杆机构

已知条件:机架长度 l_4 及行程速度变化系数 k。设计步骤如下。

(1) 由图 3-32 可知,极位夹角 θ 与导杆摆角 $\varPsi$ 相等,故可求出

$$\varPsi = \theta = 180° \,\frac{k-1}{k+1}$$

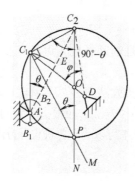

图 3-31 按 k 值设计曲柄摇杆机构

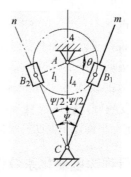

图 3-32 按 k 值设计导杆机构

(2) 选定比例尺 μ_l,任取一点为 C,作 $\angle B_1CB_2 = \varPsi = \theta$,并作其角平分线,在此线上取 $AC=l_4\,/\,\mu_l$,固定铰链点 A 和 C 确定。

(3) 过 A 点作导杆两极限位置垂线 AB_1(或 AB_2),则该线段便表示曲柄 l_1/μ_l 的长度。

二、按给定连杆位置设计四杆机构

四杆机构中若给定连杆 3 的长度 l_3 及其两个位置 B_1C_1 和 B_2C_2，如图 3-33 所示，则设计此机构的实质问题是确定固定铰链中心 A 和 D。设计步骤如下。

(1) 根据给定条件，选定合适比例尺 μ_1，作出连杆 3 的两个给定位置 B_1C_1 和 B_2C_2。

(2) 分别连接 B_1 和 B_2，C_1 和 C_2，并作其垂直平分线 b_{12} 和 c_{12}。

(3) 由于 A 和 D 两点可在 b_{12} 和 c_{12} 两直线上任意位置，故有无穷多组解。因而在实际设计时还可以考虑其他辅助条件，使解确定。若给定连杆三个位置，则其设计过程与上述基本一致。如图 3-33 所示，由于 B_1、B_2、B_3 三点位于以 A 为圆心的同一圆弧上，所以运用 $\triangle B_1B_2B_3$ 的外接圆求其圆心，即为固定铰链点 A，用同样方法可以求得固定铰链点 D。

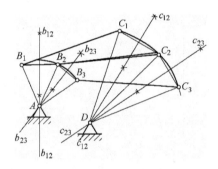

图 3-33　给定连杆三个位置的设计

AB_1C_1D（或 AB_2C_2D 及 AB_3C_3D）即为所设计的机构。

若给定四个以上对应位置，如 B_1、B_2、B_3、$B_4\cdots$ 及 C_1、C_2、C_3、$C_4\cdots$，要设计此机构，从上述分析可看出，B_1、B_2、B_3、$B_4\cdots$ 及 C_1、C_2、C_3、$C_4\cdots$ 应各自在同一圆弧上，如果在同一圆弧上，那么这些点称为圆点，它们的圆心称为圆心点。若四个以上对应点并非都是圆点，则圆心点有可能找得到，也可能找不到，所以给定四个以上对应位置时，可能有解，也可能没有解。

三、按给定两连架杆对应位置设计四杆机构

在图 3-34 所示的铰链四杆机构中，已知两连架杆 AB 和 CD 的三个对应位置 φ_1、φ_2、φ_3 和 ψ_1、ψ_2、ψ_3，要求确定各杆的长度 l_1、l_2、l_3 和 l_4。下面以解析法设计此机构。因为机构按同一长度比例尺增减时，各杆间的相对运动关系不变，所以只需要确定各杆的相对长度即可，如此取 $l_1=1$，则该机构的特定参数只有三个。

建立直角坐标系，一般为方便起见常将机架与 x 轴重合，A 点与原点重合。该机构的四个杆组成封闭多边形。取杆矢量 $l_1 + l_2 = l_3 + l_4$，也可任意选取。将上述矢量方程分别向两坐标轴投影，即得以下关系，即

$$\cos\varphi + l_2\cos\delta = l_4 + l_3\cos\psi$$
$$\sin\varphi + l_2\sin\delta = l_3\sin\psi$$

(3-11)

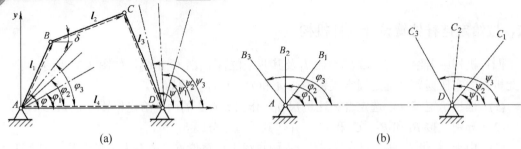

图 3-34 铰链四杆机构

将 $\cos\varphi$ 和 $\sin\varphi$ 移到等式右边，再把等式两边平方相加，可消去中间变量 δ，得

$$\cos\varphi = \frac{l_3^2 + l_4^2 + 1 - l_2^2}{2l_4} + l_3\cos\psi - \frac{l_3}{l_4}\cos(\psi - \varphi)$$

令

$$\begin{cases} p_0 = l_3 \\ p_1 = -\dfrac{l_3}{l_4} \\ p_2 = \dfrac{l_3^2 + l_4^2 + 1 - l_2^2}{2l_4} \end{cases} \tag{3-12}$$

则有

$$\cos\varphi = p_0\cos\psi + p_1\cos(\psi - \varphi) + p_2 \tag{3-13}$$

将三组对应转角代入式(3-13)中，可得方程组

$$\begin{cases} \cos\varphi_1 = p_0\cos\psi_1 + p_1\cos(\psi_1 - \varphi_1) + p_2 \\ \cos\varphi_2 = p_0\cos\psi_2 + p_1\cos(\psi_2 - \varphi_2) + p_2 \\ \cos\varphi_3 = p_0\cos\psi_3 + p_1\cos(\psi_3 - \varphi_3) + p_2 \end{cases} \tag{3-14}$$

利用式(3-14)可解出 p_0、p_1 和 p_2。将这些参数代入式(3-12)中，可求得 l_2、l_3、l_4。由此得四杆长度的比例，实际应用中可根据其他条件确定各杆实际长度。

若仅给定连架杆两组对应转角，则方程组中只有两个方程，其中 p_0、p_1 和 p_2 三个参数可任选其一，所以有无穷个解。

若给定连架杆超出三组对应转角，则不可能有精确解，只能采用优化或试凑的方法求得近似解。下面介绍一种简便的近似设计方法——几何实验法。

如图 3-35 所示，已知两连架杆 1 和 3 的四对对应转角为 φ_{12}、φ_{23}、φ_{34}、φ_{45} 和 ψ_{12}、ψ_{23}、ψ_{34}、ψ_{45}。试设计近似实现这一要求的四杆机构。设计步骤如下。

(1) 如图 3-36(a)所示，在图纸上任选一点 A 作为连架杆 1 的回转中心，并任选 AB，作为连架杆 1 的长度 l_1。根据给定转角 φ_{12}、φ_{23}、φ_{34}、φ_{45} 作出 AB_1、AB_2、AB_3、AB_4 和 AB_5。

(2) 以 B_1、B_2、B_3、B_4 和 B_5 各点为圆心，适当选取连杆 2 的长度 l_2 并以其为半径，作圆弧 K_1、K_2、K_3、K_4 和 K_5。

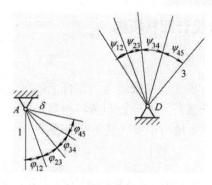

图 3-35 给定连架杆四对位置

1，3—连架杆

(3) 如图 3-36(b)所示，选择一点作为连架杆 3 的回转中心 D，并任选 Dd_1 作为连架杆 3 的第一个位置，根据给定的 ψ_{12}、ψ_{23}、ψ_{34} 和 ψ_{45} 作出 Dd_2、Dd_3、Dd_4 和 Dd_5。再以 D 为圆心，以不同长度为半径作同心圆弧。

(4) 将图 3-36(b)与图 3-36(a)叠加[见图 3-36(c)]进行试凑。使圆弧 K_1、K_2、K_3、K_4 和 K_5 分别与连架杆 3 对应位置 Dd_1、Dd_2、Dd_3、Dd_4 和 Dd_5 的交点 C_1、C_2、C_3、C_4 和 C_5 均落在同一圆弧上，则图形 AB_1C_1D 即为所设计的四杆机构。

如果交点 C_1、C_2、C_3、C_4 和 C_5 不能同时落在同一圆弧上，则需要改变连杆 2 的长度，然后重复上述步骤，直到使交点落在同一圆弧上为止。

应指出的是，由以上方法得出的图形 AB_1C_1D 只是表达了所求机构各杆的相对长度。根据具体机构，应按比例增减，即满足设计要求。这种几何实验法方便、实用，并且相当精确，故在机械设计中被广泛采用。这种方法也同样适用于曲柄滑块机构的设计，可使曲柄和滑块实现多对位置的对应要求。

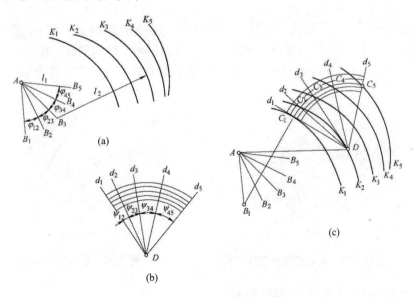

图 3-36 几何实验法设计四杆机构

四、按给定点的运动轨迹设计四杆机构

1. 连杆曲线

四杆机构运动时，其连杆做平面复杂运动，连杆上的每一点都描绘出一条封闭连杆曲线。连杆曲线的形状是随点在连杆上的位置和各杆相对尺寸的变化而变化的。连杆曲线的复杂性和形状的多样性使其更多地用于实现复杂的轨迹。

2. 用实验法设计四杆机构

如图 3-37 所示，已知原动件的长度及其回转中心 A 和连杆上一点 M 的轨迹。现要求设计一个四杆机构使连杆上的点 M 实现轨迹要求。为解决此问题，先在连杆上固结若干杆件，使 M 点按给定的轨迹运动，它们的端点为 C、C'、C''……原动件运动时，这些点将描绘出各自的曲线。在这些曲线中找出圆弧线或直线，将圆弧线的曲率中心作为铰链点 D(如为直线则成为移动副)。取 AD 为机架、CD 为从动连架杆。这样就设计出了能实现预期运动轨迹的四杆机构。

3. 罗伯特-切比谢夫定理

铰链四杆机构的任意连杆曲线可以由三个不同的铰链四杆机构实现。按已知轨迹设计四杆机构时，如果得不到较为满意的机构，可按此定理从另外两个机构中选取满意的方案。图 3-38 所示的铰链四杆机构 $ABCD$ 的连杆上的 M 点可以描绘出曲线 t-t，按此定理还有机构 AB_1C_1E 和 DB_2C_2E，连杆上的 M 点也可描绘出同样的连杆曲线 t-t，其方法如下。

以 AB 和 BM 为两边作平行四边形 $ABMB_1$ 得 B_1 点，再以 DC 和 CM 为两边作平行四边形 $DCMB_2$ 得 B_2 点。分别以 MB_1 和 MB_2 为边作 $\triangle B_1MC_1$ 和 $\triangle MB_2C_2$，使 $\triangle BCM \backsim \triangle B_1MC_1 \backsim \triangle MB_2C_2$ 得到点 C_1 和 C_2。以 C_1M 和 C_2M 为两边作平行四边形 C_1MC_2E 得 E 点(或作 $\triangle ADE \backsim \triangle BCM$ 得 E 点)。机构 $ABCD$ 在运动过程中分别带动 AB_1C_1E 和 DB_2C_2E 运动，可以证明在此运动过程中，E 点是固定不动的，可作为另两个机构的固定铰链点，从而得出另两个四杆机构 AB_1C_1E 和 DB_2C_2E，这三个机构的 M 点具有同一连杆曲线 t-t。

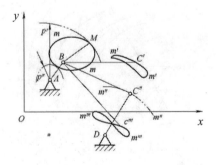

图 3-37　实验法设计四杆机构

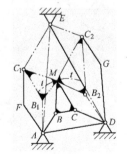

图 3-38　罗伯特-切比谢夫定理

五、运用连杆曲线图谱设计四杆机构

平面连杆曲线是高阶、复杂曲线，所以设计连杆上某点实现给定的任意轨迹是十分繁

杂的。为设计方便，工程上通常利用事先编绘好的曲线图谱，从图谱中找出所需的曲线并查出该机构各杆相对尺寸参数。这种方法称为连杆曲线图谱法(见图3-39)。

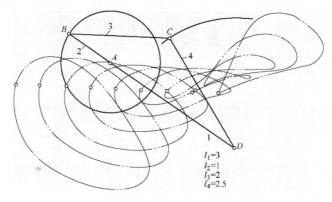

$l_1=3$
$l_2=1$
$l_3=2$
$l_4=2.5$

图3-39　连杆曲线图谱

六、连杆曲线的绘制

图 3-40 所示为绘制连杆曲线的仪器模型。设原动件 AB 的长度为单位长度，而其余各杆相对 AB 的长度可调。在连杆上固定一块不透明的多孔薄板，当机构运动时，板上每个孔的运动轨迹可绘制在纸上，这样就得到一组连杆曲线。如果改变各杆的相对长度，还可以继续作出其他形状不同的连杆曲线，把记录下来的这些连杆曲线按顺序整理汇编成册，即为连杆曲线图谱。

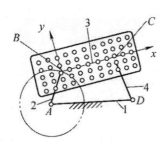

图3-40　描绘连杆曲线的模型机构

根据预期的运动轨迹设计连杆机构时，可以在图谱中查出与要求实现的轨迹相似的曲线，同时查出各杆相对长度参数，然后用缩放仪求出图谱中连杆曲线与要求的轨迹之间的倍数，则可得到所设计机构的各杆尺寸。

本 章 小 结

(1) 平面四杆机构的基本类型有曲柄摇杆机构、双曲柄机构及双摇杆机构。在实际机械的应用中，通常还可以演化为其他形式的变异机构。

(2) 铰链四杆机构有曲柄的充分必要条件是：最短杆和最长杆长度之和小于或等于其他两杆长度之和；最短杆是连架杆或机架。

(3) 在四种情况下可用图解法设计四杆机构，即给定行程速度变化系数、给定连杆位置、给定两连架杆对应位置、给定某点的运动轨迹进行四杆机构的设计。

复习思考题

知识拓展

一、选择题

1. 铰链四杆机构中，若最短杆与最长杆长度之和小于其余两杆长度之和，则为了获得曲柄摇杆机构，其机架应取(   )。
    A. 最短杆   B. 最短杆的相邻杆   C. 最短杆的相对杆   D. 任何一杆

2. 在下列平面四杆机构中，无论以哪一构件为主动件，都不存在死点位置的是(   )。
    A. 曲柄摇杆机构   B. 双摇杆机构   C. 双曲柄机构

3. 铰链四杆机构的死点位置发生在(   )。
    A. 从动件与连杆共线位置   B. 从动件与机架共线位置
    C. 主动件与连杆共线位置   D. 主动件与机架共线位置

4. 在铰链四杆机构中，机构的传动角 γ 和压力角 α 的关系是(   )。
    A. $\gamma = \alpha$ B. $\gamma = 90° - \alpha$ C. $\gamma = 90° + \alpha$ D. $\gamma = 180° - \alpha$

5. 曲柄摇杆机构的特点是机构的原动件和从动件的运动都需要经过(   )来传递。所以运动链长，累积误差大，效率低。
    A. 曲柄   B. 连杆   C. 摇杆

二、填空题

1. 在曲柄摇杆机构中，当曲柄等速转动时，摇杆往复摆动的平均速度不同的运动特性称为_____。

2. 摆动导杆机构的极位夹角与导杆摆角的关系为_____。

3. 在铰链四杆机构中，当最短杆与最长杆长度之和大于其余两杆长度之和时，为_____。

4. 极位夹角是曲柄摇杆机构中，摇杆到达两极限位置时_____所夹的锐角。

三、判断与计算题

1. 试根据图 3-41 中注明的构件尺寸来判断它们属于何种机构。

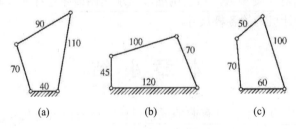

(a)   (b)   (c)

图 3-41 题三-1 图

40

2. 在图 3-42 所示铰链四杆机构中，已知 $l_{BC} = 50\text{mm}$、$l_{CD} = 35\text{mm}$、$l_{AD} = 30\text{mm}$，AD 为机架，求下列各项：

(1) 若此机构为曲柄摇杆机构，且 AB 为曲柄，求 l_{AB} 的最大值。

(2) 若此机构为双曲柄机构，求 l_{AB} 的最小值。

(3) 若此机构为双摇杆机构，求 l_{AB} 的数值。

3. 设计一铰链四杆机构，已知其摇杆 CD 的长度 $l_{CD} = 75\text{mm}$，行程速度变化系数 $k=1.5$，机架 AD 的长度 $l_{AD} = 100\text{mm}$，摇杆的一个极限位置与机架间的夹角 $\Psi = 45°$，如图 3-43 所示。求曲柄的长度 l_{AB} 和连杆的长度 l_{BC}。

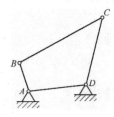
图 3-42　题三-2 图

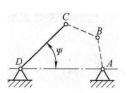
图 3-43　题三-3 图

4. 已知一曲柄摇杆机构的摇杆长度 $l_{CD} = 150\text{mm}$，摇杆的摆角 $\Psi = 45°$，行程速度变化系数 $k=1.25$，试用图解法确定其余三杆长度(机架位于 C_1C_2 弦的平行线上)。

5. 设计一曲柄滑块机构。如图 3-44 所示，已知滑块的行程 $H=60\text{mm}$，偏距 $e=20\text{mm}$，行程速度变化系数 $k=1.4$，试用图解法确定曲柄 l_{AB} 和连杆 l_{BC} 的长度。

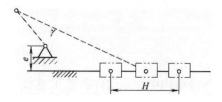
图 3-44　题三-4 图

6. 试设计一摆动导杆机构。已知机架的长度 $l_{AD} = 100\text{mm}$，行程速度变化系数 $k=1.4$，试用图解法求曲柄 l_{AB} 的长度及导杆最短长度。

第四章　凸轮机构及间歇机构

学习要点及目标

(1) 熟悉凸轮机构的组成、类型及应用。
(2) 掌握从动件常用运动规律。
(3) 掌握按图解法设计凸轮轮廓曲线的方法，特别是盘形凸轮轮廓曲线的绘制。
(4) 了解并掌握设计凸轮机构应注意的问题。
(5) 熟练运用槽轮机构的相关公式解决实际问题。

核心概念

凸轮机构　运动规律　行程　压力角　基圆　槽轮机构

> 小小凸轮有大用，
> 执行精准确定曲
> 线它最能。

第一节　凸轮机构的应用及分类

凸轮机构是一种常用的高副机构。在自动机械和半自动机械中应用非常广泛。

凸轮是具有曲面轮廓或凹槽的构件，一般多为原动件(有时为机架)；当凸轮为原动件时，通常做等速连续转动或移动，而从动件则按预定运动规律做连续或间歇的往复摆动、移动或复杂运动。

一、凸轮机构的应用

在如图 4-1 所示的间歇凸轮机构中，原动件凸轮 1 连续等速转动，通过凸轮高副推动从动件 2 按预定的要求做间歇性转动。

图 4-2 所示为绕线机排线凸轮机构。绕线轴 3 连续快速转动，经蜗杆传动带动凸轮 1 缓慢转动，通过凸轮高副驱动从动件 2 往复摆动，从而引导纱线均匀地缠在绕线轴 3 上。

在如图 4-3 所示的冲床装卸料凸轮机构中，原动凸轮 1 固定于冲头上，当其随冲头往复上下运动时，通过凸轮高副驱动从动件 2 以一定规律做往复水平移动，从而使机械手按预定的输出特性装卸工件。

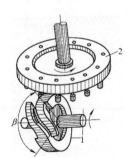

图 4-1　间歇凸轮机构　　　图 4-2　绕线机排线凸轮机构　　　图 4-3　冲床装卸料凸轮机构

图 4-4(a)所示为罐头盒封盖机构。原动件 1 做连续等速转动，通过带有凹槽的固定凸轮 3 的高副引导从动件 2 运动，从而完成罐头盒的封盖工作。而在如图 4-4(b)所示的巧克力输送凸轮机构中，当带有凹槽的圆柱凸轮 1 做连续等速转动时，通过嵌在槽中的滚子驱动从动件 2 做往复移动，凸轮 1 每转动一周，从动件 2 便从喂料器中推出一块巧克力，并将其送到待包装位置。

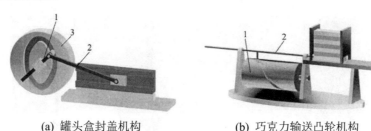

(a) 罐头盒封盖机构　　　　　(b) 巧克力输送凸轮机构

图 4-4　包装食品凸轮机构

从以上实例可以看出，凸轮机构一般是由凸轮、从动件和机架组成的，其具有两个低副和一个高副，因此具有一个自由度。

二、凸轮机构的分类

根据凸轮和从动件的形状、相对运动形式、锁合方式等，凸轮机构可按以下方法分类。

凸轮机构的类型

1. 按两活动构件之间的相对运动性质分类

(1) 平面凸轮机构。两活动构件之间的相对运动为平面运动的凸轮机构，如图 4-2 和图 4-3 所示。按凸轮形状又可分为盘形凸轮和移动凸轮。

① 盘形凸轮。它是凸轮的基本形式，是一个相对机架做定轴转动或具有变化向径的盘形构件，如图 4-2 和图 4-4(a)所示。

② 移动凸轮。它可视为盘形凸轮的演化形式，是一个相对机架做直线移动或为机架且具有变化轮廓的构件，如图 4-3 所示。

(2) 空间凸轮机构。两活动构件之间的相对运动为空间运动的凸轮机构，如图 4-1 和图 4-4(b)所示。凸轮形状主要是圆柱凸轮，也有圆锥面、圆弧面和球面凸轮等。

2. 按从动件运动副元素形状和运动形式分类

(1) 尖顶从动件(见图 4-2)。尖顶能与任意复杂凸轮轮廓保持接触，因而能实现任意预期的运动规律。但尖顶与凸轮是点接触，易磨损，所以只适用于受力不大的场合。

(2) 滚子从动件(见图 4-3 和图 4-4)。为克服尖顶从动件的缺点，在尖顶从动件的尖顶处安装一个滚子，即成为滚子从动件。滚子从动件可承受较大载荷，在工程实际中应用最为广泛。

(3) 平底从动件(见图 4-5)。平底从动件为一平面，与凸轮轮廓始终保持接触，显然它只能与外凸凸轮相互作用。其优点是压力角小、效率高、易形成油膜、润滑好，所以常用于高速运动场合。

以上三种从动件，就其运动形式可分为直线移动从动件，如图 4-3、图 4-4(b)和图 4-5 所示；摆动从动件，如图 4-2 所示；做平面复杂运动的从动件，如图 4-4(a)所示。

3. 按凸轮高副的锁合方式分类

(1) 力锁合。利用重力、弹簧力或其他外力使组成凸轮机构高副的两构件始终保持接触，如图 4-6 所示。

图 4-5　内燃机配气凸轮机构　　　　　图 4-6　力锁合凸轮机构

1—原动凸轮；2—从动件

(2) 形锁合。利用特殊几何形状使组成凸轮机构高副的两构件始终保持接触。如图 4-7 所示，它们是利用凸轮凹槽两侧壁间的法向距离恒等于滚子直径来实现的，凸轮从动件保持接触，其中如图 4-7(a)所示的凸轮又称为端面凸轮。如图 4-7(b)所示的凸轮机构是利用凸轮轮廓上任意两条平行切线间的距离恒等于框形从动件内边的宽度来实现的，称为等宽凸轮机构。如图 4-7(c)所示的凸轮机构是利用过凸轮轴心所作任一径向线上与凸轮轮廓交点的距离(理论廓线上)与两滚子中心距处处相等来实现的，称为等径凸轮机构。图 4-7(d)所示的凸轮机构是利用彼此固连在一起的一对凸轮和从动件上的一对滚子来实现的，称为共轭凸轮机构。

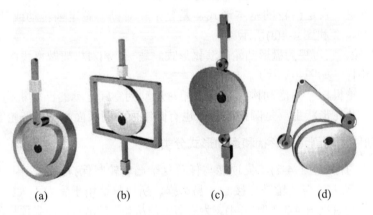

(a)　　　　　　(b)　　　　　　(c)　　　　　　(d)

图 4-7　形锁合凸轮机构

根据机器对凸轮机构的要求，可将不同凸轮和不同形式的从动件相组合，形成不同的凸轮机构，来达到设计要求。凸轮机构的优点是：只要设计出适当的凸轮轮廓，即可使从动件实现任意预期运动规律，其机构结构简单、紧凑，工作可靠。但凸轮机构自身也有缺点，因为接触处为高副，所以运动副元素间压强较大，容易磨损，且凸轮轮廓是复杂的曲面，加工比较困难，费用也较高。

第二节　从动件常用运动规律及其选择

凸轮机构设计的基本任务是根据机器对凸轮机构的工作要求选择合适的凸轮机构的形式，并合理选定有关的结构尺寸。根据从动件运动规律设计出凸轮应具有的轮廓曲线。所以，根据工作要求确定从动件的运动规律，乃是凸轮轮廓曲线设计的前提。

凸轮机构从动件常用运动规律

一、凸轮机构的运动循环及基本名词术语

图 4-8(a)所示为一偏置尖顶直动从动件盘形凸轮机构，此时从动件 2 恰好处于距凸轮轴心 O 最近位置(起始位置)。当原动件凸轮 1 沿顺时针方向转过推程运动角 $\Phi_0 = \angle A_0OA_1$ 时，从动件升至距凸轮轴心 O 最远的位置。在此过程中凸轮的转角 Φ_0 称为升程运动角，这个过程称为从动件推程。从动件从最低位置上升到最高位置的距离 h 称为从动件行程。凸轮继续转过 $\Phi_s = \angle A_1OA_2$，从动件在最远位置处休止，角 Φ_s 称为远休止角。凸轮继续转过角 $\Phi_0' = \angle A_2OA_3$，从动件下降至离凸轮轴心最近位置，这个过程称为从动件回程，Φ_0' 称为回程运动角。凸轮再转过 $\Phi_s' = \angle A_3OA_0$，从动件在最近处休止，角 Φ_s' 称为近休止角。于是，凸轮机构完成了一个运动循环。下面围绕图 4-8 所示机构和凸轮机构的运动循环介绍几个基本名词术语。

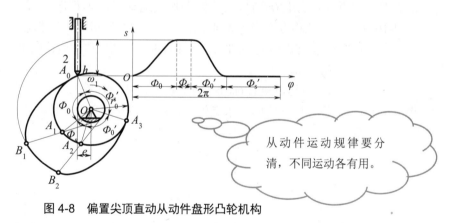

图 4-8　偏置尖顶直动从动件盘形凸轮机构

1. 凸轮基圆

以凸轮轴心 O 为圆心，以其轮廓最小向径 r_0 为半径所作的圆，称凸轮基圆，其半径 r_0 称为基圆半径。

2. 偏距

从动件导路相对凸轮轴心 O 偏置的距离称为偏距，用 e 表示，以 O 为圆心、以 e 为半径的圆称为偏距圆(或偏置圆)。当 $e=0$ 时，B_1A_1、B_2A_2 线通过凸轮转动中心 O。此凸轮机构称为尖顶对心直动从动件盘形凸轮机构。

3. 运动线图

从动件的运动与时间的变化规律，称为从动件运动规律。在凸轮机构中，由于凸轮做等速运动，所以，从动件运动规律又可看成与凸轮转角 φ 的变化规律。这种运动规律常用

直角坐标系表示。图 4-8 所示为在一个运动循环过程中从动件的位移随凸轮转角 φ 的变化规律线图。横坐标代表凸轮转角 φ (或时间 t)，纵坐标代表从动件的位移 s (速度 v 或加速度 a)。

由以上分析还可以看出(见图 4-8)，从动件位移线图取决于凸轮轮廓曲线的形状。也就是说，从动件要求的运动规律决定了凸轮轮廓曲线的形状。

二、从动件运动规律

从动件运动规律就其数学表达式来说，主要有多项式运动规律和三角函数运动规律两种。

1. 从动件常用运动规律

1) 多项式运动规律

(1) 等速运动规律。从动件在运动过程中速度为常数，其运动线图如图 4-9 所示，其线图方程如表 4-1 所列，表中的 ω_1 为凸轮转动的角速度。

这种运动规律，其加速度虽然为零，但由于在运动的开始和终止处速度产生突变，理论上加速度为无穷大，因此产生无穷大的惯性力，对机构产生极大冲击，称为刚性冲击，因此此类运动规律只适用于低速运动。

当采用对心直动从动件时，等速运动规律的盘形凸轮轮廓为阿基米德螺线。这种轮廓曲线便于加工，易获得较高精度。

(2) 等加速等减速运动规律(抛物线运动规律)。从动件在运动过程中加速度为常数，一般在推程段前半个行程($h/2$)从动件做等加速运动，后半程做等减速运动。其运动线图如图 4-10 所示，其位移方程列于表 4-1 中。由运动线图可见，在起点、中点及终点处加速度存在有限值的突变，它所引起的冲击称为柔性冲击，所以这种运动规律也不适用于高速运动。

2) 三角函数运动规律

(1) 余弦加速度运动规律(简谐运动规律)。从动件在整个运动过程中速度都连续，如图 4-11 所示，但在运动的始、末点处加速度有突变，产生柔性冲击，因此也只适用于中速运动的场合，其运动方程如表 4-1 所列。

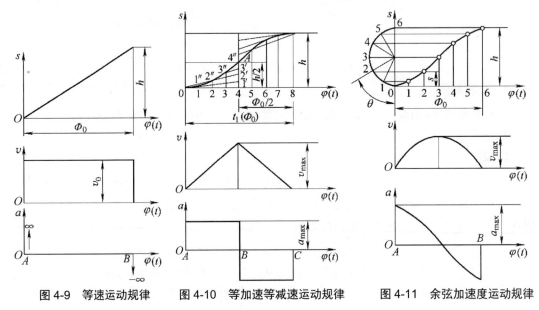

图 4-9　等速运动规律　　图 4-10　等加速等减速运动规律　　图 4-11　余弦加速度运动规律

表 4-1 从动件运动规律运动方程式

运动规律名称	运动方程式	
	φ 推程 $0 \leqslant \varphi \leqslant \Phi_0$	回程 $\Phi_0 + \Phi_s \leqslant \varphi \leqslant \Phi_0 + \Phi_s + \Phi_0'$
等速运动规律	$s = \dfrac{h}{\Phi_0}\varphi$	$s = h\left[1 - \dfrac{\varphi - (\Phi_0 + \Phi_s)}{\Phi_0}\right]$
	$v = \dfrac{h}{\Phi_0}\omega_1$	$v = -\dfrac{h}{\Phi_0}\omega_1$
	$a = 0$	$a = 0$
等加速等减速运动规律	推程 $0 \leqslant \varphi \leqslant \dfrac{\Phi_0}{2}$	回程 $\Phi_0 + \Phi_s \leqslant \varphi \leqslant \Phi_0 + \Phi_s + \dfrac{\Phi_0'}{2}$
	$s = 2h\left(\dfrac{\varphi}{\Phi_0}\right)^2$	$s = h - \dfrac{2h}{\Phi_0'^2}[\varphi - (\Phi_0 + \Phi_s)]^2$
	$v = \dfrac{4h\omega_1}{\Phi_0^2}\varphi$	$v = -\dfrac{4h\omega_1}{\Phi_0'^2}[\varphi - (\Phi_0 + \Phi_s)]$
	$a = \dfrac{4h\omega_1^2}{\Phi_0^2}$	$a = -\dfrac{4h\omega_1^2}{\Phi_0'^2}$
	推程 $\dfrac{\Phi_0}{2} \leqslant \varphi \leqslant \Phi_0$	回程 $\Phi_0 + \Phi_s + \dfrac{\Phi_0'}{2} \leqslant \varphi \leqslant \Phi_0 + \Phi_s + \Phi_0'$
	$s = h - \dfrac{2h}{\Phi_0^2}(\Phi_0 - \varphi)^2$	$s = \dfrac{2h}{\Phi_0'^2}[(\Phi_0 + \Phi_s + \Phi_0') - \varphi]^2$
	$v = \dfrac{4h\omega_1}{\Phi_0^2}(\Phi_0 - \varphi)$	$v = -\dfrac{4h\omega_1}{\Phi_0'^2}[(\Phi_0 + \Phi_s + \Phi_0') - \varphi]$
	$a = -\dfrac{4h\omega_1^2}{\Phi_0^2}$	$a = \dfrac{4h\omega_1^2}{\Phi_0'^2}$
余弦加速度(简谐)运动规律	$s = \dfrac{h}{2}\left(1 - \cos\dfrac{\pi}{\Phi_0}\varphi\right)$	$s = \dfrac{h}{2}\left(1 + \cos\dfrac{\pi}{\Phi_0'}[\varphi - (\Phi_0 + \Phi_s)]\right)$
	$v = \dfrac{\pi h\omega_1}{2\Phi_0}\sin\dfrac{\pi}{\Phi_0}\varphi$	$v = -\dfrac{\pi h\omega_1}{2\Phi_0'}\sin\dfrac{\pi}{\Phi_0'}[\varphi - (\Phi_0 + \Phi_s)]$
	$a = \dfrac{\pi^2 h\omega_1^2}{2\Phi_0^2}\cos\dfrac{\pi}{\Phi_0}\varphi$	$a = -\dfrac{\pi^2 h\omega_1^2}{2\Phi_0'^2}\cos\dfrac{\pi}{\Phi_0'}[\varphi - (\Phi_0 + \Phi_s)]$
正弦加速度(摆线)运动规律	$s = h\left(\dfrac{\varphi}{\Phi_0} - \dfrac{1}{2\pi}\sin\dfrac{2\pi}{\Phi_0}\varphi\right)$	$s = h\left[1 - \dfrac{T}{\Phi_0'} + \dfrac{1}{2\pi}\sin\left(\dfrac{2\pi}{\Phi_0'}T\right)\right]$
	$v = \dfrac{h\omega_1}{2\Phi_0}\left(1 - \cos\dfrac{2\pi}{\Phi_0}\varphi\right)$	$v = -\dfrac{h\omega_1}{\Phi_0'}\left[1 - \cos\left(\dfrac{2\pi}{\Phi_0'}T\right)\right]$
	$a = \dfrac{2\pi h\omega_1^2}{\Phi_0^2}\sin\dfrac{2\pi}{\Phi_0}\varphi$	$a = -\dfrac{2\pi h\omega_1^2}{\Phi_0'^2}\sin\left(\dfrac{2\pi}{\Phi_0'}T\right)$
		式中 $T = \varphi - (\Phi_0 + \Phi_s)$

(2) 正弦加速度运动规律(摆线运动规律)。从动件在整个运动过程中速度和加速度均连续，避免了刚性冲击和柔性冲击，如图 4-12 所示，故适用于高速运动。

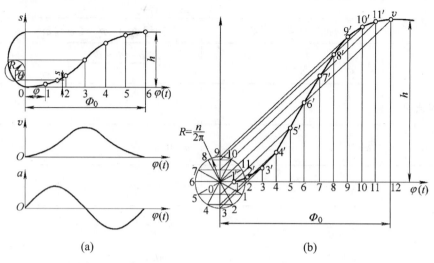

(a)　　　　　　　　　　(b)

图 4-12　正弦加速度运动规律

2. 从动件其他运动规律

1) 3-4-5 次多项式运动规律

它与正弦加速度运动规律一样，可避免刚性冲击和柔性冲击，故可用于高速运动场合。其推程运动方程式为

$$s = h\left[\left(\frac{\varphi}{\varPhi_0}\right)^3 - 15\left(\frac{\varphi}{\varPhi_0}\right)^4 + 6\left(\frac{\varphi}{\varPhi_0}\right)^5\right]$$

2) 组合运动规律

在工程实际中，为使凸轮机构获得更好的工作性能，常以某种基本运动规律为基础，辅以其他运动规律并与其组合，从而获得组合运动规律。当采用不同的运动规律组合成改进型运动规律时，它们在连接点处的位移、速度和加速度应分别相等，这就是组合运动规律必须满足的边界条件。

常用的组合运动规律有改进型等速运动规律、改进型正弦加速度运动规律和改进型梯形加速度运动规律等。改进型梯形加速度运动规律运动线图如图 4-13 所示，它是以等加速等减速运动规律为主，两端加上正弦加速度运动规律并与其组合的。

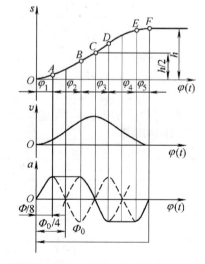

图 4-13　改进型梯形加速度运动规律

三、从动件运动规律的选择

从动件运动规律的选择涉及的问题很多。首先需满足对机器工作的要求，同时还应使

凸轮机构具有良好的动力特性和便于加工等。在考虑动力特性上，除要避免刚性冲击和柔性冲击外，还应对各种运动规律的运动幅值 v_{max} 和 a_{max} 加以分析和比较。v_{max} 值越大，则从动件动量幅值 mv_{max} 越大，为安全和缓和冲击，v_{max} 越小越好。a_{max} 值越大，则从动件惯性力幅值 ma_{max} 越大，从减小凸轮的动压力、振动和磨损角度考虑，a_{max} 值越小越好。所以，对于重载凸轮机构，考虑到从动件质量 m 较大时，应选择 v_{max} 值小的运动规律；对于高速凸轮机构，为减小从动件惯性力，宜选择 a_{max} 较小的运动规律。表 4-2 列出了常用运动规律 v_{max}、a_{max} 值及其冲击特性、适用范围，供选用时参考。

表 4-2　从动件常用运动规律特性比较

运动规律	v_{max}	a_{max}	冲　击	应用场合
	$(h\omega/\Phi_0)$	$(h\omega^2/\Phi_0^2)$		
等速	1.00	∞	刚性	低速轻载
等加速等减速	2.00	4.00	柔性	中速轻载
余弦加速度	1.57	4.93	柔性	中低速中载
正弦加速度	2.00	6.28	—	中高速轻载

注：上述运动规律以直动从动件为对象。

下面仅就一般凸轮机构的工作条件，区分几种情况做简要介绍。

(1) 机器的工作过程只要求当凸轮转过某一角度 Φ_0 时，从动件完成一行程 h(或转过角度 β)，至于从动件在完成这一行程中的运动规律并无严格要求，在此情况下可只从便于加工方面考虑，采用圆弧、直线或易于加工的其他曲线作为凸轮推程轮廓曲线。

(2) 机器工作过程不仅要求当凸轮转过角 Φ_0 时，从动件完成一行程 h 或转过角度 β，而且要求从动件按一定的运动规律运动。这种情况只能按工作所要求的运动规律来设计。

(3) 对于较高速度的凸轮机构，即使机器工作过程对从动件的运动规律并无特定要求，但由于运动速度较高，如从动件运动规律选择不当，可能会产生很大的惯性力和冲击，影响其工作。为改善其动力性能，必须选择合适的从动件运动规律。

第三节　图解法设计凸轮轮廓

根据工作要求合理地选择从动件的运动规律后，可以按照结构所允许的空间和具体要求，初步确定凸轮的基圆半径 r_0，然后绘制凸轮的轮廓。

凸轮机构轮廓曲线的图解法设计

1. 对心直动从动件盘形凸轮轮廓的绘制

图 4-14(a)所示为从动件导路通过凸轮回转中心的对心尖顶直动从动件盘形凸轮机构。已知从动件的位移线图[见图 4-14(b)]，凸轮的基圆半径 r_0，以及凸轮以等角速度 ω_1 逆时针回转，要求设计出此凸轮的轮廓。

当凸轮机构工作时，凸轮是运动的，而我们绘制凸轮轮廓时，却需要凸轮与图纸相对静止。为此，在设计时采用"反转法"。根据相对运动原理：如果给整个机构加上绕凸轮轴心 O 的公共角速度 $-\omega_1$，机构各构件相对运动关系不变。这样一来，凸轮不动，而从动件一方面随机架以角速度$-\omega_1$绕 O 点转动，另一方面又在导路中往复移动。由于从动件尖顶始终与凸轮轮廓相接触，所以反转后，从动件尖顶的运动轨迹即为凸轮轮廓。根据"反转法"原理，凸轮轮廓曲线绘制步骤如下。

(1) 按一定的比例尺 μ_1 作出从动件的位移线图 $s\text{-}\varphi$，如图 4-14(b)所示。

(2) 将 $s\text{-}\varphi$ 线图的推程和回程凸轮转角 Φ_0、Φ_0' 分成若干等份(等分角应小于或等于 15°)。

(3) 用同样的比例尺 μ_l，以 $\overline{OC_0(OB_0)} = \dfrac{r_0}{u_l}$ 为半径作出凸轮的基圆。从动件导路与基圆交点为 $C_0(B_0)$ 即为从动件尖顶的起始位置。

(4) 自 OB_0 沿$(-\omega_1)$方向按顺序量取角度 Φ_0、Φ_s、Φ_0' 和 Φ_s'，并将 Φ_0 和 Φ_0' 分为若干等份，等分线与基圆相交于 C_1、C_2、$C_3\cdots$，则 OC_1、OC_2、$OC_3\cdots$ 就是反转后从动件导路的对应位置。

(5) 过 C_1、C_2、$C_3\cdots$ 各点沿导路向外分别量取线段 $\overline{C_1B_1} = 11'$，$\overline{C_2B_2} = 22'$，$\overline{C_3B_3} = 33'$，$\cdots$，所得的 B_1、B_2、$B_3\cdots$ 各点就是反转后从动件尖顶的一系列位置，即对应凸轮轮廓上的各点位置，连接这些点，即得凸轮轮廓曲线。

如果其他条件不变，采用滚子从动件代替尖顶从动件。按照上述方法先求得尖顶从动件的凸轮轮廓曲线 β(见图 4-15)，再以曲线 β 各点为圆心，以滚子半径为半径作一系列圆，这些圆的内、外包络线即为滚子从动件凸轮的实际轮廓曲线(图 4-15 只作出内包络线 β')，而曲线 β 称为理论轮廓曲线。

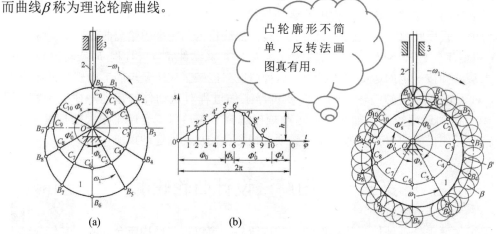

图 4-14 对心尖顶直动从动件盘形凸轮机构   图 4-15 滚子从动件盘形凸轮机构

2. 偏置直动从动件盘形凸轮轮廓的绘制

图 4-16 所示为一偏置尖顶直动从动件的盘形凸轮机构。已知偏距 e(从动件导路中心线与凸轮转动中心 O 点之间的距离)，从动件运动规律如图 4-14(b)所示，其基圆半径为 r_0，试绘制该凸轮轮廓曲线。

由于从动件的导路不通过凸轮的转动中心 O，且存在偏距 e，因此用"反转法"绘制凸轮轮廓曲线时，从动件导路轴线所占据的位置不再通过凸轮转动中心 O，而始终与 O 点保持偏距 e。以 O 点为圆心，以 e 为半径作偏距圆。从动件在反转时，导路中心线依次占据的位置必然是偏距圆的切线 K_1C_1、K_2C_2、K_3C_3…，从动件的位移 C_1B_1、C_2B_2、C_3B_3…也就应沿相应的切线量取，其余作图步骤与对心直动从动件凸轮轮廓绘制方法相同。如果是滚子从动件凸轮机构，即可按前述方法绘制出实际轮廓曲线(见图 4-16 中 β' 曲线)。

3. 平底直动从动件盘形凸轮轮廓的绘制

图 4-17 所示为一平底直动从动件盘形凸轮机构，从动件运动规律如图 4-14(b)所示。绘制其凸轮轮廓曲线时，可以将从动件的导路中心线与平底的交点 B 看作尖顶从动件的尖顶。按尖顶从动件盘形凸轮轮廓曲线的绘制方法，作出交点 B 的一系列位置，连接这些点即为此凸轮轮廓的理论轮廓线，然后以理论轮廓线各点作平底的直线，该直线组的包络线即为平底从动件盘形凸轮轮廓的实际轮廓线。

为保证平底与凸轮始终相切，在图中可以找到在 B_0 左右距离导路中心最远的两个切点 B' 和 B''，则平底两端长度应取大于 B_0B' 和 B_0B'' 之和。

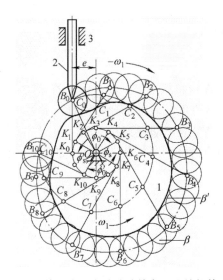

图 4-16 偏置尖顶直动从动件盘形凸轮机构

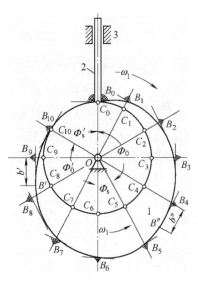

图 4-17 平底直动从动件盘形凸轮机构

4. 摆动从动件盘形凸轮机构凸轮轮廓的绘制

图 4-18(a)所示为一尖顶摆动从动件盘形凸轮机构。其从动件的运动规律如图 4-18(b)所示。绘制其凸轮轮廓曲线时仍采用"反转法"，使从动件摆动中心沿凸轮转动中心 O 反转，其轨迹为以机架 OD_0 为半径的圆。

以 D_0 为圆心，摆杆长为半径作圆弧交基圆于点 B_0，B_0 点即为凸轮轮廓线上摆杆运动起始位置。

以圆周上 D_0 的反转位置 D_1、D_2、D_3…为圆心，摆杆长 B_0D_0 为半径作圆，与基圆交于 C_1、C_2、C_3…，再从 C_1D_1、C_2D_2、C_3D_3…顺序向外量取图 4-18(b)中纵坐标表示的对应角位移 β_1、β_2、β_3…，得点 B_1、B_2、B_3…，将这些点连接成光滑曲线就是凸轮的轮廓曲线。

如果是滚子从动件，其凸轮的实际轮廓曲线的绘制方法和直动从动件凸轮轮廓绘制方法相同。

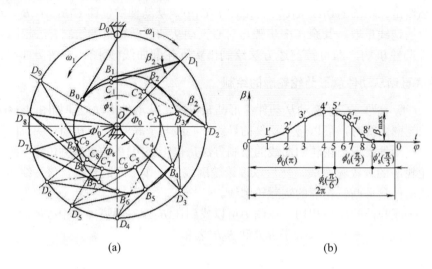

(a)　　　　　　　　　　　　　(b)

图 4-18　摆动从动件盘形凸轮机构

5. 圆柱凸轮展开轮廓的绘制

图 4-19(a)所示为直动从动件圆柱凸轮机构。在该机构中，从动件运动的导路与凸轮的运动平面相垂直，所以它属于空间凸轮机构。表达空间凸轮曲面比较困难，如果将圆柱凸轮的圆柱面沿平均半径(即凹槽深度一半处)展开成平面，即视为移动凸轮，则可采用平面凸轮的方法绘制其展开轮廓。将绘制的平面移动凸轮绕到圆柱体上，即可加工出所需的圆柱凸轮。

设已知凸轮以等角速度 ω_1 沿顺时针方向回转，凸轮的平均半径为 R，从动件的位移线图如图 4-19(c)所示，要求绘制此凸轮的展开轮廓。

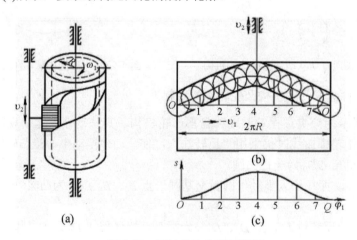

(a)　　　　　　　　　　　(c)

图 4-19　圆柱凸轮的展开轮廓

如图 4-19(b)所示，取长度为 $2\pi R$ 的线段表示此圆柱面的周长。按照反转法，将其上水平线段 OO 沿 $v_1=R\omega_1$ 相反方向分成与图 4-19(c)对应的等份，得点 1、2、3…，过这些点作一系列垂直于 OO 的直线，表示反转时从动件导路中心线的位置，然后在图 4-19(c)中沿 OO 线垂直向上截取对应的位移量，将这些点连成一条光滑的曲线——理论轮廓，再以理论轮廓曲线上各点为圆心，以滚子半径为半径作一系列小圆，这些小圆的上下两条包络线即为圆柱凸轮槽的实际轮廓曲线。

第四节　解析法设计凸轮轮廓

用图解法设计凸轮轮廓，由于作图误差较大，所以只适用于对从动件运动规律要求不太严格、精度不太高的地方。

对于精度要求高的高速凸轮、精密凸轮等，就必须采用解析法进行轮廓的设计。

下面仅就偏置滚子直动从动件盘形凸轮机构为例，介绍用解析法设计凸轮轮廓的方法。

凸轮轮廓曲线通常是以极坐标来表示的，极点一般为凸轮回转中心。

一、凸轮的轮廓线方程

设滚子半径为 r_T，如图 4-20 所示。此时，从动件滚子中心 B 所在位置也就是凸轮理论轮廓上的一系列位置，从图中可得到

$$S_0 = \sqrt{r_0^2 - e^2}$$

$$\tan \beta_0 = \frac{e}{S_0}$$

$$\tan \beta = \frac{e}{S_0 + S} \tag{4-1}$$

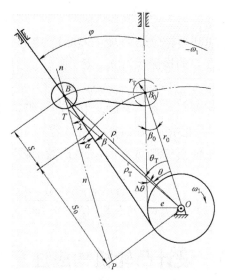

图 4-20　解析法设计凸轮轮廓

因此

$$\rho = \sqrt{(S + S_0)^2 + e^2}$$

$$\theta = \varphi + \beta - \beta_0 \tag{4-2}$$

式中，ρ、θ 为理论轮廓上各点的极坐标值。

式(4-1)和式(4-2)是凸轮理论轮廓线方程，也是尖顶从动件(r_T=0)凸轮轮廓线方程。

由于凸轮实际轮廓曲线是理论轮廓线沿每点法线方向的等距曲线，过 B 点作理论轮廓线的法线交滚子圆于 T，T 点就是实际轮廓上的对应点。同时，法线 n-n 与过凸轮轴心 O 且垂直于从动件导路的直线交于 P 点，P 点是凸轮和从动件的相对瞬心，且 $l_{OP}=\dfrac{v_2}{\omega_1}$。于是从图 4-20 中△$OPB$ 可得

$$\lambda = \alpha + \beta \tag{4-3}$$

$$\tan\alpha = \frac{\dfrac{v_2}{\omega_1}-e}{S+S_0} = \frac{\dfrac{d_s}{d_\varphi}-e}{S+S_0} \tag{4-4}$$

式中，$\dfrac{d_s}{d_\varphi}$ 为位移曲线的斜率，推程时为正，回程时为负。

实际轮廓上对应点 T 的极坐标为

$$\rho_T = \sqrt{\rho_2 + r_T^2 - 2\rho r_T \cos\lambda} \tag{4-5}$$

$$\Delta\theta = \theta + \Delta\theta \tag{4-6}$$

$$\Delta\theta = \arctan\frac{r_T\sin\lambda}{\rho - r_T\cos\lambda} \tag{4-7}$$

式中，ρ_T、r_T 为实际轮廓上各对应点的极坐标值。

以上凸轮轮廓线方程，当 e=0 时，即为对心盘形凸轮轮廓线方程。

二、刀具中心轨迹方程

如果用半径为 R_C 的铣刀(或砂轮)加工凸轮的实际轮廓线，则刀具中心的轨迹方程也可按上述方法求得。设刀具中心 C 的极坐标为(ρ_C，θ_C)则

$$\rho_C = \sqrt{[r_0\cos\beta_0 + S + (\pm R_C \mp r_T)\cos\alpha]^2 + [e-(\pm R_C \mp r_T)\sin\alpha]^2} \tag{4-8}$$

式中，$R_C > r_T$ 时，取上面一组符号；$R_C < r_T$ 时，取下面一组符号。

$$\theta_C = \varphi \pm (\beta_C - \beta_0) \tag{4-9}$$

式中，当从动件偏在凸轮轴心左侧(或右侧)，且凸轮沿顺时针(或逆时针)方向转动时取正号；否则取负号。

$$\beta_C = \arctan\frac{e - (R_C - r_T)\sin\alpha}{r_0\cos\beta_0 + S + (R_C - r_T)\cos\alpha} \tag{4-10}$$

第五节　设计凸轮机构应注意的问题

在凸轮机构设计过程中，应首先满足对机器工作的要求，保证从动件实现预期的运动规律，此外还应使设计的凸轮机构结构紧凑、运转灵活，即具有良好运动特性及动力性能。因此，在凸轮机构的设计过程中还有以下问题应该注意。

设计凸轮机构
应该注意的问题

一、滚子半径的选择

从减小凸轮与滚子间的压强来看，滚子半径应越大越好。但是，必须考虑的问题是滚子半径过大，对凸轮实际轮廓线有很大影响。如图 4-21 所示，设凸轮理论轮廓线外凸或内凹部分的最小曲率半径为 ρ，滚子半径为 r_T，相对应位置凸轮实际轮廓线的曲率半径为 r_ρ。

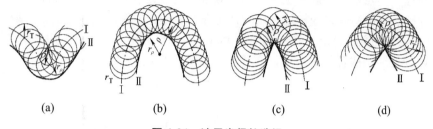

| (a) | (b) | (c) | (d) |

图 4-21　滚子半径的选择

从图 4-21(a)中可以看出，理论轮廓线为内凹时，凸轮实际轮廓线的曲率半径 $r_\rho = \rho + r_T$。故凸轮实际轮廓线不受影响。

当理论轮廓线为外凸时，$r_\rho = \rho - r_T$。这时：

(1) 若 $r_T < \rho$，如图 4-21(b)所示，则 $r_\rho > 0$，实际轮廓线仍为一光滑曲线。

(2) 若 $r_T = \rho$，如图 4-21(c)所示，则 $r_\rho = 0$，凸轮实际轮廓线在此处产生尖点，这种尖点极易磨损，磨损后就改变了从动件运动规律。

(3) 若 $r_T > \rho$，如图 4-21(d)所示，则 $r_\rho < 0$，从作图来看，凸轮实际轮廓线发生相交，产生重叠部分，加工时重叠部分将被切掉，因此，无法实现从动件预期运动规律。

为使凸轮实际轮廓线在任何位置不变尖不相交，滚子半径必须小于凸轮理论轮廓线外凸部分的最小曲率半径 ρ。

在实际设计过程中，滚子半径一般可取 $r_T \leqslant 0.8\rho$，也可考虑为使凸轮实际轮廓线不变尖，取实际轮廓线最小曲率半径 $r_\rho > 1\sim5\text{mm}$。

此外，有时常根据结构和经验，取滚子半径 $r_T \leqslant 0.4r_0$，如果按上述条件选择的滚子半径 r_T 太小时，不能满足安装和动力性能要求。此时，应将凸轮基圆半径 r_0 加大，重新设计凸轮轮廓线。

二、压力角的校核

凸轮机构和连杆机构相同，从动件运动方向和从动件与凸轮轮廓接触点法线方向之间所夹的锐角称为此位置压力角。

图 4-22 所示为尖顶直动从动件盘形凸轮机构，当不考虑摩擦时，凸轮作用于从动件的法向力 F 与从动件运动方向线之间的夹角 α 即为此位置压力角。

在此位置的法向力 F 可分解为沿从动件运动方向的有效分力 F' 和从动件的有害分力 F''，且 $F'' = F' \tan\alpha$。

当驱动从动件运动的有效分力 F' 一定时，压力角 α 越大，则有害分力 F'' 越大，从动件的运动越不灵活。当压力角 α 大到一定程度时，无论凸轮对从动件的作用力有多大，都不能使从动件运动，这种现象称为自锁。

从以上分析得知，为使凸轮机构能正常工作并具有一定传动效率，必须对压力角最大值加以限制，使在设计凸轮轮廓时最大压力角不超过许用值。

通常，对于直动从动件凸轮机构的推程，建议取许用压力角$[\alpha] = 30°$，对于摆动从动件凸轮机构许用压力角取$[\alpha] = 45°$。

对于回程，凸轮机构一般不会发生自锁现象，对于这类凸轮机构，通常只需对推程的压力角进行校核。用图解法校核压力角时，可在凸轮理论轮廓线比较陡的地方取若干点(见图 4-23)，求出压力角α_1、$\alpha_2\cdots$，看其中最大值是否超过许用压力角值。用解析法设计凸轮时，把计算过程编制成计算机程序，在程序中设置推程压力角的比较变量，求得压力角的最大值。

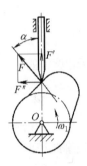

图 4-22　凸轮机构压力角

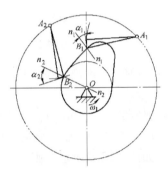

图 4-23　凸轮机构压力角校核

三、基圆半径的取值对凸轮机构的影响

在凸轮机构设计过程中，凸轮的基圆半径取得越小，机构越紧凑。但是，必须考虑的是，基圆半径过小会引起压力角的增大，从而导致机构工作情况变坏，这可从压力角的计算公式中清楚地看到。

如图 4-20 所示，α 即为压力角，将 $S_0 = \sqrt{r_0^2 - e^2}$ 代入式(4-4)中，可得

$$\tan \alpha = \frac{\dfrac{v_2}{\omega_1} - e}{S + \sqrt{r_0^2 - e^2}}$$

由此可知，在其他条件不变的情况下，基圆半径 r_0 越小，压力角α越大。基圆半径过小，压力角会超过许用值，从而使机构效率过低甚至会发生自锁现象。因此，在实际设计中，只能在保证凸轮轮廓的压力角不超过许用值的前提下，考虑使机构结构紧凑。在实际设计凸轮的过程中，通常可先根据具体的结构条件初选基圆半径(例如，当凸轮与轴做成一体时，凸轮实际轮廓线的最小向径应略大于轴的半轴，可取轴半轴的 1.6～2 倍)，然后再校核最大压力角的值。如果$\alpha_{\max} > [\alpha]$，则须将初步选定的基圆半径 r_0 适当放大，再重新设计。

此外，工程上已有根据从动件常用的几种运动规律确定最大压力角与凸轮基圆半径关系的诺模图，图 4-24 即为一种用于对心直动滚子从动件盘形凸轮机构的诺模图，可近似地确定凸轮的基圆半径或校核最大压力角时使用。例如，设计一对心直动滚子从动件盘形凸轮机构，要求当凸轮转过运动角$\varPhi_0$=45°时，从动件以正弦加速度运动规律上升

$h=13\text{mm}$，并限定最大压力角 $\alpha_{max}=30°$，则可用图 4-24(b)确定凸轮的基圆半径 r_0。为此，在图中把 $\alpha_{max}=30°$ 和 $\Phi_0=45°$ 的两点以直线相连，交于正弦加速度运动规律的坐标尺寸 0.26 处，于是根据坐标尺寸 $h/r_0=0.26$ 和 $h=13\text{mm}$，即可得 $r_0=h/0.26=50\text{mm}$。

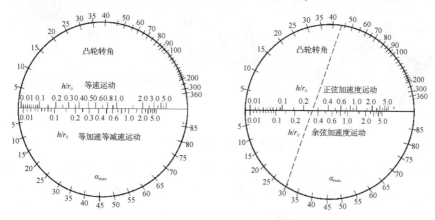

图 4-24　凸轮机构的诺模图

第六节　间歇运动机构和组合机构

间歇运动机构有单向运动和往复运动两类。

一、间歇运动机构

在许多机器中，常要求某些机构的原动件在做连续运动的同时，从动件产生周期性的时动时停的运动，此类机构称为间歇运动机构。

间歇运动机构类型较多，本节只简单介绍最常用的几种。

常见间歇运动机构

1. 棘轮机构

(1) 棘轮机构的工作原理。 如图 4-25 所示，棘轮机构主要由棘轮 3、驱动棘爪 2、制动棘爪 5 和机架组成。棘轮 3 固连在机构的传动轴 4 上，在棘轮 3 外缘上均布有棘齿(也可均布于内缘或端面)，主动摇杆 1 空套在传动轴 4 上，驱动棘爪 2 铰接于原动件上并随其摆动，制动棘爪 5 铰接于机架上。当主动摇杆 1 沿逆时针方向摆动时，与其铰接的驱动棘爪 2 便插入棘轮 3 的齿槽内，推动棘轮转过一个角度。当主动摇杆 1 回摆时，棘轮 3 在制动棘爪 5 的制动下不动，而驱动棘爪 2 在棘轮 3 的齿背上滑行，于是完成一个工作循环。

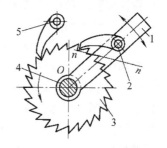

图 4-25　棘轮机构

1—主动摇杆；2—驱动棘爪；
3—棘轮；4—传动轴；5—制动棘爪

根据棘轮机构的结构特点，将棘轮机构分为齿式棘轮机构和摩擦式棘轮机构两类。齿式棘轮机构分为外齿棘轮机构和内齿棘轮机构，当外齿棘轮直径为无穷大时，棘轮变成棘条。图 4-26(a)所示为外齿棘轮机构，图 4-26(b)所示为棘条机构，图 4-26(c)所示为内齿棘轮机构。根据驱动棘爪的数目，棘轮机构还可分为单动式棘轮机构和双动式棘轮机构。图 4-26 所示机构为单动式棘轮机构。当主动摇杆向一个方向摆动时，棘轮沿同一方向转过一定角度；而当主动摇杆反向摆动时，棘轮静止不动。

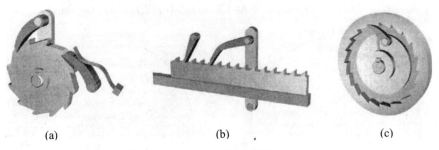

(a)   (b)   (c)

图4-26 齿式棘轮机构

若改变主动摇杆的结构形状，可得如图4-27所示的双动式棘轮机构。当主动摇杆1往复摆动时，图4-27(a)、(b)所示两种形式的棘爪都能使棘轮2沿同一方向做间歇运动。

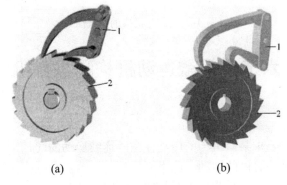

(a)   (b)

图4-27 双动式棘轮机构

当棘轮轮齿制成方形时，成为可变向棘轮机构，如图4-28所示。其特点是棘爪1在左侧位置摆动时，棘轮2将沿逆时针方向做间歇运动；当棘爪翻到右侧位置摆动时，棘轮将沿顺时针方向做间歇运动。图4-29所示为另一种可变向棘轮机构。当棘爪1在图示位置时，棘爪摆动，棘爪2将沿逆时针方向做间歇运动。若将棘爪提起并绕自身轴线转18°后插入棘齿中，棘爪摆动时，棘轮沿顺时针方向做间歇运动。若将棘爪提起并绕自身轴线转9°放下，则棘爪被架在壳体顶部的平台上，这时棘爪摆动而棘轮不动。上述棘轮机构，棘轮的转角都是相邻两齿所夹中心角的倍数，棘轮转角是有级性变化的。如果要求实现无级性变化，可在棘轮上加装罩壳，改变罩壳缺口位置可使棘轮转角改变。也可采用如图4-30所示的机构。这种机构的棘轮2是通过棘爪1与棘轮2间的摩擦力来传递运动的，称摩擦式棘轮机构。这种机构在传动过程中很少发出噪声，但接触表面间易发生滑动。为了增加摩擦力，一般将棘轮做成槽形。

当棘轮直径无穷大时，棘轮就演化成棘条，可获得间歇的直线运动，常用于千斤顶中。上述棘轮机构结构简单，但棘轮在每次运动的开始和终止时都将与棘爪发生冲击，所以此机构不宜用于高速机械中，也不宜直接用于具有较大质量的轴上。

(2) 棘轮机构的运动设计如图4-31所示，为了使棘爪受力最小，应使棘轮齿顶 A 和棘爪的转动中心 O_2 的连线垂直于棘轮齿顶圆半径 O_1A，即 $\angle O_1AO_2=90°$。轮齿对棘爪作用力有沿法线方向的正压力 N 和沿齿面方向的摩擦力 F。N 可分解为圆周力 P 和径向力 T。

图 4-28　可变向(双向)棘轮机构(1)

图 4-29　可变向(双向)棘轮机构(2)

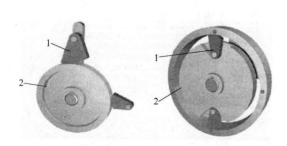

图 4-30　摩擦式棘轮机构

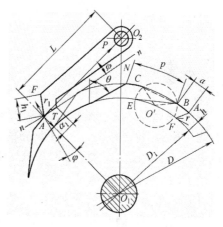

图 4-31　棘轮机构的运动设计

径向力 T 是使棘爪落到齿根的力，而摩擦力 F 是阻止棘爪下落的力。为保证棘爪顺利下落至齿根而不致脱开，就要求棘轮轮齿工作面相对棘轮齿顶半径朝齿内偏斜一角度 φ，φ 角称为棘齿的偏斜角。为使此机构工作可靠，接触点的法线 $n\text{-}n$ 位于 O_2 与 O_1 连线之间，偏斜角 φ 可用式(4-11)至式(4-13)确定。

$$TL > FL\cos\varphi \tag{4-11}$$

因为

$$F = Nf, \quad T = N\sin\varphi$$

故

$$N\frac{\sin\varphi}{\cos\varphi} > Nf \tag{4-12}$$

$$\tan\varphi > \tan\rho$$

$$\varphi > \rho \tag{4-13}$$

式中，ρ 为齿与爪间的摩擦角，$\rho = \arctan f$。

当 $f = 0.2$ 时，$\rho = 11°30'$，所以为了工作安全可靠，通常设计的偏斜角 $\varphi = 15° \sim 20°$。

为便于棘爪在棘背上滑过和便于制造，齿背采用直线齿形。

在设计棘轮尺寸时，首先确定棘轮齿数 z，通常取 $z=8\sim30$。根据强度条件或类比法确定棘轮模数 m(单位：mm)，常用模数为 1、1.5、2、2.5、3、3.5、4、5、6、8、10、12、14、16 等。

棘轮棘爪主要几何尺寸如下。

齿顶圆直径 $\qquad\qquad\qquad D = mz$

齿高(齿顶圆到齿根圆径向高度) $h = 0.75m$

齿顶厚(弦长) $\qquad\qquad\qquad \alpha = m$

齿槽夹角 $\qquad\qquad\qquad\quad \theta = 60° \text{ 或 } 55° \text{(由刀具角度定)}$

齿根圆直径 $\qquad\qquad\qquad D_1 = D - 2h$

齿距(周节)：相邻两齿在齿顶圆上量得对应点间的弧线长，即

$$p = \frac{\pi D}{z} = \pi m$$

棘爪长度为

$$L = 2p = 2\pi m$$

2. 槽轮机构

(1) 槽轮机构的工作原理。槽轮机构又称马耳他机构，图 4-32 所示为外槽轮机构(还有内槽轮机构)。它是由具有均布径向槽的槽轮 2(还有不均布的，槽长不等的槽轮机构)，带有圆柱销 A 的拨盘 1 和机架组成的。拨盘 1 做等角速度转动时，驱动槽轮 2 做间歇运动。当拨盘上的圆柱销 A 尚未进入槽轮 2 的径向槽时，由于槽轮 2 的内凹圆弧 β 和拨盘 1 的外凸圆弧 α 接触卡住，因此槽轮 2 静止不动(α 和 β 圆弧称为锁止弧)。当圆柱销 A 开始进入槽轮径向槽时，锁止弧也将被松开。拨盘继续转动，圆柱销便插入槽轮槽中，驱动槽轮沿逆时针方向转动。当圆柱销 A 开始脱出槽轮的径向槽时，另一对锁止弧将把槽轮卡住，直到圆柱销 A 再进入槽轮 2 的另一径向槽时，完成一个工作循环。拨盘继续转动下去，两者将重复上述的运动循环。

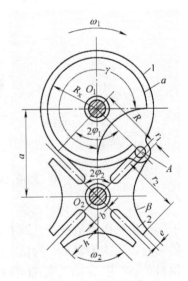

图 4-32　槽轮机构

槽轮机构结构简单、机械效率较高，并能平稳地改变槽轮的角速度，因此在自动机床的转位机构、电影放映机以及包装、食品、轻工机械的步进机构中得到广泛应用，常见形式如图 4-33 所示。

(2) 槽轮机构主要参数。槽轮机构的主要参数有槽轮上均匀分布的槽数 z、拨盘上的圆柱销数 n 和槽轮机构的运动特性系数 τ。

在图 4-32 所示机构中，为了使槽轮 2 在开始和终止转动时的瞬时角速度为零以避免刚性冲击，圆柱销在开始进入和脱出径向槽的瞬间，应使槽轮槽的中心线与圆柱销中心轨迹圆相切，即 O_2A 垂直于 O_1A。设槽轮均布槽数为 z，则槽轮 2 转过 $2\varphi_2 = 2\pi/z$ 的角度时，拨盘 1 的转角为

$$2\varphi_1 = \pi - 2\varphi_2 = \frac{\pi - 2\pi}{z} \qquad (4\text{-}14)$$

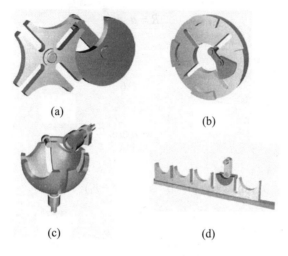

(a)

(b)

(c)

(d)

图 4-33　典型槽轮机构

在一个运动循环内，槽轮 2 的运动时间 t_d 对拨盘 1 的运动时间 t 的比值称为槽轮机构的运动特性系数，用 τ 表示。

因拨盘 1 等角速度转动，所以其转角与所用时间成正比。对于只有一个圆柱销的拨盘，其 t_d 和 t 分别对应于拨盘 1 的转角 $2\varphi_1$ 和 2π。其运动系数 τ 为

$$\tau = \frac{t_d}{t} = \frac{2\varphi_1}{2\pi} = \frac{\pi - \dfrac{2\pi}{z}}{2\pi} = \frac{1}{2} - \frac{1}{z} = \frac{z-2}{2z} \qquad (4\text{-}15)$$

因槽轮必须运动，故 $\tau > 0$，由式(4-15)可知 $z \geqslant 3$。从式(4-15)还可看出单圆柱销的槽轮机构 τ 总小于 1/2，即槽轮在一个循环中运动时间总小于静止时间。

如果想使 $\tau > 1/2$，只要在拨盘上均匀分布两个以上的圆柱销(不均布亦可)即可。设拨盘上均布 n 个圆柱销，槽轮机构一个运动循环拨盘上一个圆柱销转角为 $2\pi/n$，将其代入式(4-15)中，即

$$\tau = \frac{\pi - \dfrac{2\pi}{z}}{\dfrac{2\pi}{n}} = \frac{n(z-2)}{2z} \qquad (4\text{-}16)$$

由于间歇运动机构时动时停的运动特性，所以 $\tau < 1$。

由式(4-16)可获得径向槽数 z 与圆柱销数 n 的选取对应关系为

$z = 3$ 时，$n = 1 \sim 5$

$z = 4 \sim 5$ 时，$n = 1 \sim 3$

$z \geqslant 6$ 时，$n = 1 \sim 2$

但是 $z = 3$ 时，由于槽轮角速度变化很大，将引起较大的冲击和振动。径向槽 $z > 9$ 的机构，由于 τ 变化很小，比较少见，故常取 $z = 4 \sim 8$。

当给出槽轮的径向槽数 z，并由结构条件定出中心距 $a(\overline{O_1O_2})$ 和圆柱销半径 r_1 之后，

结合图 4-32 可得单圆柱销槽轮机构的几何尺寸计算公式如下。

圆柱销转动半径为

$$R = a\sin\frac{\pi}{z}$$

圆柱销半径为

$$r_1 \approx \frac{1}{6}R$$

槽顶高为

$$r_2 = a\cos\frac{\pi}{z}$$

槽底高为

$$b \leqslant a - (R + r_1)$$

槽深为

$$h = r_2 - b$$

锁止弧半径为

$$R_s = K_s r_2$$

式中，对应于 z=3、4、5、6、8 时，K_s = 1.4、0.70、0.48、0.34、0.20。

锁止弧张开角为

$$\gamma = \frac{2\pi}{n} - 2\varphi_1 = 2\pi\left(\frac{1}{n} + \frac{1}{z} - \frac{1}{2}\right)$$

槽顶侧壁厚为

$$e > 3\sim5\text{mm}$$

3. 不完全齿轮机构

图 4-34 和图 4-35 所示为不完全齿轮机构，其主动轮 1 为只有一个或 n 个齿的不完全轮齿的齿轮，而从动轮 2 可以是普通的完整齿轮，也可以由正常齿带锁止弧或厚齿组成。当主动轮 1 的有齿部分与从动轮 2 的轮齿啮合时，驱动从动轮 2 转动，当主动轮 1 的无齿部分作用时，从动轮 2 被锁止弧锁住不动，因而当主动轮 1 连续转动时，从动轮 2 便获得间歇运动。当主动轮等角速度转动时，从动轮在转动期间是匀速的，但是当从动轮 2 由停歇而突然达到某一转速时，以及由某一转速而突然静止时，由于速度的突然变化，理论上加速度值为无穷大，将产生刚性冲击。因此，对于转速较高的不完全齿轮机构，可在两轮装上瞬心线附加杆 L 和 K，如图 4-35 所示。当两齿轮轮齿相啮合之前，瞬心线附加杆先行接触，使从动齿轮的角速度由零均匀增大到从动轮正常转动角速度值，当从动轮达到正常转动角速度值时，附加杆即脱离接触；反之，当从动齿轮由正常转速到静止时，机构可借助另一对瞬心线附加杆，使从动轮角速度由正常转速均匀减至零。

不完全齿轮机构有外啮合、内啮合及齿轮齿条三种形式，图 4-36(a)所示为内啮合不完全齿轮机构，图 4-36(b)所示为齿条型不完全齿轮机构，图 4-36(c)所示为锥齿轮组成的不完全齿轮机构。

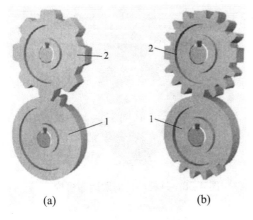

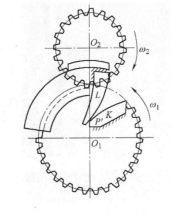

图 4-34 不完全齿轮机构　　　　图 4-35　具有瞬心线附加杆的不完全齿轮机构

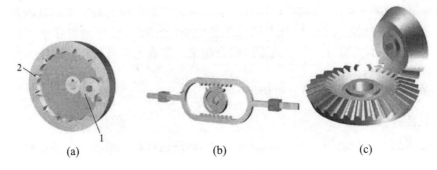

图 4-36　不完全齿轮机构

不完全齿轮机构常用于计数器、电影放映机和某些机床的进给机构中。

4. 凸轮间歇运动机构

　　圆柱凸轮间歇运动机构是由凸轮 1、转盘 2 及机架组成的，如图 4-37 所示。转盘 2 的端面上均布有若干滚子 3。当主动凸轮 1 转过曲线槽对应的角度 β 时，凸轮曲线槽推动滚子 3 使从动转盘 2 转过相邻两滚子间所夹的中心角 $2\pi/z$，z 为滚子的数目，凸轮转过余下角度 $(2\pi-\beta)$ 时，转盘 2 静止不动。这样就使从动转盘 2 得到间歇运动。这种凸轮间歇运动机构用以传递两相错轴间的分度运动。

　　凸轮间歇运动机构的另一种形式是如图 4-38 所示的蜗杆凸轮间歇运动机构。凸轮上有一条凸脊犹如蜗杆，滚子均布于转盘的外表面，犹如蜗轮的轮齿。这种凸轮间歇运动机构可以通过调整中心距的方法，消除滚子和脊背间的间隙或补偿磨损，提高传动精度。

　　凸轮间歇运动机构的优点是：运转可靠、传动平稳，转盘可实现任何运动规律，可以适应高速传动要求，可以依靠改变凸轮曲线槽对应的 β 角，来改变转盘的转动和停歇时间的比值，在转盘停歇时，一般只需依靠凸轮本身棱边定位，不再需要附加其他定位装置。凸轮间歇运动机构又称空间间歇运动机构。

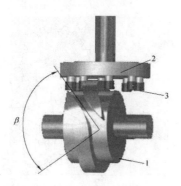

图 4-37　圆柱凸轮间歇运动机构

图 4-38　蜗杆凸轮间歇运动机构

二、组合机构

前面介绍的连杆机构、凸轮机构以及间歇运动机构是工程上最常用的几种基本机构。对比较复杂的运动变换，若某种基本机构单独使用，往往难以达到实际生产的要求，为此，可以把几种基本机构用一定方式连接组合起来，即成为组合机构，以使得到单一机构难以达到的性能要求。

下面简单介绍几种常见的组合机构。

1. 齿轮连杆机构

如图 4-39 所示，这是由一个齿轮机构和一个铰链四杆机构组合而成的齿轮连杆机构，它用于实现工业机械手手指的平移运动。

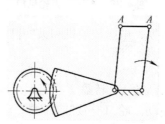

图 4-39　齿轮连杆机构

2. 双联凸轮机构

图 4-40 所示的双联凸轮机构是由两个凸轮机构和一个双滑块机构组合而成的凸轮连杆机构。它利用两个滚子从动件的运动，来控制十字滑块在 x 和 y 方向的运动，使 E 点准确地实现预定的运动轨迹 $y = y(x)$。

3. 凸轮连杆机构

图 4-41 所示的组合机构是由一个凸轮机构和一个曲柄滑块机构组合而成的。曲柄 1 可以在滑块 4 中相对滑动。当滚子沿凸轮槽运动时，曲柄长度 AB 不断发生变化。只要设计适当的凸轮轮廓，就可使滑块 3 获得预期运动规律。

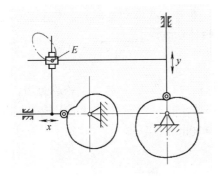

图 4-40 双联凸轮机构

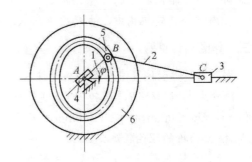

图 4-41 凸轮连杆机构

本 章 小 结

(1) 凸轮机构是由凸轮、从动件和机架三个基本构件组成的高副机构。

(2) 凸轮机构能够让从动件获得比较复杂的运动规律。从动件的运动规律取决于凸轮轮廓曲线，可以根据从动件的运动规律用图解法设计凸轮的轮廓曲线。

(3) 在凸轮机构的设计过程中应注意滚子半径、压力角和基圆半径对凸轮机构的影响。

(4) 间歇机构能够根据需要驱动某些构件实现周期性的运动和停歇。常用的间歇机构有棘轮机构、槽轮机构、凸轮间歇运动机构和不完全齿轮机构。

复习思考题

知识拓展

一、选择题

1. 凸轮机构是由(　　)、凸轮、从动件三个基本构件组成的。

    A. 机架   B. 连杆   C. 凸轮   D. 原动件

2. 直动滚子从动件盘形凸轮机构的压力角是指(　　)所夹的锐角。

    A. 过接触点的法向力与从动件的速度方向

    B. 过接触点的切向力与从动件的速度方向

    C. 过接触点的法向力与滚子中心速度方向

3. 在设计直动滚子从动件盘形凸轮机构的凸轮轮廓线时，发现压力角超过了许用值，此时应采取的措施是(　　)。

    A. 减小滚子半径   B. 增大滚子半径

    C. 增大基圆半径   D. 减小基圆半径

4. 无论凸轮加给从动件的作用力有多大，从动件都不能运动，这种现象称为(　　)。

    A. 锁死   B. 过载   C. 失效   D. 自锁

二、填空题

1. 设计滚子从动件盘形凸轮机构时，滚子中心的轨迹称为凸轮的_____廓线；与滚子相包络的凸轮廓线称为_____廓线。

2. 对于一个单圆柱销的外槽轮机构，它的槽数为 6 时，其运动系数 τ 等于_____。

3. 在内啮合槽轮机构中，主动拨盘与从动槽轮的转动方向_____。

三、作图与计算题

1. 图 4-42 所示偏置滚子直动从动件盘形凸轮机构中，凸轮 1 的工作轮廓为圆，其圆心和半径分别为 C 和 R，凸轮 1 沿逆时针方向转动，推动从动件做往复移动。已知：$R=100\text{mm}$，$OC=20\text{mm}$，偏距 $e=10\text{mm}$，滚子半径 $r_T=10\text{mm}$，要求：

(1) 绘出凸轮的理论轮廓；

(2) 确定凸轮基圆半径 r_0 和从动件行程 h；

(3) 确定推程运动角 Φ_0、回程运动角 Φ_0'、远休止角 Φ_s、近休止角 Φ_s'；

(4) 绘出 B 点压力角 α_B。

2. 试用图解法设计一对心直动尖顶从动件盘形凸轮机构。已知凸轮沿逆时针方向做等角速度回转，从动件行程 $h=32\text{mm}$，凸轮基圆半径 $r_0=40\text{mm}$，从动件位移 s 对凸轮转角 φ 的变化曲线如图 4-43 所示。

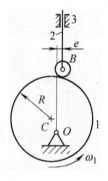
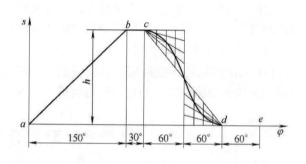

图 4-42　偏置滚子直动从动件盘形凸轮机构　　图 4-43　对心直动尖顶从动件盘形凸轮机构的变化曲线

3. 已知一棘轮机构的棘轮模数 $m=10\text{mm}$，齿数 $z=12$，试确定机构的几何尺寸并画出棘轮的齿形。

4. 已知槽轮的槽数 $z=6$，拨盘上的圆柱销数 $n=1$，转速 $n_1=60\text{r/min}$，求槽轮在一个运动循环中的运动时间 t_d 和静止时间 t_j。

5. 在六角车床的六角刀架转位用的槽轮机构中，已知槽数 $z=6$，均布，槽轮静止时间 $t_j=\dfrac{5}{6}\text{s}$，运动时间 $t_d=2t_j$。求槽轮机构的运动系数 τ 及所需的圆柱销数 n。

第五章 齿轮机构

学习要点及目标

(1) 了解齿轮机构的特点及主要类型。

(2) 理解齿廓啮合基本定律。

(3) 掌握渐开线的性质。

(4) 了解渐开线齿廓的啮合特点。

(5) 掌握渐开线标准直齿圆柱齿轮主要参数和基本尺寸的计算方法。

(6) 了解渐开线齿轮的切齿方法及根切现象。

(7) 掌握斜齿圆柱齿轮主要参数的计算方法。

(8) 掌握直齿圆柱齿轮、斜齿圆柱齿轮、直齿圆锥齿轮以及蜗杆机构的正确啮合条件。

(9) 掌握蜗杆机构的转向判断方法。

核心概念

齿廓啮合基本定律　渐开线的性质　模数　正确啮合条件　连续传动条件　根切　直齿轮不根切的最少齿数　螺旋角　斜齿轮当量齿数　蜗杆机构的转向

第一节　概　　述

齿轮机构概述

齿轮机构是现代机械中应用最广泛的一种传动机构，由于它具有速比范围大、功率范围广、结构紧凑、可靠等优点，已被广泛应用于各种机械设备和仪器仪表中，成为现有机械产品的重要基础零部件。齿轮机构从发明到现在经历了无数次更新换代，主要向高速、重载、平稳性、体积小、低噪声等方向发展。齿轮机构的设计与制造水平直接影响到机械产品的性能和质量。由于齿轮机构在工业发展中的突出地位，齿轮机构已被公认为工业化的一种象征。

齿轮的发展要追溯到公元前，迄今约有 3000 年的历史。根据出土文物和史料记载，我国是应用齿轮最早的国家之一。在河北武安发现了直径约 80mm 的铁齿轮，经研究确认为战国末期到西汉(公元前 3 世纪至公元 24 年)间的制品；在山西出土了一对青铜人字齿轮，据分析为东汉初年(公元 1 世纪)遗物。这些已发现的古老齿轮，说明古代中国在 2000 多年前就已经开始使用齿轮了。经研究发现，作为反映古代科学技术成就的记里鼓车以及如图 5-1 所示的汉代发明的指南车(复原车)，就是以齿轮机构为核心的机械装置。

齿轮机构是实现运动传递与动力的一种高副机构，特别是需要传动比恒定时，齿轮机构是可以利用的机构形式，因此在各种

图 5-1　指南车

机械设备中得到广泛的应用。

齿轮传动属于啮合传动,它的主要优点是:瞬时传动比恒定;适用的圆周速度和功率范围大(速度可达 300m/s,功率为 $1W \sim 10^5 kW$);传动效率高(可达 0.99);工作可靠,寿命长(可达 $10 \sim 20$ 年);结构紧凑。齿轮制造比较复杂,需专用设备;精度不高的齿轮,传动时噪声、振动和冲击大;不适宜两轴的远距离传动。

按照一对齿轮轴线的相互位置关系和齿向,齿轮机构分类如图 5-2 所示;齿轮机构的类型如图 5-3 所示。

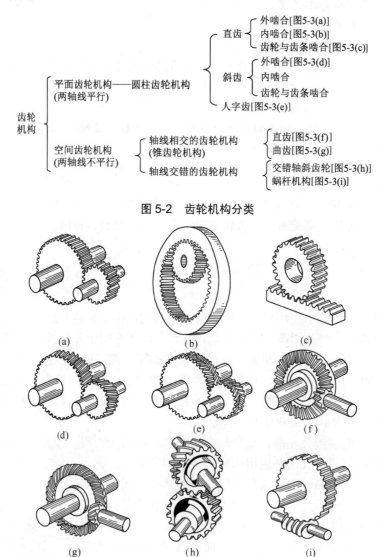

图 5-2　齿轮机构分类

图 5-3　齿轮机构类型

直齿圆柱齿轮机构是齿轮传动的基本类型,本章将以直齿圆柱齿轮机构为主要对象来研究齿轮啮合的基本规律,并在此基础上研究斜齿圆柱齿轮机构、锥齿轮机构、蜗杆蜗轮机构等。

第二节　齿廓啮合基本定律和齿廓曲线

齿轮的齿廓曲线

相互啮合传动的一对齿轮，主动齿轮的瞬时角速度 ω_1 与从动轮瞬时角速度 ω_2 之比 ω_1/ω_2 称为两轮的传动比。

工程实际中，对齿轮传动的基本要求之一是传动比保持不变；否则，当主动轮等角速度回转时，从动轮的角速度为变量，从而产生惯性力，这不仅影响齿轮传动的工作精度和平稳性，甚至可能导致轮齿过早失效。齿轮机构的传动比是否恒定，直接取决于两轮齿廓曲线的形状。齿廓啮合基本定律就是研究当齿廓形状符合何种条件时，才能满足这一基本要求。

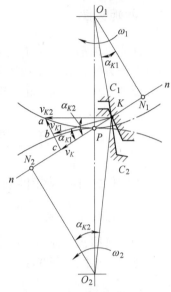

图 5-4　齿廓啮合基本定律

一、齿廓啮合基本定律

图 5-4 表示两相互啮合的齿廓 C_1、C_2 在 K 点接触，过 K 点作两齿廓的公法线 n-n，它与两轮连心线 O_1O_2 交于 P 点，称为节点。

设 ω_1、ω_2 分别为两轮的角速度，齿轮 1 驱动齿轮 2，两轮在 K 点的线速度分别为

$$\begin{cases} v_{K1} = \omega_1 \overline{O_1K} \\ v_{K2} = \omega_2 \overline{O_2K} \end{cases} \tag{5-1}$$

两轮在 K 点啮合，则两轮齿啮合点在公法线 n-n 上的分速度必须相等，即

$$v_{K1} \cos \alpha_{K1} = v_{K2} \cos \alpha_{K2} \tag{5-2}$$

式中，α_{K1} 和 α_{K2} 分别为两齿廓在 K 点的压力角。

由式(5-1)、式(5-2)有

$$i_{12} = \frac{\omega_1}{\omega_2} = \frac{\overline{O_2K} \cos \alpha_{K2}}{\overline{O_1K} \cos \alpha_{K1}} \tag{5-3}$$

由图 5-4 可得

$$i_{12} = \frac{\omega_1}{\omega_2} = \frac{\overline{O_2K} \cos \alpha_{K2}}{\overline{O_1K} \cos \alpha_{K1}} = \frac{\overline{O_2N_2}}{\overline{O_1N_1}} \tag{5-4}$$

式(5-4)可进一步化为

$$i_{12} = \frac{\omega_1}{\omega_2} = \frac{\overline{O_2N_2}}{\overline{O_1N_1}} = \frac{\overline{O_2P}}{\overline{O_1P}} \tag{5-5}$$

式(5-5)表明，若使两轮的瞬时传动比恒定，则应使 P 点的位置恒定不变。两轮的中心距 O_1O_2 为定长，由此得出齿廓啮合基本定律：两轮齿廓不论在任何位置接触，若其啮合节点位置恒定，则两轮传动比恒定不变。

齿轮在啮合过程中，啮合节点在两轮运动平面上形成的轨迹曲线分别是以 $\overline{O_1P}$ 和 $\overline{O_2P}$

为半径的两个相切圆。这两个相切圆称为节圆，以 r_1' 和 r_2' 表示两节圆的半径，则两轮的传动比为

$$i_{12} = \frac{\omega_1}{\omega_2} = \frac{r_2'}{r_1'} \tag{5-6}$$

二、共轭齿廓

能满足齿廓啮合基本定律的任意一对齿廓，称为共轭齿廓。齿轮机构中，常用的共轭齿廓有渐开线齿廓、摆线齿廓、圆弧齿廓等，其中以渐开线齿廓应用最广泛。因此，本章仅介绍渐开线齿廓的齿轮机构。

第三节 渐开线齿廓

> 数学家欧拉，曾解析出渐开线齿廓，他在遭受了双目失明和火灾焚毁研究手稿的双重打击下的 17 年中，仍然坚持科学研究，又完成了多部专著和 400 多篇研究论文。

一、渐开线的形成和性质

1. 渐开线的形成

当一直线在一圆周上做纯滚动时，如图 5-5 所示，直线上任意一点 K 的轨迹称为该圆的渐开线，这个圆称为渐开线的基圆，直线称为发生线。

渐开线的形成和性质

2. 渐开线性质

由渐开线的形成过程可知，渐开线具有以下性质。

(1) 发生线在基圆上滚过的线段长度与基圆上相应的弧长相等。

当发生线从位置Ⅰ滚到位置Ⅱ时，因它与基圆之间为纯滚动，没有相对滑动，所以，发生线在基圆上滚过的线段长度 $\overline{NK}$ 与基圆上相应的弧长 $\overset{\frown}{AN}$ 相等，即

$$\overline{NK} = \overset{\frown}{AN} \tag{5-7}$$

(2) 渐开线上任一点的法线必与基圆相切。

当发生线在位置Ⅱ沿基圆做纯滚动时，N 点是它的瞬时转动中心，因此直线 NK 是渐开线上 K 点的法线，且 NK 为其曲率半径。又因发生线始终切于基圆，故渐开线上任意一点的法线必与基圆相切；或者说，基圆的切线必为渐开线上某一点的法线。

(3) 渐开线上各点的压力角是变化的。

渐开线齿廓上某点的法向压力 F_n 的方向线与该点速度方向线所夹的锐角 α_K 称为该点的压力角。

由图 5-5 可知

$$\cos\alpha_K = \frac{r_b}{r_K} \tag{5-8}$$

式中，r_b 为基圆半径；r_K 为渐开线上 K 点的向径。

对于已制造好的齿轮，基圆半径 r_b 为定值，故渐开线上各点的压力角是变化的。K 点离基圆中心越远，其压力角越大。渐开线起始点(基圆上)的压力角 α_K 为零。

(4) 渐开线的形状取决于基圆的大小。

同一基圆上的渐开线形状完全相同。基圆越小，渐开线越弯曲；基圆越大，渐开线越

平直；当基圆半径为无穷大时，渐开线即成为直线(见图 5-6)。所以，渐开线齿条具有直线齿廓。

(5) 基圆以内无渐开线。

(6) 同一基圆上两相邻的同向渐开线的法向距离 K_1K_2 处处相等(见图 5-7)。

同向渐开线的法向距离称为法向齿距，又称为法节，以 p_n 表示；同时在基圆上占的弧长 $\overline{A_1A_2}$，称为基圆齿距，又称为基节，以 p_b 表示，显然有

$$p_n = p_b \tag{5-9}$$

(7) 同一基圆上任意两条异向渐开线间的公法线长度处处相等(见图 5-8)，记为 W_n，即

$$W_n = \overline{K_1K_2} = \overline{K_1'K_2'} = W_n' \tag{5-10}$$

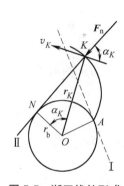

图 5-5　渐开线的形成

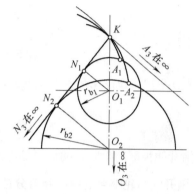

图 5-6　基圆大小对渐开线的影响

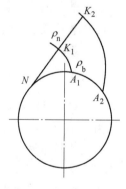

图 5-7　法节和基节

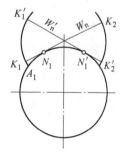

图 5-8　公法线长度

二、渐开线齿廓的啮合特点

1. 渐开线齿廓符合齿廓啮合基本定律并能保证齿轮瞬时传动比恒定

渐开线齿廓的
啮合特点

如图 5-9 所示，一对渐开线齿廓在任一点 K 啮合，由渐开线性质可知，啮合点 K 处的公法线 N_1N_2 总切于两轮基圆，即公法线是两基圆的内公切线。因为两轮的基圆为定圆，在同一方向的内公切线只有一条，所以，两齿廓的公法线(即内公切线)与连心线 O_1O_2 的交点，即啮合节点 P 的位置总是恒定不变，这表明渐开线齿廓完全

符合齿廓啮合基本定律。

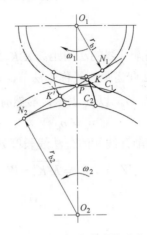

图 5-9　渐开线齿廓的啮合

由图 5-9 知，$\triangle O_1 N_1 P \backsim \triangle O_2 N_2 P$，故一对渐开线齿廓啮合的瞬时传动比为

$$i_{12} = \frac{n_1}{n_2} = \frac{\omega_1}{\omega_2} = \frac{r_2'}{r_1'} = \frac{r_{b2}}{r_{b1}} \tag{5-11}$$

即一对渐开线齿廓的瞬时传动比恒等于两轮基圆半径的反比，为定值。

2. 渐开线齿轮啮合的中心距可分性

由式(5-11)可知，渐开线齿轮的传动比取决于两轮基圆半径的大小，当渐开线齿轮制成后，基圆半径就确定了，即使两轮的实际中心距与设计中心距稍有偏差，仍可保持其瞬时传动比不变。这种性质称为渐开线齿轮的中心距可分性，它是渐开线齿轮传动的一大优点，给齿轮的制造、安装和使用带来很大方便。

3. 渐开线齿廓的啮合线与啮合角

啮合线就是齿轮传动时齿廓啮合点的轨迹。由上述可知，一对渐开线齿廓在任何位置接触时，其接触点的公法线都是同一条直线 $N_1 N_2$，即渐开线齿轮啮合时，其啮合点总是在直线 $N_1 N_2$ 上，因此，直线 $N_1 N_2$ 是渐开线齿廓的啮合线，它与两齿轮基圆内公切线重合，是一条方向不变的直线。

啮合线与两节圆内公切线之间所夹的锐角称为啮合角，其值等于渐开线齿廓在节点处的压力角。啮合线不变，啮合角也恒定不变。因而渐开线齿廓之间的正压力方向不变，只要齿轮传递的力矩不变，则轮齿之间、轴与轴承之间压力的大小和方向不变，传动就平稳。这也是渐开线齿轮传动的一大优点。

4. 渐开线齿廓的相对滑动

如图 5-4 所示，一对渐开线齿廓啮合，接触点在公法线 $N_1 N_2$ 上的分速度必定相等，但在接触点公切线上的分速度不一定相等。因此，齿轮在啮合传动时，齿廓之间将产生相对滑动。这种滑动将引起啮合时的摩擦损失和齿面磨损，但在节点 P 处啮合时，因两齿廓接触点的速度相等，所以齿廓间没有相对滑动。

第四节　渐开线标准直齿圆柱齿轮及其啮合传动

一、齿轮轮齿各部分的名称和符号

1. 外齿轮

图 5-10 所示为一外啮合标准直齿圆柱齿轮的一部分，其各部分的名称及代号介绍如下。

(1) 齿顶圆。齿轮所有各齿的顶端所在的圆，其直径用 d_a 表示。

(2) 齿根圆。齿轮各齿的齿槽底部所在的圆，其直径用 d_f 表示。

(3) 分度圆。计算齿轮各部分尺寸的基准圆，其直径用 d 表示。

(4) 齿顶高。齿顶圆至分度圆的径向距离，齿顶高用 h_a 表示。

(5) 齿根高。齿根圆至分度圆的径向距离，齿根高用 h_f 表示。

(6) 全齿高。齿顶圆至齿根圆的径向距离，全齿高用 h 表示。

(7) 顶隙。两齿轮啮合时，一齿轮齿顶端至另一齿轮齿槽底的径向距离，顶隙用 c 表示。

(8) 齿厚。沿任意圆周度量的轮齿所占的弧长，分度圆上的齿厚以 s 表示。

(9) 齿槽宽。沿任意圆周度量的齿槽所占的弧长，分度圆上的齿槽宽以 e 表示。

(10) 齿距。沿任意圆周度量的相邻齿对应点之间的弧长，分度圆上的齿距以 p 表示，$p = s + e = \pi m$。

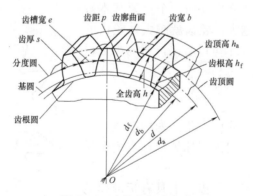

图 5-10　齿轮各部分名称

2. 内齿轮

内齿轮与外齿轮的主要不同点如下。

(1) 内齿轮齿顶圆小于分度圆，齿根圆大于分度圆；

(2) 内齿轮的齿廓是内凹的，其齿厚和齿槽宽分别对应于外齿轮的齿槽宽和齿厚。

此外，内齿轮的齿顶圆应大于基圆，因为基圆内没有渐开线。

齿轮的基本参数
和几何尺寸

二、基本参数和几何尺寸

齿轮各部分尺寸很多，但决定齿轮尺寸和齿形的基本参数只有5个。以外齿轮为例，即齿轮的模数 m、压力角 α、齿顶高系数 h_a^*、顶隙系数 c^* 和齿数 z。上述参数除齿数外，均已标准化。

1. 模数 m

把分度圆上的齿距 p 与 π 的比值规定为标准值(见表5-1)，称为模数，单位为mm，以 m 表示，即

$$m = \frac{p}{\pi} \tag{5-12}$$

表5-1 渐开线圆柱齿轮模数系列

(mm)

第一系列	1	1.25	1.5	2	2.5	3	4	5	6
	8	10	12	16	20	25	32	40	50
第二系列	1.75	2.25	2.75	(3.25)	3.5	(3.75)	4.5	5.5	(6.5)
	7	9	(11)	14	18	22	28	36	45

注：设计齿轮时，应优先选第一系列，其次是第二系列，括号内的值尽量不选用。

引入模数后，齿轮分度圆直径可以表示为

$$d = mz \tag{5-13}$$

模数是决定齿轮各部分尺寸的一个重要基本参数。模数越大，则齿距越大，轮齿就越大，轮齿的承载能力就越强。从图5-11可以看出，相同齿数、不同模数齿轮的尺寸大小。

2. 压力角 α

α 为分度圆上渐开线的压力角，为标准值。压力角太大，对传动不利。我国国标规定标准齿轮压力角 α 为 $20°$。

综上所述可知，分度圆是齿轮上具有标准模数和标准压力角的圆。

3. 齿顶高系数 h_a^* 和顶隙系数 c^*

$$h_a = h_a^* m$$

$$h_f = (h_a^* + c^*)m$$

式中，h_a^* 为齿顶高系数；c^* 为顶隙系数，规定 $c = c^* m$，称 c 为顶隙。

保留顶隙是为了避免传动时齿顶与齿槽底部顶撞，同时也为了储存润滑油。

我国国标规定：正常齿，$h_a^*=1$，$c^*=0.25$；

短齿，$h_a^*=0.8$，$c^*=0.3$。

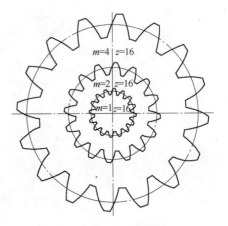

图5-11 不同模数的齿轮

具有标准模数、标准压力角、标准齿顶高系数和标准顶隙系数，且分度圆上齿厚等于齿槽宽的齿轮称为标准齿轮。

　　标准直齿圆柱外齿轮的几何尺寸计算公式列于表 5-2 中。

表 5-2　渐开线标准直齿圆柱齿轮(外齿轮)的主要参数和几何尺寸

名　称	代号	公式与说明	名　称	代号	公式与说明
模数	m	由齿轮承载能力确定，选取标准值	齿距	p	$p = s + e = \pi m$
压力角	α	$20°$	分度圆齿厚	s	$s = \dfrac{1}{2}\pi m$
分度圆直径	d	$d = mz$	分度圆齿槽宽	e	$e = \dfrac{1}{2}\pi m$
齿顶高	h_a	$h_a = h_a^* m$	基圆直径	d_b	$d_b = d\cos\alpha = mz\cos\alpha$
齿根高	h_f	$h_f = (h_a^* + c^*)m$	基圆齿距	p_b	$p_b = p\cos\alpha$
全齿高	h	$h = h_a + h_f = (2h_a^* + c^*)m$	节圆直径	d'	$d' = d$ (标准安装)
齿顶圆直径	d_a	$d_a = d + 2h_a = m(z + 2h_a^*)$	标准中心距	a	$a = \dfrac{1}{2}(d_1 + d_2) = \dfrac{m}{2}(z_1 + z_2)$
齿根圆直径	d_f	$d_f = d - 2h_f = m(z - 2h_a^* - 2c^*)$	顶隙	c	$c = c^* m$

三、一对渐开线齿轮的啮合传动

　　以上仅对单个渐开线齿轮进行了研究，下面将讨论一对渐开线齿轮啮合传动的情况。

1. 正确啮合条件

1) 一对齿廓的啮合过程

　　如图 5-12 所示，任何一对齿廓开始啮合时，总是主动轮 1 的齿根推动从动轮 2 的齿顶，即啮合起始点 B_2 是从动轮齿顶圆与啮合线 N_1N_2 的交点。随着齿轮 1 推动齿轮 2 转动，两齿轮齿廓的啮合点沿着啮合线移动，当啮合点移动到齿轮 1 的齿顶圆与啮合线的交点 B_1，即主动轮的齿顶与从动轮的齿根相接触时，齿廓啮合终止，即 B_1 点为一对齿廓啮合的终止点。这是一对齿廓的啮合过程。

　　显然，B_1B_2 是啮合点的实际轨迹，故称为实际啮合线。而 N_1 点和 N_2 点为啮合线与两基圆的切点，也是 B_1 和 B_2 的极限位置，称为啮合极限点，N_1N_2 则为理论啮合线。

2) 正确啮合条件

　　由本章第二节知，一对渐开线齿廓能满足齿廓啮合基本定律，保证传动比为常数。但这并不等于任意两个渐开线齿轮搭配后都能正确地啮合。

　　欲使一对渐开线齿轮能正确啮合，必须满足一定的条件。下面以图 5-13 所示的一对渐开线齿轮传动来分析渐开线齿轮的正确啮合条件。

　　齿轮传动是靠轮齿一对一对地依次啮合来实现的，由于轮齿的齿面高度有限，每一对轮齿只能在一定的区间啮合，因此要求前一对轮齿脱离啮合时，后一对轮齿能接替传动。为了保证前后两对轮齿能同时在啮合线上接触，必须使齿轮 1 和齿轮 2 上相邻两齿的同侧齿廓的法向距离(即齿轮的法节)相等。

由渐开线性质知，齿轮的法节与基节在数值上相等，即

$$\overline{KK'} = P_{b1} = \pi m_1 \cos \alpha_1 \tag{5-14}$$

$$\overline{KK'} = P_{b2} = \pi m_2 \cos \alpha_2 \tag{5-15}$$

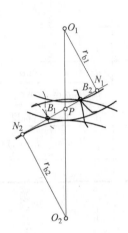

图 5-12 啮合过程

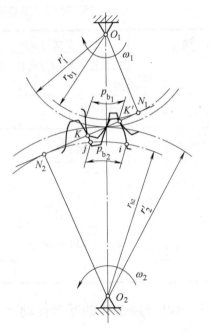

图 5-13 渐开线齿轮正确啮合

将式(5-14)与式(5-14)联立，得出一对渐开线齿轮的正确啮合条件为

$$m_1 \cos \alpha_1 = m_2 \cos \alpha_2 \tag{5-16}$$

由于模数、压力角已标准化，要满足上述条件，则

$$m_1 = m_2 = m$$
$$\alpha_1 = \alpha_2 = 20° \tag{5-17}$$

式(5-17)表明，一对渐开线齿轮正确啮合条件为两齿轮的模数相等、压力角相等。

此时，两轮啮合的传动比为

$$i_{12} = \frac{\omega_1}{\omega_2} = \frac{d_2}{d_1} = \frac{mz_2}{mz_1} = \frac{z_2}{z_1} \tag{5-18}$$

2. 标准中心距

图 5-14 所示为一对外啮合标准齿轮传动。如上所述，一对外啮合标准齿轮，模数和压力角分别相等，且两轮齿厚和齿槽宽分别相等，因此当分度圆与节圆相重合时，可满足无侧隙啮合条件(其齿侧间隙为零)。安装时使分度圆与节圆重合的一对标准齿轮的中心距称为标准中心距，可表示为

$$a = r_1' + r_2' = \frac{m}{2}(z_1 + z_2) \tag{5-19}$$

应当指出，分度圆和压力角是单个齿轮所具有的几何参数，而节圆和啮合角是两个齿轮相互啮合时的运动参数。标准齿轮传动只有在按标准中心距安装，且分度圆与节圆重合

时，压力角与啮合角才相等；否则，压力角与啮合角不相等。

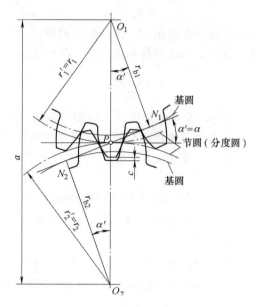

图 5-14　标准齿轮正确安装

3. 连续传动条件

齿轮的连续传动应保证在前对轮齿脱离啮合之前，后对轮齿就已进入啮合。如前所述，正确啮合条件只能保证各对轮齿依次正确啮合，并不能保证传动连续性，那么，应满足什么条件才能使齿轮传动连续呢？

B_1B_2(见图 5-15)是一对齿廓的实际啮合线，当一对轮齿啮合至终止点时，后一对轮齿已进入啮合，如图 5-15(a)和图 5-15(b)所示，这时传动可以连续进行，此时实际啮合线 $B_1B_2 \geqslant p_b$；若 $B_1B_2 < p_b$，即一对轮齿于 B_1 点脱离啮合时，后一对轮齿尚未进入啮合，如图 5-15(c)所示，则啮合传动发生中断，从而引起冲击。

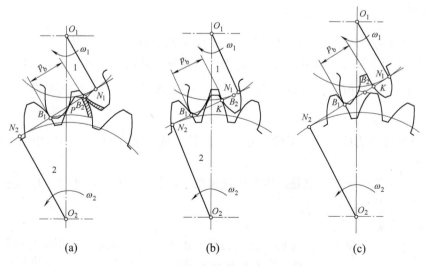

(a)　　　　　　　　(b)　　　　　　　　(c)

图 5-15　齿轮的连续传动

这样，保证齿轮连续传动的条件为：必须使实际啮合线 B_1B_2 大于或等于基圆齿距，即

$$B_1B_2 \geqslant p_b \tag{5-20}$$

这样才能保证在前一对轮齿尚未退出啮合时，后一对轮齿已进入啮合。

实际啮合线 B_1B_2 与基圆齿距 p_b 的比值称为重合度，以 ε 表示，则齿轮的连续传动条件为

$$\varepsilon = \frac{B_1B_2}{p_b} \geqslant 1 \tag{5-21}$$

例 5-1 有一对外啮合的标准直齿圆柱齿轮，已知模数为 4mm，齿数分别为 25、75。试分别计算该对齿轮的分度圆直径、齿顶圆直径、基圆直径及分度圆齿距。

根据表 5-2 中的计算公式，可求得以下结果。

(1) 两齿轮分度圆直径为

$$d_1 = mz_1 = 4 \times 25 = 100(\text{mm})$$
$$d_2 = mz_2 = 4 \times 75 = 300(\text{mm})$$

(2) 两齿轮齿顶圆直径为

$$d_{a1} = m(z_1 + 2h_a^*) = 4 \times (25 + 2) = 108(\text{mm})$$
$$d_{a2} = m(z_2 + 2h_a^*) = 4 \times (75 + 2) = 308(\text{mm})$$

(3) 两齿轮基圆直径为

$$d_{b1} = d_1\cos\alpha = mz_1\cos\alpha = 2 \times 25\cos20° = 46.98(\text{mm})$$
$$d_{b2} = d_2\cos\alpha = mz_2\cos\alpha = 2 \times 75\cos20° = 140.95(\text{mm})$$

(4) 两齿轮分度圆齿距为

$$p_1 = p_2 = \pi m = 3.14 \times 4 = 12.56(\text{mm})$$

第五节 渐开线齿轮的加工方法及变位齿轮

渐开线齿轮的切削方法根据加工基本原理不同，可分为仿形法和范成法。

一、仿形法

渐开线齿廓的
切削原理及根切

仿形法是用与轮坯齿槽形状相同的圆盘铣刀[见图 5-16(a)]或指状铣刀在普通铣床上加工[见图 5-16(b)]。加工时铣刀绕自身轴线旋转，同时轮坯沿齿轮轴线方向做直线移动。铣出一个齿槽后，将轮坯转过 $\frac{2\pi}{z}$，再铣第二个齿槽。依此类推，直至铣出轮坯全部齿廓。

一般用圆盘铣刀(卧铣)加工模数较小的齿轮，而用指状铣刀(立铣)加工模数较大的齿轮。

用仿形法加工齿轮的优点是：用普通铣床就可以加工齿轮，而不用专用设备，方法简单。但仍有以下几个缺点。

(1) 加工精度低。

仿形法加工是根据工件齿廓形状选择刀具。由于基圆大小决定渐开线齿廓形状，而基圆直径 $d_b = mz\cos\alpha$，即由模数、压力角和齿数决定，在模数、压力角确定后，还与齿数

有关。若要切削相同模数、不同齿数的齿轮，要用不同的刀具。

为减少刀具数量，工程上把齿形相近的某些齿数用同一把刀具切削。因此，用仿形法加工齿轮，当模数确定后，按照齿轮齿数选择刀具。在工程上一般只备有1～8号齿轮铣刀，每一种铣刀加工一定齿数范围内的齿轮。各号铣刀加工齿轮齿数范围如表5-3所示。

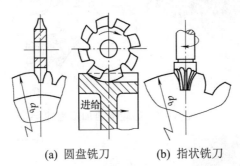

(a) 圆盘铣刀   (b) 指状铣刀

图 5-16 仿形法切齿

表 5-3 各号铣刀加工齿轮齿数的范围

铣刀号数	1	2	3	4	5	6	7	8
加工齿轮齿数	12～13	14～16	17～20	21～25	26～34	35～54	55～134	≥135

为了保证加工出来的齿轮在啮合时不卡住，每一号铣刀都是按所加工的那组齿轮中齿数最少的齿轮的齿形来制造的，因此用这把铣刀加工该组中其他齿数的齿轮时，齿形必有一定的误差，所以仿形法加工精度低。

(2) 轮齿分度的误差也会影响齿形的精度。

(3) 由于加工不连续，导致生产率低。

因仿形法的特点，所以多用于单件、小批量或精度要求不高的齿轮加工。

二、范成法

范成法是目前齿轮加工中最常用的一种方法。它是利用一对齿轮(或齿轮齿条)互相啮合时，其共轭齿廓互为包络的原理来加工齿轮的。根据正确啮合条件，只要刀具的模数和压力角与被加工齿轮的模数、压力角相同，则不管被加工齿轮的齿数为多少，都可以用同一把刀具加工出来。因此，范成法加工齿轮主要根据被加工齿轮的模数选择刀具。范成法加工精度高，生产效率也比较高，适用于大批量生产。

1. 齿轮插刀

图5-17所示为用齿轮插刀加工齿轮。具有渐开线齿形的齿轮插刀和被加工轮坯按规定的传动比进行啮合转动，同时刀具沿被加工轮坯轴线方向做往复切削运动。插刀在被加工轮坯上加工出一系列渐开线外形，这些渐开线包络线就是被加工齿轮的渐开线齿廓[见图5-17(b)]。

2. 齿条插刀

图5-18所示为用齿条插刀加工齿轮，当齿轮插刀的齿数增加到无穷大时，其基圆半径变为无穷大，渐开线齿廓变成直线，齿轮插刀就变成了齿条插刀。因此，其范成原理与齿

轮插刀的原理一样。

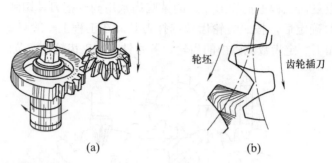

图 5-17 齿轮插刀加工齿轮

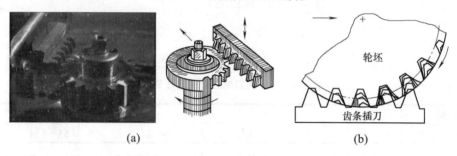

图 5-18 齿条插刀加工齿轮

插齿加工中，插刀做往复运动，切削运动不连续，因此生产率不高。

3. 齿轮滚刀

图 5-19 所示为齿轮滚刀加工齿轮。齿轮滚刀外廓像梯形螺杆，轴向齿形为齿条形，因此，齿轮滚刀与被切轮坯之间的范成运动，相当于齿条齿轮之间的啮合运动。

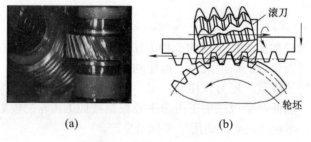

图 5-19 齿轮滚刀加工齿轮

滚齿加工中，滚刀做连续切削运动，因而生产率较高。

三、根切及避免根切的最少齿数

1. 根切

设计齿轮传动时，一般希望齿轮的齿数尽量少，这样设计的机构尺寸紧凑。但是，用范成法加工标准齿轮时，如果被切齿轮的齿数太少，齿轮根部的渐开线就会被切去一部分，如图 5-20 所示，这种现象称为齿轮的根切。根切会降低轮齿的抗弯强度和重合度，引起振动、噪声、失效等，故应避免。

图 5-21 所示为用齿条形刀具加工标准齿轮的情况，刀具中线与工件分度圆相切。由上述可知，啮合线与基圆的切点 N 为啮合线的极限点，刀具齿顶线与啮合线的交点 B 为实际啮合线的终止点。在图 5-21 中，刀具齿顶线在 N 点上方，则由基圆内无渐开线的性质可知，超过 N 点的刀刃不能切出渐开线齿廓；相反，它将已形成的渐开线齿廓中接近基圆的一段切去，造成轮齿根切。

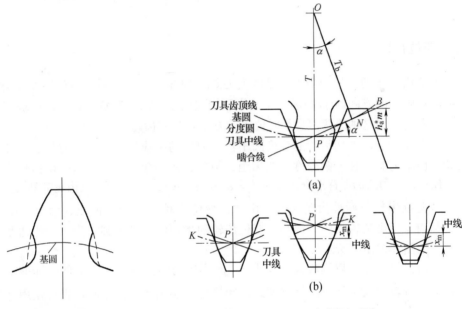

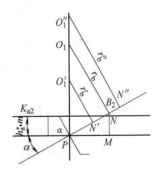

图 5-20　轮齿的根切　　　　　图 5-21　产生根切的加工

由此可见，用范成法加工标准齿轮产生根切的根本原因是：刀具齿顶线超过了啮合极限点 N。

由于刀具已标准化，避免齿轮根切的主要方法是：改变 N 点位置或者改变刀具齿顶线位置。

2. 避免根切的最少齿数

至此已经知道，改变 N 点位置可以避免齿轮根切。从图 5-22 可以看出，N 点位置与被加工齿轮的基圆大小有关，基圆半径 r_b 越小，$\overline{PN}$ 越小，则产生根切的可能性越大。

如图 5-22 所示，用齿条刀具加工标准齿轮时，要使被加工齿轮避免根切，可得出

图 5-22　基圆大小与根切

$$\overline{PN} \geqslant \overline{PB_2}$$

$$\overline{PN} = r \sin\alpha = \frac{mz}{2}\sin\alpha$$

$$\overline{PB_2} = \frac{h_a^* m}{\sin\alpha} \tag{5-22}$$

整理后得

$$z \geq \frac{2h_a^*}{\sin^2 \alpha} \tag{5-23}$$

因此，切制标准齿轮时，为防止发生根切现象，被切齿轮的最少齿数为

$$z_{min} \geq \frac{2h_a^*}{\sin^2 \alpha} \tag{5-24}$$

对于 $\alpha = 20°$，$h_a^* = 1$ 的正常齿制齿轮，避免根切的最少齿数 $z_{min} = 17$；对于短齿制齿轮，$z_{min} = 14$。

四、变位齿轮

避免齿轮根切的另一个方法是改变刀具齿顶线位置。如果将刀具齿顶线向外移动（即远离轮坯中心的方向）一段距离，使其齿顶线通过 N 点或在 N 点以下，则被切齿轮轮齿不会发生根切。用这种改变刀具相对位置的方法切制的齿轮，称为变位齿轮。

刀具变位后，被切齿轮的分度圆不再与刀具的中线相切，而与刀具上的某一条分度线相切。由于刀具上任一条分度线的齿距、模数、压力角均相等，故变位齿轮分度圆上的齿距、模数、压力角仍保持不变。又因 $d_b = d\cos\alpha = mz\cos\alpha$，故变位齿轮的基圆直径也不变。

将变位齿轮与标准齿轮比较后可知，变位齿轮的齿距、模数、齿数、压力角、分度圆、基圆与标准齿轮相同。但是，变位齿轮的齿顶圆、齿根圆、齿厚、齿槽宽与标准齿轮不同，如图5-21(b)所示。

采用变位齿轮可以制成齿数少于 z_{min} 而不根切的齿轮；还可实现非标准中心距的无侧隙传动，可以使大小齿轮的抗弯能力比较接近。切制变位齿轮时，仍可使用标准刀具。所以，变位齿轮在生产实践中已被广泛采用。

第六节　斜齿圆柱齿轮机构

一、斜齿圆柱齿轮齿廓曲面的形成及主要啮合特点

斜齿圆柱齿轮传动

1. 齿廓曲面的形成

前面在讨论直齿圆柱齿轮机构时，只在垂直于齿轮轴线的端面内进行。实际上，齿轮是具有一定宽度的，其齿廓曲面是发生面在基圆柱上做纯滚动时，平面上任意一条与基圆柱母线 NN' 平行的直线 KK' 所展出的渐开线曲面，如图5-23(a)所示。当一对直齿轮相啮合时，两轮齿面的接触线是平行于轴线的直线，如图5-23(b)所示。因而一对直齿轮齿廓是同时沿整个齿宽进入或退出啮合的，这样易引起冲击和噪声，传动平稳性较差，不适宜于高速传动。

斜齿轮齿廓曲面是发生面在基圆柱上做纯滚动时，其上与基圆柱母线 NN' 成 β_b 角的直线 KK' 在空间形成的渐开线螺旋面，如图5-24(a)所示。此曲面与基圆柱的交线为螺旋线 AA'，β_b 称为基圆柱上的螺旋角，其端面齿廓曲线仍为渐开线形。从端面看，一对斜齿轮传动相当于一对渐开线直齿轮传动。所以，斜齿圆柱齿轮传动仍满足齿廓啮合基本定律。

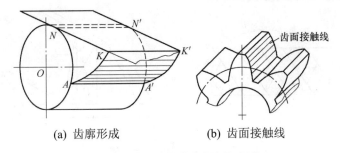

$$\text{(a) 齿廓形成} \qquad\qquad \text{(b) 齿面接触线}$$

图 5-23　直齿圆柱齿轮齿廓的形成

2. 啮合特点

当一对斜齿轮啮合时，两轮齿面的接触线为一条与轴线倾斜的直线，且接触线长度是变化的，如图 5-24(b)所示，在两齿廓啮合过程中，齿廓接触线的长度由零逐渐增长，到达某一位置后，又逐渐缩短，直至脱离接触。因此，斜齿轮齿廓是逐渐进入和退出啮合的，同时啮合的轮齿数较多、重合度较大，故传动比较平稳，适于高速传动。

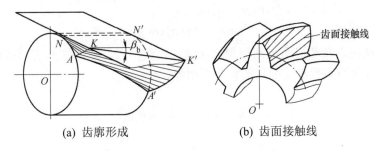

$$\text{(a) 齿廓形成} \qquad\qquad \text{(b) 齿面接触线}$$

图 5-24　斜齿圆柱齿轮齿廓的形成

二、斜齿圆柱齿轮的几何参数和正确啮合条件

1. 法面参数和端面参数

斜齿圆柱齿轮齿形有法面与端面之分，因而形成两类参数，即法面参数(参数下标用 n 表示)和端面参数(参数下标用 t 表示)。法向指垂直于轮齿螺旋线方向的平面。轮齿的法向齿形与刀具齿形相同。故国标规定，法面参数为标准参数。

端面是指垂直于轴线的平面。端面齿形与直齿轮相同，故可以采用直齿轮的几何尺寸计算公式来计算斜齿轮的几何尺寸。应注意：端面参数为非标准参数。

为了计算斜齿轮的几何尺寸，必须掌握法面参数与端面参数之间的换算关系。

图 5-25(a)所示为斜齿圆柱齿轮分度圆柱面的展开图。从图上可见，端面齿距 p_t 与法面齿距 p_n 之间的关系为

$$p_n = p_t \cos \beta \tag{5-25}$$

同理，有

$$m_n = m_t \cos \beta \tag{5-26}$$

式中，β 为分度圆柱面上的螺旋角。

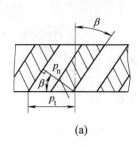
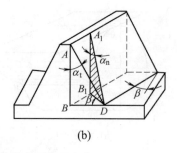

(a)　　　　　　　　　　　(b)

图 5-25　斜齿圆柱齿轮齿距和压力角

由图 5-25(b)可知

$$\begin{cases} \tan\alpha_t = \dfrac{\overline{BD}}{\overline{AB}} \\[3mm] \tan\alpha_n = \dfrac{\overline{B_1 D}}{\overline{A_1 B_1}} \end{cases} \tag{5-27}$$

因为 $\overline{A_1 B_1} = \overline{AB}$、$\overline{B_1 D} = \overline{BD}\cos\beta$，所以

$$\tan\alpha_n = \tan\alpha_t \cos\beta \tag{5-28}$$

斜齿轮的法向齿高和端面齿高相等，而两者模数不同，因而法向齿顶高系数和端面齿顶高系数、法向顶隙系数和端面顶隙系数不相等。

由

$$h_{at} = h_{an} = h_{an}^* m_n = h_{at}^* m_t \tag{5-29}$$

得出

$$h_{at}^* = h_{an}^* \cos\beta \tag{5-30}$$

又

$$h_f = (h_{at}^* + c_t^*)m_t = (h_{an}^* + c_n^*)m_n \tag{5-31}$$

故

$$c_t^* = c_n^* \cos\beta \tag{5-32}$$

螺旋角 β 是斜齿轮几何尺寸计算的一个重要参数，它表示斜齿轮轮齿的倾斜程度，一般用分度圆柱上的螺旋角表示。

螺旋角方向有左旋与右旋之分，判断方法是：将齿轮轴线竖直放置，从齿轮前面看齿向，左高右低，为左旋；右高左低，为右旋，如图 5-26 所示。

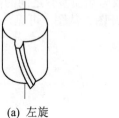

(a) 左旋　　　　　　(b) 右旋　　　　　　(c) 传动简图

图 5-26　轮齿螺旋线方向

2. 正确啮合条件

由于受螺旋角 β 的影响，斜齿轮的正确啮合条件和直齿轮的正确啮合条件相比，增加了以下条件，即

$$
\begin{aligned}
&m_{n1} = m_{n2} \\
&\alpha_{n1} = \alpha_{n2} = 20° \\
&\beta_1 = -\beta_2 \text{(外啮合)}
\end{aligned}
\tag{5-33}
$$

3. 几何尺寸计算

标准斜齿圆柱外齿轮的几何尺寸计算公式如表 5-4 所示。

表 5-4　标准斜齿圆柱齿轮的几何尺寸计算公式

名　称	代号	公式与说明	名　称	代号	公式与说明
法向模数	m_n	由齿轮承载能力确定，选取标准值	齿根高	h_f	$h_f = (h_a^* + c^*)m_n$
端面模数	m_t	$m_t = m_n / \cos\beta$	全齿高	h	$h = h_a + h_f$
法向压力角	α_n	选取标准值	齿顶圆直径	d_a	$d_a = d + 2h_a$
端面压力角	α_t	$\alpha_t = \arctan(\tan\alpha_n / \cos\beta)$	齿根圆直径	d_f	$d_f = d - 2h_f$
法向齿距	p_n	$p_n = \pi m_n$	法向齿厚	s_n	$s_n = \pi m_n / 2$
端面齿距	p_t	$p_t = \pi m_t = p_n / \cos\beta$	端面齿厚	s_t	$s_t = p_t / 2 = \pi m_n / \cos\beta$
分度圆直径	d	$d = m_t z = z m_n / \cos\beta$	基圆法向齿距	p_{bn}	$p_{bn} = p_n \cos\alpha_n$
基圆直径	d_b	$d_b = d\cos\alpha_t$	基圆端面齿距	p_{bt}	$p_{bt} = p_t \cos\alpha_n$
齿顶高	h_a	$h_a = h_a^* m_n$	标准中心距	a	$a = \dfrac{1}{2}(d_1 + d_2)$ $= m_n(z_1 + z_2)/2\cos\beta$

由表 5-4 中计算公式可知，在模数和齿数一定的情况下，斜齿轮可通过改变螺旋角的方法来调整中心距，以满足对中心距的各种要求。

三、斜齿圆柱齿轮的当量齿数和最少齿数

1. 当量齿轮和当量齿数

在进行强度计算和用仿形法加工齿轮时，必须知道斜齿轮的法向齿形。精确求出斜齿轮的法向齿形比较困难，一般采用下述当量齿形近似替代。

如图 5-27 所示，过斜齿轮分度圆柱上齿廓的任一点 C 作轮齿螺旋线的法向 n-n 直线，该法向直线与分度圆柱的交线为椭圆，其长轴半径为 $r/\cos\beta$，短轴半径为 r。椭圆在 C 点的曲率半径 $\rho_n = \left(\dfrac{r}{\cos\beta}\right)^2 / r = r/\cos\beta$。若以 ρ_n 为半径作一圆，它与 C 点附近的一小段椭圆形状非常接近。以 ρ_n 为分度圆半径，以斜齿轮的法向模数 m_n 为模数，取标准压力角 $\alpha_n = 20°$，作一直齿圆柱齿轮，其齿形即可认为近似于斜齿轮的法向齿形，该直齿圆柱齿

轮称为斜齿圆柱齿轮的当量齿轮，其齿数为当量齿数，用 z_v 表示。故

$$z_v = \frac{2\rho_n}{m_n} = \frac{2r}{m_n \cos^2 \beta} = \frac{z}{\cos^3 \beta} \tag{5-34}$$

式中，z 为斜齿轮的实际齿数。

2. 斜齿圆柱齿轮避免根切的最少齿数

由式(5-34)，得

$$z_{\min} = z_{v\min} \cos^2 \beta \tag{5-35}$$

对于 $\alpha_n = 20°$，$h_{an}^* = 1$，则避免根切的最少齿数 $z_{\min} = 17\cos^3 \beta$。

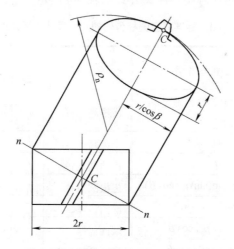

图 5-27　斜齿圆柱齿轮的法向齿形

例 5-2　有一对标准斜齿圆柱齿轮，已知传动比为 $i_{12} = 3.5$，小齿轮齿数 $z_1 = 20$，法向模数 $m_n = 2$mm，中心距为 92mm。试确定该对齿轮的分度圆、齿顶圆直径。

根据表 5-4 所列斜齿轮相关计算公式，可得出以下结果。

(1) 大齿轮齿数为

$$z_2 = i_{12} z_1 = 3.5 \times 20 = 70$$

(2) 斜齿轮的螺旋角为

$$a = \frac{1}{2}(d_1 + d_2) = m_n(z_1 + z_2)/2\cos\beta$$

$$\cos\beta = m_n(z_1 + z_2)/2a = 2(20 + 70)/2 \times 92 = 0.978$$

$$\beta = 11°58'7''$$

(3) 分度圆直径为

$$d_1 = \frac{z_1 m_n}{\cos\beta} = 20 \times \frac{2}{\cos 11°58'} = 40.89 \text{(mm)}$$

$$d_2 = \frac{z_2 m_n}{\cos\beta} = 70 \times \frac{2}{\cos 11°58'} = 143.11 \text{(mm)}$$

(4) 齿顶圆直径为

$$d_{a1} = d_1 + 2h_{an}^* m_n = 40.89 + 2 \times 1 \times 2 = 44.89 \text{(mm)}$$

$$d_{a2} = d_2 + 2h_{an}^* m_n = 143.11 + 2 \times 1 \times 2 = 147.11 \text{(mm)}$$

第七节　锥齿轮机构

其他齿轮传动

一、锥齿轮的特点和应用

锥齿轮用来传递两相交轴间的运动和动力，通常两轴夹角为 90°，如图 5-28 所示。一对锥齿轮的传动相当于一对锥顶共点的圆锥体做纯滚动。

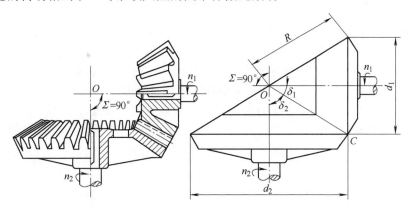

图 5-28　锥齿轮机构

对应于直齿轮的各有关"圆柱"，锥齿轮有分度圆锥、基圆锥、齿顶圆锥和齿根圆锥等。但与直齿轮不同的是，轮齿向锥顶收缩，故有大端、小端之分。

显然，锥齿轮大端和小端的参数是不同的，为了计量方便，常取大端的参数作为标准值，即大端压力角 $\alpha = 20°$，模数 m 按表 5-5 查取。

表 5-5　锥齿轮模数系列

(mm)

0.1	0.35	0.9	1.75	3.25	5.5	10	20	36
0.12	0.4	1	2	3.5	6	11	22	40
0.15	0.5	1.125	2.25	3.75	6.5	12	25	45
0.2	0.6	1.25	2.5	4	7	14	28	50
0.25	0.7	1.375	2.75	4.5	8	16	30	
0.3	0.8	1.5	3	5	9	18	32	

锥齿轮有直齿、斜齿及曲线齿(圆弧齿、螺旋齿)等多种形式。曲线齿锥齿轮由于传动平稳、承载能力强，能够适应高速重载的要求，因此，被广泛应用于汽车、拖拉机等的差速齿轮机构中，但其啮合原理和参数选择与加工方法密切相关，比较复杂，其详细的理论已超出本课程的范围，故从略；而斜齿锥齿轮则应用很少。由于直齿锥齿轮的设计、制造和安装较简便，其应用较为广泛，本节仅讨论直齿锥齿轮机构。

二、锥齿轮齿廓的形成

锥齿轮齿廓的形成与圆柱齿轮相似，其差别在于用基圆锥代替了基圆柱。如图 5-29 所示，发生面 S 与基圆锥母线相切，当发生面 S 沿基圆锥做纯滚动时，发生面上任意一条与基圆锥母线 ON 相接触的直线 OK 将在空间形成一渐开线曲面，该曲面即为直齿锥齿轮的齿廓曲面，直线 OK 上各点的轨迹均为渐开线(在顶点 O 处的渐开线为一点)。渐开线 NK 上各点均与锥顶 O 等距，故该渐开线必定在一以锥顶 O 为中心、以 OK 为半径的球面上，即 NK 是球面渐开线。本章第三节所述的平面渐开线性质也同样适用于球面渐开线。

三、背锥和当量齿轮

如上所述，直齿锥齿轮的齿廓曲线是球面渐开线，球面渐开线不能展成平面曲线，给设计、制造带来麻烦。因此，常用下述近似曲线来代替球面渐开线。

在直齿锥齿轮传动设计中，为方便起见，通常以轮齿大端齿形为基准，如图 5-30 所示。过大端分度圆作球面的切圆锥，即背锥，背锥的母线与分度圆锥的母线相垂直，将背锥展成一个扇形齿轮，并将其补全，即为完整的圆柱齿轮，这是一个假想的直齿圆柱齿轮。

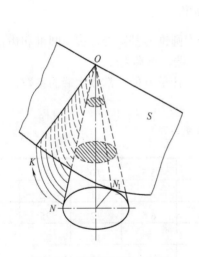

图 5-29　球面渐开线的形成

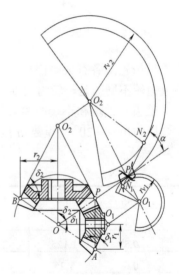

图 5-30　直齿锥齿轮的背锥与当量齿数

该齿轮的齿廓为锥齿轮大端球面渐开线的近似曲线，其模数和压力角为锥齿轮大端背锥面齿廓的模数和压力角。该圆柱齿轮称为锥齿轮的当量齿轮，其齿数称为当量齿数。

由图 5-30 可知，当量齿轮分度圆半径为

$$r_v = \frac{r}{\cos\delta} = \frac{mz}{2\cos\delta} \tag{5-36}$$

则当量齿数为

$$z_v = \frac{z}{\cos\delta} \tag{5-37}$$

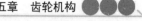

四、直齿锥齿轮啮合特点

1. 正确啮合条件

一对直齿锥齿轮的正确啮合条件可以从当量直齿圆柱齿轮中得到。

因此，直齿锥齿轮的正确啮合条件为：两轮大端模数相等，压力角相等。此外，为保证齿面为线接触，两轮的锥顶距(为分度圆锥母线长，用 R 表示)必须相等。

2. 避免根切的最少齿数

应用背锥和当量齿数可将圆柱齿轮原理近似应用到锥齿轮上。直齿锥齿轮不发生根切的最少齿数为

$$z_{\min} = z_{v\min} \cos \delta = 17 \cos \delta \tag{5-38}$$

式中，$z_{v\min}$ 为当量圆柱齿轮不根切的最少齿数。

锥齿轮不根切的最少齿数应小于 $z_{v\min}$。

我国规定直齿锥齿轮大端模数为标准值，标准模数如表 5-4 所示，各部分参数表示如图 5-31 所示。

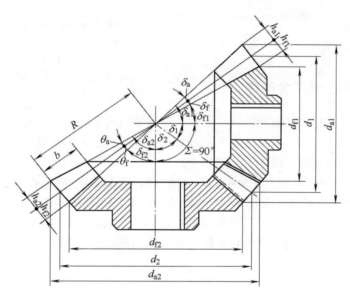

图 5-31　直齿锥齿轮的几何尺寸

3. 直齿锥齿轮的传动比

图 5-31 所示为一对正确安装的标准直齿锥齿轮，其节圆锥与分度圆锥重合，两轴夹角 $\Sigma = 90°$，两齿轮分度圆锥角分别为 δ_1、δ_2，其传动比为

$$i_{12} = \frac{\omega_1}{\omega_2} = \frac{d_2}{d_1} = \frac{R \sin \delta_2}{R \sin \delta_1} = \cot \delta_1 = \tan \delta_2 \tag{5-39}$$

由此可见，传动比一定时，两轮的分度圆锥角不变。

锥齿轮几何尺寸计算公式所占篇幅较多，这里不一一赘述，可详见机械设计手册。

第八节　蜗　杆　机　构

一、概述

蜗杆机构是由蜗杆和蜗轮组成的(见图 5-32)，用以传递空间两交错轴之间的运动和动力。通常交错角 $\Sigma = 90°$，蜗杆为主动件，蜗轮为从动件。

与齿轮机构相比，蜗杆机构的主要特点是传动比大、结构紧凑。在一般动力传动中，传动比 $i = 10 \sim 80$；在分度机构中，传动比可达 1000，运转平稳，噪声小，传动效率低，制造成本高(为改善啮合条件，蜗轮往往要用价格昂贵的有色金属材料制造)。

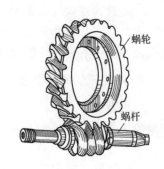

图 5-32　蜗杆传动

机械中常用的是普通圆柱形蜗杆传动。根据蜗杆的螺旋面形状，蜗杆机构可分为阿基米德蜗杆、渐开线蜗杆及延伸渐开线蜗杆。由于阿基米德蜗杆容易制造而广泛应用，本节主要讨论阿基米德蜗杆传动。

> 蜗轮以 worm gear 命名，虽然转动慢，但却大有用处，从 worm 可以看出仿生学的命名：像虫子(蜗牛或其他虫子)一样的齿轮。

二、蜗杆机构的正确啮合条件

如图 5-33 所示，通过蜗杆轴线并垂直于蜗轮轴线的平面称为中间平面，又称"主平面"。在中间平面上，蜗杆具有齿条形直线齿廓，蜗轮齿廓为渐开线，因此，在中间平面内，蜗杆蜗轮的啮合相当于齿轮齿条的啮合。

对于交错角 $\Sigma = 90°$ 的蜗杆蜗轮机构，如图 5-34 所示，蜗轮的螺旋角 β 应等于蜗杆的导程角 λ，且 β 与 λ 的旋向相同。由此得出交错角为 90° 的蜗杆机构的正确啮合条件为

$$\begin{cases} m_{a1}(\text{蜗杆的轴向模数}) = m_{t2} \ (\text{蜗轮的端面模数}) = m \\ \alpha_{a1}(\text{蜗杆的轴向压力角}) = \alpha_{t2} \ (\text{蜗轮的端面压力角}) = 20° \\ \beta = \lambda \end{cases} \tag{5-40}$$

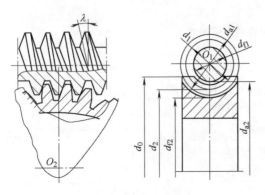

图 5-33　蜗杆传动基本尺寸

图 5-34　蜗杆导程角与蜗轮螺旋角

三、蜗杆机构的主要参数和几何尺寸

1. 主要参数

蜗杆传动的主要参数有模数 m、压力角 α、蜗杆直径系数 q(蜗杆特有的参数)、蜗杆头数 z_1 和蜗轮齿数 z_2。

1) 模数 m 和压力角 α

由上述可知，主平面内参数为标准参数，即按正确啮合条件，$m_{a1} = m_{t2} = m$，$\alpha_{a1} = \alpha_{t2} = 20°$，标准模数值如表 5-6 所示。

表 5-6　圆柱蜗杆的基本参数

m/mm	d_1/mm	z	q	m/mm	d_1/mm	z	q
1	18	1	18.000	6.3	63	1、2、4、6	10.000
1.25	20	1	16.000		112	1	17.778
	22.4	1	17.920	8	80	1、2、4、6	10.000
1.6	20	1、2、4	12.500		140	1	17.500
	28	1	17.500	10	90	1、2、4、6	9.000
2	22.4	1、2、4、6	11.200		160	1	16.000
	35.5	1	17.750	12.5	112	1、2、4、6	8.960
2.5	28	1、2、4、6	11.200		200	1	16.000
	45	1	18.000	16	140	1、2、4、6	8.750
3.15	35.5	1、2、4、6	11.270		250	1	15.625
	56	1	17.778	20	160	1、2、4、6	8.000
4	40	1、2、4、6	10.000		315	1	15.750
	71	1	17.750	25	200	1、2、4、6	8.000
5	50	1、2、4、6	10.000		400	1	16.000
	90	1	18.000				

2) 蜗杆分度圆直径 d_1 及蜗杆直径系数 q

用蜗轮滚刀切制蜗轮时，滚刀必须与蜗杆的形状相当。为了减少蜗轮滚刀的规格数量，蜗杆分度圆直径为标准值，如表 5-6 所示。

蜗杆分度圆直径 d_1 与模数 m 的比值称为蜗杆直径特性系数 q，有

$$q = \frac{d_1}{m} \tag{5-41}$$

q 值按表 5-6 选取。

3) 蜗杆导程角 λ 及蜗轮螺旋角 β

蜗杆分度圆柱螺旋线上任一点的切线与端面所夹的锐角称为蜗杆导程角，用 λ 表示。如图 5-35 所示。

将分度圆柱展开，则

$$\tan \lambda = \frac{z_1 p_{a1}}{\pi d_1} = \frac{z_1 m}{d_1} = \frac{z_1}{q} \tag{5-42}$$

当 z_1、q 确定后，计算蜗杆导程角 λ，使刀具尺寸标准化。由正确啮合条件可知，蜗轮

螺旋角 β 与蜗杆导程角 λ 大小相等、旋向相同，即有 $\beta = \lambda$。

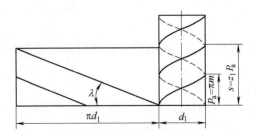

图 5-35　蜗杆展开图

4) 蜗杆头数 z_1 和蜗轮齿数 z_2

蜗杆头数 z_1 根据传动比和传递功率确定。单头蜗杆传动效率低，用于大传动比或要求自锁的传动；多头蜗杆传动效率高，但制造困难。所以，国家标准规定：$z_1 = 1$、2、4、6，$z_2 = iz_1$，为防止根切，$z_2 > 26$，但 z_2 过大会增大蜗杆传动的结构尺寸，且蜗杆刚度将下降，通常 $z_2 > 26 \sim 80$。

表 5-7 给出了 z_1、z_2 的推荐值。

表 5-7　蜗杆头数和蜗轮齿数推荐值

传动比	7～13	14～27	28～40	>40
蜗杆头数 z_1	4	2	1、2	1
蜗轮齿数 z_2	28～52	28～54	28～80	>40

2. 蜗杆传动主要几何尺寸计算

蜗杆传动主要参数确定后，可按表 5-8 所列公式，计算标准蜗杆传动的几何尺寸。

表 5-8　阿基米德蜗杆传动的几何尺寸计算公式

名　称	计算公式	
	蜗　杆	蜗　轮
齿顶高	$h_a = m$	$h_a = m$
齿根高	$h_f = 1.2m$	$h_f = 1.2m$
分度圆直径	$d_1 = mq$	$d_2 = mz$
顶圆直径	$d_{a1} = (q+2)m$	$d_{a2} = (z_2+2)m$
根圆直径	$d_{f1} = (q-2.4)m$	$d_{f2} = (z_2-2.4)m$
蜗杆分度圆上螺旋线升角	$\lambda = \arctan \dfrac{z_1}{q}$	
蜗轮螺旋角		$\beta = \lambda$
蜗杆轴面节距 蜗轮端面齿距	$p_{a1} = p_{t2} = p = \pi m$	
中心距	$a = 0.5(d_1 + d_2) = 0.5(q + z_2)$	

四、蜗杆机构的传动比及转向

蜗杆机构的传动比为

$$i_{12} = \frac{\omega_1}{\omega_2}$$

式中，ω_1、ω_2 分别为蜗杆、蜗轮的角速度。

对于交错角 $\Sigma = 90°$ 的蜗杆蜗轮机构，它们的转向关系可用一种简易的方法来判断。以图 5-36 为例，蜗杆为右旋时用右手(左旋用左手)，四指顺着蜗杆的转向握住蜗杆，大拇指指向的相反方向即表示蜗轮在啮合点圆周速度 v_2 的方向，由此可确定蜗轮的转向。

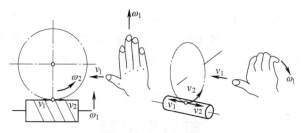

图 5-36 蜗杆、蜗轮的转向判定

五、蜗杆机构的滑动速度 v_s 与效率 η

由图 5-37 可知，在节点处，蜗杆的圆周速度为 v_1，蜗轮的圆周速度为 v_2，v_1 与 v_2 夹角为 90°，因此齿廓间产生很大的相对滑动，其滑动速度 v_s 为

$$v_s = \frac{v_1}{\cos \lambda} \tag{5-43}$$

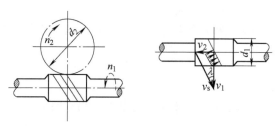

图 5-37 蜗杆机构的滑动速度

由式(5-43)可以看出，滑动速度 v_s 很大，它对传动的润滑、齿面磨损、胶合有很大的影响，一般限制 $v_s \leqslant 15\text{m/s}$。

蜗杆传动过程包括三部分的功率损失，即轮齿啮合摩擦损失的效率 η_1、轴承摩擦损失的效率 η_2、搅油损失的效率 η_3，其中啮合摩擦损耗主要由齿面相对滑动引起。考虑这些因素时，蜗杆传动的总效率为

$$\eta = \eta_1 \eta_2 \eta_3 \tag{5-44}$$

滑动速度 $v_s < 10\text{m/s}$ 的蜗杆传动采用油池浸油润滑(见图 5-38 和图 5-39)，为减小搅油损失，下置式蜗杆不宜浸油过深；蜗杆线速度 $v > 10\text{m/s}$ 时，常将蜗杆置于蜗轮之上，形成上置式传动，由蜗轮带油润滑。若 $v_s \geqslant 10\text{m/s}$，则应采用压力喷油润滑(见图 5-40)。

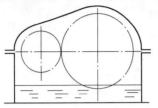

图 5-38　油池浸油润滑

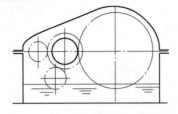

图 5-39　采用惰轮的油池浸油润滑

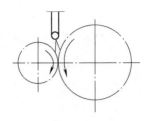

图 5-40　喷油润滑

本 章 小 结

齿轮机构是一种常用的高副传动机构，在机械工程中应用非常广泛，是本课程的重点章节之一。通过介绍齿廓啮合的基本原理、渐开线齿轮的基本参数和几何尺寸计算等内容，能够对齿轮传动的啮合原理有所了解，并能熟练掌握齿轮的基本参数和几何尺寸的计算方法。

复习思考题

知识拓展

一、判断题

1. 渐开线上各点的曲率半径都是相等的。　　　　　　　　　　　　　　　（　　）

2. 渐开线的形状与基圆的大小无关。　　　　　　　　　　　　　　　　　（　　）

3. 渐开线上任意一点的法线不可能都与基圆相切。　　　　　　　　　　　（　　）

4. 渐开线上各点的压力角是不相等的。　　　　　　　　　　　　　　　　（　　）

5. 渐开线的形状只取决于基圆的大小。　　　　　　　　　　　　　　　　（　　）

6. 标准斜齿圆柱齿轮的正确啮合条件是：两齿轮的端面模数和压力角相等，螺旋角相等，螺旋方向相反。　　　　　　　　　　　　　　　　　　　　　　　　　（　　）

二、单项选择题

1. 当一对渐开线齿轮制成后，即使两轮的中心距稍有改变，其角速度比仍保持原值不变，原因是（　　）。

　　　A. 压力角不变　　　　　　　　　B. 基圆半径不变

　　　C. 节圆半径不变　　　　　　　　D. 啮合角不变

2. 齿数为 15，螺旋角为 $20°$ 的斜齿圆柱齿轮（　　）根切现象。

　　　A. 存在　　　　　　　　　　　　B. 不存在

3. 一对正常齿制标准渐开线直齿圆柱齿轮传动，已知齿数 $z_1 = 25$、$z_2 = 55$，模数 $m = 2$mm，则齿轮 1 的基圆半径为（　　）。

　　　A. 50mm　　　B. 25mm　　　　C. 47mm　　　　D. 23.5mm

4. 一对标准安装的正常齿制渐开线直齿圆柱齿轮外啮合传动，已知 $z_1 = 40$，传动比 $i_{12} = 2.5$，$m = 10$mm，则小齿轮的齿厚为（　　）mm。

　　　A. 15.7　　　B. 31.4　　　　C. 25　　　　D. 40

5. 一对标准安装的正常齿制渐开线直齿圆柱齿轮外啮合传动，已知 $z_1=40$，传动比 $i_{12}=2.5$，$m=10$mm，则两轮的中心距为(　　)mm。

    A. 700　　　　B. 350　　　　C. 280　　　　D. 560

三、简答题

1. 简述一对直齿圆柱齿轮、斜齿圆柱齿轮、直齿圆锥齿轮、蜗杆机构的正确啮合条件。

2. 正变位直齿圆柱齿轮与标准外齿轮比较，参数模数、压力角、分度圆直径、基圆直径、齿厚、齿槽宽、齿顶圆直径是否变化，如有变化，指出其变大还是变小。

四、计算题

1. 已知一对外啮合斜齿圆柱齿轮传动，齿数 $z_1=18$，$z_2=36$，法面模数 $m_n=2.5$mm，标准安装，其中心距 $a=68$mm。试确定螺旋角、分度圆直径及齿顶圆直径。

2. 一对标准渐开线直齿圆柱齿轮传动，已知齿数为 $z_1=25$，$z_2=55$，模数 $m=2$mm。试确定齿轮 1、2 的基圆半径 r_{b1}、r_{b2}，齿轮 2 的齿顶圆半径 r_{a2}。

3. 一对正常齿制外啮合斜齿圆柱齿轮，法向模数 $m_n=2$mm，中心距为 50mm，两轮齿数分别为 15 和 32。试确定：①斜齿轮的螺旋角；②用范成法加工齿轮时是否发生根切？

第六章 轮 系

学习要点及目标

(1) 掌握轮系的分类。
(2) 掌握定轴轮系、周转轮系及混合轮系传动比的计算。
(3) 掌握轮系的应用及其他类型行星轮系。

第一节 轮系的类型

轮系的分类

由一对齿轮组成的机构是齿轮传动的最简单形式，但是在机械中，为了将输入轴的一种转速变换为输出轴的多种转速，或者为了获得很大的传动比，常采用一系列互相啮合的齿轮将输入轴和输出轴连接起来。这种由一系列齿轮组成的传动系统称为轮系。

根据轮系运动时各个齿轮的几何轴线位置是否固定，轮系可以分为定轴轮系、周转轮系和混合轮系。

一、定轴轮系

当轮系运转时，各个齿轮的轴线相对机架的位置都是固定的，这种轮系就称为定轴轮系，如图 6-1 所示。

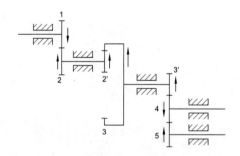

图 6-1 平面定轴轮系

二、周转轮系

图 6-2 所示为一种最常见的周转轮系。齿轮 1 和齿轮 3 以及构件 H 各绕固定的几何轴线 $O_1(O_3, O_H)$ 回转。齿轮 2 空套在构件 H 上，一方面绕其自身的几何轴线 O_2 回转(自转)，同时又随着构件 H 绕固定的几何轴线 $O_1(O_3, O_H)$ 回转(公转)。这种至少有一个齿轮的几何轴线绕另一个齿轮的固定几何轴线转动的轮系，叫作周转轮系。

三、混合轮系

在轮系中，为了满足传动功能的要求，往往将定轴轮系和周转轮系组合在一起，或者将几个周转轮系组合在一起，这种轮系称为混合轮系。

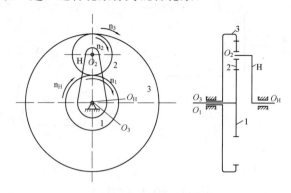

图 6-2　周转轮系

下面分别介绍定轴轮系、周转轮系、混合轮系的传动比的计算过程。

第二节　定轴轮系的传动比

定轴轮系传动比
的计算

在轮系中，输入轴与输出轴的角速度(或转速)之比称为轮系的传动比，用 i_{ab} 表示。下标 a、b 分别表示输入轴和输出轴，即

$$i_{ab} = \frac{\omega_a}{\omega_b} = \frac{n_a}{n_b}$$

计算轮系传动比不仅要确定它的数值，而且要确定它的相对转动方向，这样才能完整表达输入轴和输出轴之间的关系。

一、一对齿轮传动的传动比

图 6-3(a)、(b)所示为由一对齿轮组成的简单轮系传动，其传动比为

$$i_{12} = \frac{\omega_1}{\omega_2} = \frac{n_1}{n_2} = \mp \frac{z_2}{z_1}$$

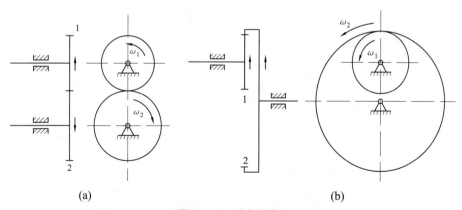

(a)　　　　　　　　　　　　　　　(b)

图 6-3　一对齿轮传动

1，2—齿轮

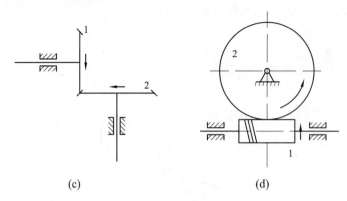

图6-3 一对齿轮传动(续)

图 6-3(a)所示外啮合时齿轮1和齿轮2转向相反，i_{12}取负号，或在图上以反方向的箭头表示；图 6-3(b)所示内啮合时两轮转向相同，i_{12}取正号，或在图上以同方向的箭头表示。图 6-3(c)所示为一对锥齿轮传动，图 6-3(d)所示为蜗轮蜗杆传动，两者都属于空间定轴轮系，只能用箭头表示各轮的转动方向。

二、平面定轴轮系传动比

平面定轴轮系由圆柱齿轮组成(见图 6-1)，其传动比计算过程如下。

设 1 为主动轮，5 为输出轮，各轮的齿数分别为 z_1、z_2、$z_{2'}$、z_3、$z_{3'}$、z_4 和 z_5，角速度分别为 ω_1、ω_2、$\omega_{2'}$、ω_3、$\omega_{3'}$、ω_4 和 ω_5，各对齿轮的传动比为

$$i_{12} = \frac{\omega_1}{\omega_2} = -\frac{z_2}{z_1} \qquad (外啮合)$$

$$i_{2'3} = \frac{\omega_{2'}}{\omega_3} = +\frac{z_3}{z_{2'}} \qquad (内啮合)$$

$$i_{3'4} = \frac{\omega_{3'}}{\omega_4} = -\frac{z_4}{z_{3'}} \qquad (外啮合)$$

$$i_{45} = \frac{\omega_4}{\omega_5} = -\frac{z_5}{z_4} \qquad (外啮合)$$

将以上各式等号两边连乘，得

$$i_{12}i_{2'3}i_{3'4}i_{4'5} = \frac{\omega_1}{\omega_2}\frac{\omega_{2'}}{\omega_3}\frac{\omega_{3'}}{\omega_4}\frac{\omega_4}{\omega_5} = \left(-\frac{z_2}{z_1}\right)\left(\frac{z_3}{z_{2'}}\right)\left(-\frac{z_4}{z_{3'}}\right)\left(-\frac{z_5}{z_4}\right)$$

由于同一根轴上的齿轮角速度相等，即 $\omega_2 = \omega_{2'}$、$\omega_3 = \omega_{3'}$，所以

$$i_{15} = \frac{\omega_1}{\omega_5} = i_{12}i_{2'3}i_{3'4}i_{45} = (-1)^3\frac{z_2z_3z_4z_5}{z_1z_{2'}z_{3'}z_4} = (-1)^3\frac{z_2z_3z_5}{z_1z_{2'}z_{3'}}$$

一般地，有 k 个齿轮传动，可写为

$$i_{1k} = \frac{\omega_1}{\omega_k} = (-1)^m\frac{所有啮合从动轮齿数连乘积}{所有啮合主动轮齿数连乘积} \qquad (6-1)$$

式(6-1)表明以下几点。

(1) 平面定轴轮系传动比等于各对啮合齿轮传动比的连乘积。

(2) 定轴轮系传动比的大小为各对啮合齿轮中从动轮齿数的连乘积与主动轮齿数连乘积之比。

(3) 平面定轴轮系中，若所有组成齿轮的轴线都平行，则首、末轮之间的相对转向关系用 $(-1)^m$ 表示，其中 m 为齿轮外啮合的次数；若 $(-1)^m$ 为负值，表示首、末轮异向转动；若 $(-1)^m$ 为正值，则表示首、末轮同向转动。

(4) 如果轮系中存在锥齿轮或者蜗轮蜗杆传动，用箭头法来表示各轮的转向，各种类型齿轮机构的转向标注规则如图6-3所示。

(5) 只改变传动比符号，而不影响传动比大小的齿轮(见图6-1中的齿轮4)称为惰轮，它在轮系中既是主动轮又是从动轮，在计算传动比大小时，可以不予考虑。

例 6-1 图 6-1 所示为一个平面定轴轮系。设 $z_1 = 18$，$z_2 = 22$，$z_{2'} = 14$，$z_3 = 36$，$z_{3'} = 17$，$z_5 = 20$，求输入轮与输出轮总传动比 i_{15}。

解： 根据式(6-1)

$$i_{15} = \frac{\omega_1}{\omega_5} = (-1)^3 \frac{z_2 z_3 z_5}{z_1 z_{2'} z_{3'}} = -\frac{22 \times 36 \times 20}{18 \times 14 \times 17} = -3.697$$

传动比为负号，说明输入轮与输出轮之间转向相反。

三、空间定轴轮系传动比

在定轴轮系中，如果含有锥齿轮、蜗杆蜗轮等，这样的轮系便称为空间定轴轮系。空间定轴轮系的传动比大小仍可按式(6-1)计算，但传动比的符号不可用 $(-1)^m$ 来判定，只能用箭头法来表示。如果首、末两轮轴线平行，则可以用画箭头的方法确定首、末两轮的相对转向关系，然后在传动比的数值前冠以"+"或"−"，以表示两轮的转向是否相同；如果首、末两轮轴线不平行，则只能在图上画箭头来表示首、末两轮的相对转向关系。

例 6-2 在如图 6-4 所示的轮系中，已知各轮的齿数 $z_1 = 15$，$z_2 = 25$，$z_3 = 14$，$z_4 = 20$，$z_5 = 14$，$z_6 = 20$，$z_7 = 30$，$z_8 = 40$，$z_9 = 2$(右旋)，$z_{10} = 60$。试求：(1)部分传动比 i_{17}，总传动比 i_{1-10}；(2)若 $n_1 = 200\text{r/min}$，转向如图中箭头所示，求 n_7 和 n_{10}。

解： (1) 用画箭头的方法确定各轮的转向，如图 6-4 所示。

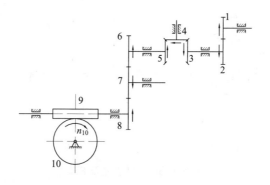

图 6-4 空间定轴轮系

轮 1 与轮 7 的轴线平行且转向相反，故 i_{17} 应带有"–"号。考虑到齿轮 4 为惰轮，因此有

$$i_{17} = \frac{n_1}{n_7} = -\frac{z_2 z_5 z_7}{z_1 z_3 z_6} = -\frac{25 \times 14 \times 30}{15 \times 14 \times 20} = -2.5$$

轮 1 与轮 10 轴线不平行，所以 i_{1-10} 前没有正负号，即

$$i_{1-10} = \frac{n_1}{n_{10}} = \frac{z_2 z_5 z_8 z_{10}}{z_1 z_3 z_6 z_9} = \frac{25 \times 14 \times 40 \times 60}{15 \times 14 \times 20 \times 2} = 100$$

(2) 因为

$$i_{17} = \frac{n_1}{n_7} = -2.5$$

则

$$n_7 = \frac{n_1}{i_{17}} = \frac{200}{-2.5} = -80 \text{ (r/min)}$$

式中负号说明轮 7 转向与轮 1 相反，实际上轮 7 也是惰轮。

因为

$$i_{1-10} = \frac{n_1}{n_{10}} = 100$$

则

$$n_{10} = \frac{n_1}{i_{1-10}} = \frac{200}{100} = -2 \text{ (r/min)}$$

轮 10 转向如图中箭头所示。

第三节　基本周转轮系的传动比

周转轮系传动比的
计算

周转轮系的传动比不能直接求出，需要借助定轴轮系传动比的计算方法，下面进行具体介绍。

一、周转轮系的组成及类型

在如图 6-5(a)所示的周转轮系中，齿轮 1、3 和构件 H 各自绕互相重合的几何轴线 O_1、O_3、O_H 转动，齿轮 2 空套在构件 H 上，当构件 H 转动时，齿轮 2 一边绕自身的几何轴线 O_2 自转，一边随构件 H 绕轴线 O_H 公转。

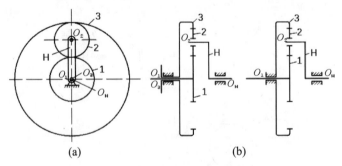

图 6-5　周转轮系及其类型

1～3—齿轮

在周转轮系中，轴线位置固定的齿轮，称为中心轮或太阳轮，如图 6-5 中的齿轮 1、3。既自转又公转的齿轮，称为行星轮，如图 6-5 中的齿轮 2。构件 H 支承行星轮，且绕固定轴线回转，称为系杆。

在基本周转轮系中，中心轮的数目至少有一个，常见有两个中心轮；系杆有一个；行星轮有一个或多个。在周转轮系中，中心轮和系杆又称"基本构件"，常作为运动、动力的输入和输出。

应当注意以下几点。

(1) 单一周转轮系中的系杆与两个中心轮的几何轴线必须重合；否则不能转动。

(2) 周转轮系中，有一个或多个行星轮其运动是一样的，因此在机构运动简图中，往往只画一个行星轮。

如图 6-5(a)所示的轮系，两个中心轮都能转动，轮系的自由度为 2，这样的周转轮系称为差动轮系。

如图 6-5(b)所示的轮系，只有一个中心轮能转动，轮系的自由度为 1，这样的周转轮系称为行星轮系。

二、周转轮系传动比的计算

> 正转不行就反转，换个角度去思考，你的难题可能就迎刃而解啦！

在如图 6-5 所示的周转轮系中，由于行星轮 2 既做自转又做公转，其几何轴线不是固定的，因此，不能直接用定轴轮系传动比的计算公式。

比较图 6-6(a)、(b)可以看出，它们的根本差别在于图 6-6(a)所示的周转轮系中，构件 H 以角速度 ω_H 转动而成为系杆，使空套在系杆 H 上的齿轮 2 成为行星轮；而图 6-6(b)所示的轮系中，构件 H 是机架，即齿轮 2 的几何轴线是静止不动的，是定轴轮系。

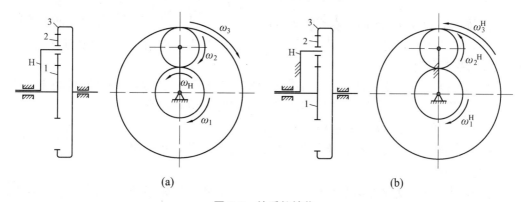

图 6-6　轮系的转化

因此，可以采用"反转法"使系杆 H"静止不动"，这样周转轮系就转化为定轴轮系，即给整个机构加一个角速度 $-\omega_H$，这样并不改变各构件间原来的相对运动关系，但系杆 H 成为"静止"的机架，于是周转轮系就转化为定轴轮系，如图 6-6(b)所示。这一转化而来的假想的定轴轮系称为原周转轮系的转化轮系。

转化轮系中，各构件的角速度见表 6-1。

表 6-1 转化机构中各构件的角速度

构 件	周转轮系中的角速度	转化轮系的角速度
1	ω_1	$\omega_1^H = \omega_1 - \omega_H$
2	ω_2	$\omega_2^H = \omega_2 - \omega_H$
3	ω_3	$\omega_3^H = \omega_3 - \omega_H$
H	ω_H	$\omega_H^H = \omega_H - \omega_H = 0$

转化轮系是定轴轮系,因此转化轮系的传动比可直接用定轴轮系传动比公式(6-1)求出,即

$$i_{13}^H = \frac{\omega_1^H}{\omega_3^H} = \frac{\omega_1 - \omega_H}{\omega_3 - \omega_H} = -\frac{z_2 z_3}{z_1 z_2} = -\frac{z_3}{z_1}$$

式中,i_{13}^H 为转化轮系的传动比;"$-$"为轮 1 和轮 3 在转化轮系中的转向相反(即 ω_1^H 与 ω_3^H 反向)。

若平面周转轮系中有 k 个齿轮,同理,可写出其转化轮系的传动比为

$$i_{1k}^H = \frac{\omega_1^H}{\omega_k^H} = \frac{\omega_1 - \omega_H}{\omega_k - \omega_H} = (-1)^m \frac{z_2 \cdots z_k}{z_1 \cdots z_{k-1}}$$

$$\frac{\omega_1 - \omega_H}{\omega_k - \omega_H} = (-1)^m \frac{\text{所有从动轮齿数连乘积}}{\text{所有主动轮齿数连乘积}} \tag{6-2}$$

式(6-2)为周转轮系中各齿轮角速度与齿数之间的关系。若已知各轮齿数和角速度 ω_1、ω_k、ω_H 中任意两值,就可求出另一值。

应用式(6-2)时,应注意以下几点。

(1) 齿轮 1、k 与构件 H 的轴线应相互平行,这样三个构件的角速度 ω_1、ω_k、ω_H 才可用代数运算。

(2) 将 ω_1、ω_k、ω_H 的值代入式(6-2)时,必须带"+"或"$-$"号。如已知两轮的转速方向相反,则代入公式时,一个用"+",另一个用"$-$",求出的第三个转速按其"+"或"$-$"来判定其转向。

(3) 如果周转轮系是由圆柱齿轮组成的,那么转化轮系是平面轮系,其传动比符号可以用 $(-1)^m$ 来确定;如果周转轮系中含有圆锥齿轮或蜗轮蜗杆,则其转化轮系传动比的符号必须用画箭头的方法确定。

(4) i_{1k} 是周转轮系中齿轮 1、k 的传动比;而 i_{1k}^H 是转化轮系中齿轮 1、k 的传动比,$i_{1k} \neq i_{1k}^H$。

上述运用相对运动原理给整个机构加"$-\omega_H$",将周转轮系转化成假想的定轴轮系,然后计算其传动比的方法,称为反转法。

例 6-3 图 6-7 所示周转轮系中,各轮齿数 $z_1 = 80$,$z_2 = 25$,$z_{2'} = 35$,$z_3 = 20$,若已知 $n_3 = 200\text{r/min}$,$n_1 = 50\text{r/min}$,方向相反,求 n_H 的大小和方向。

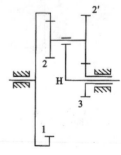

图 6-7 周转轮系

解:设轮 1 为正号转向,则轮 3 为负号转向。

根据式(6-2),则

$$i_{13}^H = \frac{n_1 - n_H}{n_3 - n_H} = -\frac{z_2 z_3}{z_1 z_{2'}}$$

代入已知数据有

$$\frac{50 - n_H}{(-200) - n_H} = -\frac{25 \times 20}{80 \times 35} = -\frac{5}{28}$$

得：$n_H = 12.2 \text{r/min}$。

n_H 为正，说明系杆 H 与轮 1 转向相同，与轮 3 转向相反。

混合轮系传动比
的计算

第四节　混合轮系的传动比

在机械设备中，除了采用定轴轮系和单一的周转轮系外，还大量应用既有定轴轮系又有单一周转轮系的混合轮系。因此，计算轮系传动比时，不能将整个轮系用一个统一的公式计算，必须将混合轮系中的定轴轮系和周转轮系区分出来，然后分别列出这些轮系的传动比计算方程，最后联立求出所要求的传动比。

一、区分基本轮系

区分基本轮系是正确计算复合轮系传动比的主要步骤，具体方法如下。

1. 找出行星轮

特点：既做自转又做公转的齿轮。

2. 找出系杆 H

系杆 H 即支持行星轮运动的构件。注意：系杆 H 的形状不一定是简单杆状构件。

3. 找出中心轮

特点：与行星轮啮合，且绕固定轴线(与系杆 H 回转轴线重合)回转的齿轮。

按上述方法，找出中心轮、行星轮、系杆 H，再加上机架，就构成一个基本的周转轮系。周转轮系区分出以后，其余部分就是定轴轮系。

二、列出基本轮系传动比方程

区分基本轮系后，按前面所述方法，列出各个定轴轮系、周转轮系传动比方程。

三、联立求解

联立求解时，一定要注意传动比公式中各转速的正、负号以及齿数比正、负号的判断。同时要注意各基本轮系输入与输出的一致性。

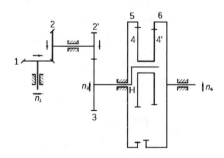

图 6-8　混合轮系

例 6-4　在如图 6-8 所示的轮系中，已知 $z_1 = 20$，$z_2 = 30$，$z_{2'} = 20$，$z_3 = 40$，$z_4 = 45$，$z_{4'} = 44$，$z_5 = 81$，$z_6 = 80$。求传动比 i_{16}。

解：(1) 区分基本轮系。双联齿轮 4—4'的几何轴线是绕齿轮 5 的轴线转动的，所以是行星轮；支持它运动的构件 H 就是系杆；和行星轮啮合的齿轮 5 和 6 是两个中心轮，其中齿轮 5 固定不动。因此，齿轮 4—4'、5、6 和系杆 H 组成了一个行星轮系。显然，齿轮 1、2—2'和 3 组成一个定轴轮系。

所以，这是一个由定轴轮系和行星轮系组成的混合轮系。

(2) 分别计算基本轮系的传动比。

定轴轮系传动比的计算，由式(6-1)得

$$i_{13} = \frac{n_1}{n_3} = \frac{z_2 z_3}{z_1 z_{2'}} = \frac{30 \times 40}{20 \times 20} = 3 \tag{6-3}$$

各轮的转向用箭头表示，如图 6-8 所示。

行星轮系传动比的计算，由式(6-2)得

$$i_{56}^{H} = \frac{n_5 - n_H}{n_6 - n_H} = \frac{z_4 z_6}{z_5 z_{4'}}$$

所以

$$\frac{0 - n_H}{n_6 - n_H} = \frac{45 \times 80}{81 \times 44}$$

$$i_{H6} = \frac{n_H}{n_6} = 100$$

因为 $n_H = n_3$，所以

$$i_{36} = i_{H6} = 100 \tag{6-4}$$

i_{36} 的符号为正，表示 n_6 与 n_3 的转向相同。

(3) 联立求解。

由式(6-3)、式(6-4)得

$$i_{16} = i_{13} i_{36} = 3 \times 100 = 300$$

n_6 和 n_1 的转向如图 6-8 中箭头所示。

例 6-5 图 6-9 所示为由圆锥齿轮组成的汽车后桥差速器。齿轮 1 由发动机驱动，在其转速 n_1 不变的情况下，差速器能使两后轮以相同转速或不同转速转动，以实现汽车直线行驶或转弯。若 $z_4 = z_5$，试求汽车转弯时两个后轮的转速 n_4 和 n_5。

解：(1) 区分基本轮系。由图可知，齿轮 4 与左边车轮固连，转速为 n_4；齿轮 5 与右边车轮固连，转速为 n_5。中心轮 4、5 与行星轮 3、3'啮合。轮 3 与 3'大小相等并空套在系杆 H 上(轮 3 与 3'作用相同，分析时仅需要考虑一个行星轮)，系杆 H 与齿轮 2 固连，转速为 n_2。故在该轮系中，齿轮 1、2 组成定轴轮系，齿轮 3、4、5 和系杆 H 组成差动轮系。

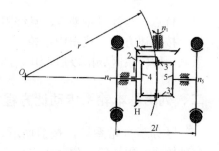

图 6-9　汽车后桥差速器

(2) 定轴轮系的传动比为

$$i_{12} = \frac{n_1}{n_2} = \frac{z_2}{z_1}$$

故

$$n_2 = n_1 \frac{z_1}{z_2} \tag{6-5}$$

差动轮系的传动比为

$$i_{45}^{H}=\frac{n_4-n_2}{n_5-n_2}=-\frac{z_5}{z_4}=-1$$

故

$$n_2=\frac{n_4+n_5}{2} \tag{6-6}$$

图中 O 点为汽车转弯时的瞬时转动中心，此时，左车轮与右车轮行走轨迹分别为 $r-l$ 和 $r+l$，所以左、右两轮的转速不同。若要求车轮在地面上做纯滚动，则 n_4、n_5 之间应满足下列关系，即

$$\frac{n_4}{n_5}=\frac{r-l}{r+l} \tag{6-7}$$

联立解式(6-5)、式(6-6)和式(6-7)，即可得到汽车转弯时两后轮的转速分别为

$$n_4=\frac{(r-l)z_1}{rz_2}n_1 \text{ 和 } n_5=\frac{(r+l)z_1}{rz_2}n_1 \tag{6-8}$$

分析式(6-8)可知，当主动轴以转速 n_1 转动时，差速器可将其分解为两个转速。

当汽车沿直线行驶时，$r=\infty$，则得

$$n_4=n_5=\frac{z_1}{z_2}n_1=n_2$$

此时，行星轮 3 和 3′只有公转，没有自转。

需要指出，由于汽车不可能沿绝对直线行走，所以汽车两后轮转速总有差异。

第五节　轮系的功用

轮系的功用

轮系被广泛应用于机械中，主要功用如下。

一、实现大传动比的传动

当两轴间需要较大的传动比时，若仅用一对齿轮传动，如图 6-10 中点划线所示，两轮直径相差很大，不仅使传动轮廓尺寸过大，而且由于两轮齿数相差很多，导致小齿轮极易磨损，两轮寿命相差悬殊。若采用图中实线所示的轮系，就可在各齿轮直径不大的情况下得到很大的传动比。图 6-11 所示的行星轮系中，当 $z_1=100$，$z_2=101$，$z_{2'}=100$，$z_3=99$ 时，其传动比 i_{H1} 可达 10000。计算如下。

由式(6-2)，得

$$i_{13}^{H}=\frac{n_1^{H}}{n_3^{H}}=\frac{n_1-n_H}{n_3-n_H}=\frac{z_2z_3}{z_1z_{2'}}$$

代入已知数据，有

$$\frac{n_1-n_H}{0-n_H}=\frac{101\times99}{100\times100}$$

$$i_{1H}=\frac{1}{10000}$$

$$i_{H1}=10000$$

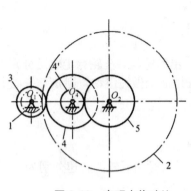

图 6-10　实现大传动比

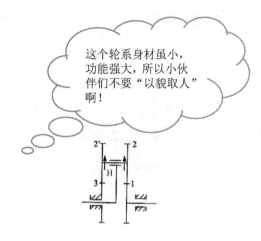

图 6-11　大传动比行星轮系

二、实现远距离的两轴间传动

当两轴间距离较远时，如果采用一对齿轮传动，如图 6-12 点划线所示，则机构尺寸庞大。若改用定轴轮系传动，如图 6-12 实线所示，则可避免上述缺陷。

三、实现变速、换向传动

主动轴转速不变时，利用轮系可使从动轴获得多种工作转速，并可换向。图 6-13 所示为汽车用四速变速器，齿轮 4、6 为双联齿轮，可沿轴Ⅲ轴向移动，与轮 3 或轮 5 啮合，还可通过离合器，将轴Ⅰ与轴Ⅲ接通或脱开，使轴Ⅲ获得三个不同的转速。另外，移动双联齿轮，使轮 6 与轮 8 啮合，可使轴Ⅲ得到转向相反的第四个转速，实现变速和换向。

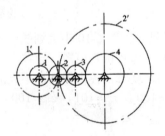

图 6-12　实现远距离传动

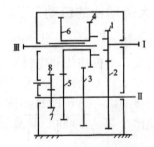

图 6-13　变速和换向

四、实现分支传动

利用定轴轮系，可通过主动轴上的若干齿轮，将运动分别传递给若干个不同的执行机构，以完成生产上的各种动作要求和运动规律要求，这就是分支传动。在图 6-14 所示的滚齿机主传动系统中，主轴Ⅰ上有两个齿轮 1 和 1′，齿轮 1 经齿轮 2 将运动传给滚刀 7；另一传动路线是：齿轮 1′与轮 3 啮合，再经过齿

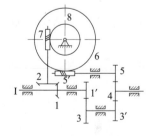

图 6-14　实现分支传动

轮副 3′—4—5，蜗杆蜗轮副 5′—6，带动工作台及其上固装的被切齿轮转动，与滚刀共同完成切齿的范成运动。这两个分支传动都是由定轴轮系完成的。

五、实现运动的合成与分解

运动的合成是将两个输入运动合为一个输出运动；运动的分解是将一个输入运动分为两个输出运动。差动轮系可以用来完成运动的合成与分解。

本 章 小 结

本章介绍了轮系的分类、轮系传动比的计算、轮系的应用及其他类型行星轮系。重点为定轴轮系传动比大小的计算、定轴轮系中齿轮之间转向关系的确定及用转化轮系法求周转轮系的传动比、混合轮系传动比的计算。此外，应该很好地掌握周转轮系传动比计算中的符号问题以及混合轮系中基本轮系的区分并了解轮系的主要功用。

复习思考题

知识拓展

一、选择题

1. 为满足结构紧凑和实现较大的传动比，可以选用(   )。
    A. 单对齿轮   B. 定轴轮系   C. 周转轮系
2. 汽车后桥机构转向时利用的是(   )。
    A. 定轴轮系   B. 行星轮系   C. 差动轮系
3. 车床上走刀丝杠的转换机构利用的是(   )。
    A. 定轴轮系   B. 周转轮系   C. 复合轮系
4. 周转轮系按照(   )可以分成差动轮系和行星轮系两部分。
    A. 运动状态   B. 结构组成   C. 工作原理   D. 自由度
5. 差动轮系机构的自由度为 2，因此需要(   )原动件来驱动。
    A. 1 个   B. 2 个   C. 2 个以上
6. 汽车变速箱的变速系统利用的是(   )。
    A. 定轴轮系   B. 周转轮系   C. 复合轮系
7. 轮系运动时，所有齿轮几何轴线都固定不动的，称(   )轮系，至少有一个齿轮几何轴线不固定的，称(   )轮系。
    A. 定轴轮系   B. 周转轮系   C. 复合轮系

二、计算题

1. 图 6-15 所示轮系中，已知各轮齿数为：$z_1=z_2=20$，$z_3=60$，$z_3'=26$，$z_4=30$，$z_4'=22$，$z_5=34$。求 i_{15}。
2. 在图 6-16 所示的轮系中，设各轮齿数分别为：$z_1=2$，$z_2=50$，$z_2'=z_3'=20$，$z_3=z_4=40$，蜗杆 1 为主动轮，右旋，转向如图所示，$n_1=1500\text{r/min}$。求轮 4 的转速和转向。

3. 图 6-17 所示行星减速装置中，已知 $z_1=z_2=17$，$z_3=51$，当手柄转过90°时，转盘 H 转过多少度？

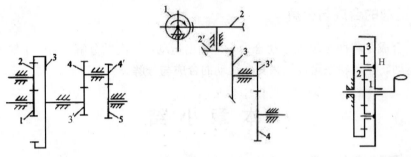

图 6-15　轮系(1)　　　图 6-16　轮系(2)　　　图 6-17　行星减速装置

4. 图 6-18 所示的锥齿轮组成的行星轮系中，已知 $z_1=z_2=17$，$z_2'=30$，$z_3=45$，轮 1 的转速 $n_1=200$r/min。试求系杆 H 的转速 n_H。

5. 图 6-19 所示轮系中，$z_1=z_4=40$，$z_2=z_5=30$，$z_3=z_6=100$，$n_1=700$r/min。求系杆转速 n_H 的大小和方向。

6. 图 6-20 所示为卷扬机的减速器，设各轮齿数为 $z_1=24$，$z_2=52$，$z_3=21$，$z_4=78$，$z_5=18$，$z_6=30$，$z_7=78$。求传动比 i_{17}。

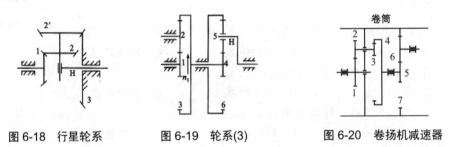

图 6-18　行星轮系　　　图 6-19　轮系(3)　　　图 6-20　卷扬机减速器

7. 图 6-21 所示轮系中，已知各轮的齿数：$z_1=z_2'=20$，$z_2=z_3=40$，$z_4=100$，$z_5=z_6=z_7=30$。求传动比 i_{17}。

8. 在图 6-22 所示轮系中，已知各齿轮齿数为：$z_1=20$，$z_2=36$，$z_2'=18$，$z_3=60$，$z_3'=70$，$z_4=28$，$z_5=14$，轮 1 的转速 $n_1=60$r/min，回转方向如图，构件 H 的转速 $n_H=300$r/min，回转方向如图所示。试求轮 5 的转速大小和方向。

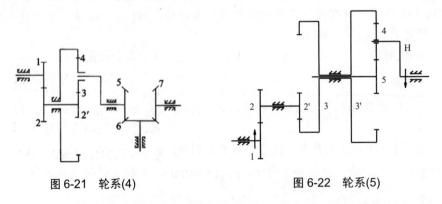

图 6-21　轮系(4)　　　图 6-22　轮系(5)

第七章 齿轮传动

学习要点及目标

(1) 掌握齿轮传动的主要失效形式和失效原因。

(2) 掌握针对不同失效形式的设计准则。

(3) 了解常用齿轮传动精度的适用范围，正确选择齿轮精度等级。

(4) 掌握直齿圆柱齿轮传动的受力分析。

(5) 理解直齿圆柱齿轮弯曲强度和接触强度的计算方法，合理选取相关参数。

(6) 掌握斜齿圆柱齿轮和直齿圆锥齿轮的受力分析。

(7) 了解蜗杆传动的特点、类型。

(8) 了解普通蜗杆蜗轮的常用材料、结构形式及强度设计准则。

(9) 掌握蜗杆传动的受力分析。

(10) 了解蜗杆传动的热平衡计算的意义和冷却措施。

(11) 了解齿轮的主要结构形式及润滑方式。

核心概念

齿面点蚀　齿面胶合　齿面磨损　轮齿折断　闭式软齿面设计准则　齿宽系数　轴向力　圆周力　径向力

第一节 齿轮传动的失效形式及设计准则

齿轮传动是机械传动中一种最重要且应用最广泛的啮合传动，其形式有很多。目前，世界上齿轮传动最大传递功率已达 10^5kW，最大线速度达到 210m/s，最大重量达到 200t，最大直径达到 152.3m，最大模数达到 100mm。

齿轮传动的特点是传递功率和速度的适用范围很广，传动效率高，工作可靠，寿命长，传动比准确，结构紧凑，可实现平行轴、任意角相交轴和任意角交错轴之间的传动。其不足之处是制造精度要求高，制造费用大，安装精度要求较高，不适宜两轴之间的远距离传动。

如图 7-1 所示，由于电动机的工作转速比较高，而需要动力的工作机或执行机构(如传送带)工作转速比较低，则需要通过齿轮减速器来匹配转速和传递转矩。齿轮传动在降低输出轴转速的同时，提高了输出轴的扭矩，以满足工作机或执行机构对转速和转矩的要求。齿轮传动的基本要求是：瞬时传动比恒定，并且具有足够的承载能力。

第五章针对瞬时传动比要求讨论了有关齿轮传动的基本

齿轮传动的
失效形式和
设计准则

图 7-1 齿轮减速器

啮合知识。本章将以上述知识为基础，着重讨论有关齿轮的强度计算，以满足承载能力的要求。

设计齿轮传动时，要从分析齿轮的失效形式和产生原因入手，针对不同的工作情况及失效形式，分别确定相应的设计准则，即：先根据主要失效形式进行强度计算，选择合理的几何参数，确定其主要几何尺寸，完成齿轮零件的结构设计，然后对其他失效形式进行必要的校核。

一、齿轮传动的失效形式

齿轮传动的失效形式与齿轮传动的工作条件有关。

按照工作条件，齿轮传动可分为两种，即闭式传动和开式传动。闭式传动的齿轮密封在齿轮箱内，有良好的润滑条件和工作环境。大多数的齿轮传动都采用闭式齿轮传动。开式齿轮传动的轮齿暴露在外，因而不能保证良好的润滑和清洁的工作环境，一般用于低速齿轮传动。齿轮传动的失效形式就是轮齿的失效形式。

轮齿的失效形式主要有以下五种形式。

1. 轮齿折断

轮齿折断是指轮齿的整体[见图 7-2(a)]或局部[见图 7-2(b)]断裂，它一般发生在轮齿的根部。一般齿宽小的直齿圆柱齿轮，发生轮齿整体折断，而齿宽大的直齿圆柱齿轮和斜齿轮，由于载荷集中在一侧齿顶，一般是轮齿局部折断。轮齿折断的主要原因如下。

齿轮工作时，轮齿犹如悬臂梁，在轮齿根部弯曲应力最大，当轮齿单侧工作时，弯曲应力按脉动循环变化；轮齿双侧工作时，弯曲应力按对称循环变化。在载荷的多次重复作用下，弯曲应力超过弯曲疲劳屈服极限时，轮齿部分将产生疲劳裂纹，随着裂纹的逐步扩展，最终引起轮齿折断，这种折断称为疲劳折断。

轮齿因严重过载或受到冲击载荷而引起突然折断，这种折断称为过载断裂。

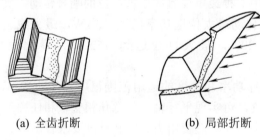

(a) 全齿折断　　　　　　　(b) 局部折断

图 7-2　轮齿折断的形式

为防止轮齿过早发生疲劳断裂，在进行强度计算时，通常应使齿根弯曲应力不大于许用弯曲应力。

2. 齿面点蚀

齿面点蚀一般发生在润滑良好的闭式齿轮传动中。齿轮啮合时，齿廓面的表面接触应力是脉动循环变应力。在交变载荷的多次重复作用下，当齿面接触应力值超过齿轮材料的许用接触应力时，齿面将产生细微的疲劳裂纹。轮齿啮合时，封闭在裂纹中的润滑油受到挤压作用，裂纹随之蔓延扩展，导致金属微粒剥落而形成一个一个小坑，这种现象称为点蚀，如图7-3所示。齿面点蚀往往发生在节线附近的齿根部位。点蚀会破坏渐开线齿面形状，导致齿轮传动失效。

图 7-3　齿面点蚀

为了防止齿面过早发生疲劳点蚀，在进行强度计算时，应使齿面节线处接触应力不大于许用接触应力。

3. 齿面磨损

轮齿啮合过程中两齿廓曲面之间存在相对滑动，在开式齿轮传动中，尤其在灰尘较多的场合，灰尘、砂粒易进入啮合区。在轮齿面相互滚碾作用下，使齿面产生磨损，渐开线齿廓被破坏，如图 7-4 所示。磨损使齿廓减薄，最后将导致轮齿强度不足而折断。

防止齿面磨损的好办法是将开式传动改为闭式传动，并注意提高轮齿表面硬度。

4. 齿面胶合

齿面胶合多出现在低速重载或高速传动中。由于啮合区温度升高，引起润滑油油膜破裂，使齿面金属直接接触，并黏合在一起。随着齿面间的相对滑动，导致软齿面上的金属沿滑动方向被撕下，从而在齿面上形成与滑动方向一致的沟槽状伤痕，如图 7-5 所示。这种现象称为齿面胶合。

提高齿面抗胶合能力的主要措施有提高齿面硬度、降低表面粗糙度。对于低速传动，采用黏度较大的润滑油；对于高速传动，采用含有抗胶合添加剂的润滑油。

5. 齿面塑性变形

在过载严重、起动频繁的齿轮传动中，较软的齿面上可能产生局部塑性变形，使齿廓失去正确的齿形，导致失效。这种失效形式称为齿面塑性变形。齿面塑性变形主要发生在节线附近，如图 7-6 所示。提高齿面硬度，选用较高黏度的润滑油，可有效地防止齿面发生塑性变形。

　　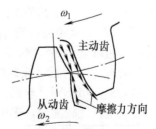

图 7-4　齿面磨损　　　图 7-5　齿面胶合　　　图 7-6　齿面塑性变形

二、设计计算准则

齿轮传动的设计计算准则是由失效形式确定的。

齿轮传动的一般失效形式主要表现为轮齿折断和齿面点蚀，故齿轮传动设计计算，通常按齿面接触强度和齿根弯曲强度进行计算。

1. 闭式齿轮传动

闭式齿轮传动的轮齿失效形式因齿面硬度而异。

1) ≤350HBW 的软齿面齿轮

软齿面齿轮的主要失效形式是齿面点蚀。故设计准则为：按齿面接触疲劳强度设计，再按齿根弯曲疲劳强度校核。

2) >350HBW 的硬齿面齿轮

硬齿面齿轮的主要失效形式是轮齿折断。故设计准则为：按齿根弯曲疲劳强度设计，再按齿面接触疲劳强度校核。

2. 开式齿轮传动

开式齿轮传动的主要失效形式是：齿面磨损以及因齿面磨损导致轮齿折断。所以，通常按齿根弯曲疲劳强度的设计公式确定模数，再根据具体情况，将所求得的模数加大10%～20%，以考虑磨损的影响。

第二节　齿轮材料、许用应力及齿轮精度

针对齿轮的各种失效形式，对齿轮材料的基本要求是齿面硬、齿芯韧以及良好的加工性能、热处理性能和经济性。

齿轮的材料、许用应力和精度

一、齿轮的常用材料

常用的齿轮材料是锻钢，其次是铸钢、铸铁、有色金属；另外，非金属材料也可用作齿轮材料。

1. 锻钢

锻钢是常用的齿轮材料。为提高齿面抗点蚀、抗胶合、抗磨损能力，一般都要经过热处理来提高齿面硬度和改善材料的加工性能。

按照齿面硬度和加工工艺的不同，可分为两类。

1) ≤350 HBW 的软齿面齿轮

软齿面齿轮通常采用 45 钢、35 钢等中碳钢，在重要场合，采用 40Cr、35SiMn 等中碳合金钢，热处理方法为正火或调质。考虑到小齿轮轮齿的工作次数较多，应使其齿面硬度比大齿轮高 25～50HBW。软齿面齿轮加工时，一般先将轮坯进行热处理，然后再进行切齿加工，加工工艺比较简单，多用于一般机械传动中。

2) >350 HBW 的硬齿面齿轮

硬齿面齿轮材料通常是 45 钢、40Cr 及 20 钢、20Cr 等。获得硬齿面的热处理方法

是：中碳钢或中碳合金钢经表面淬火，低碳钢或低碳合金钢采用表面渗碳淬火；或者采用渗氮或碳氮共渗等表面热处理，热处理后，齿面硬度一般为45～62HRC。

硬齿面齿轮的加工工艺为：粗切齿—表面热处理—精磨齿。这类齿轮需用专用设备磨齿，制造工艺复杂，仅用在重要场合或精密机械中。

2. 铸钢

对于直径超过 500mm 或形状复杂的齿轮，可选用铸钢材料，常用的铸钢材料牌号有ZG270-500、ZG340-640 等。

铸钢齿轮强度和耐磨性较好，但轮坯加工前，应经过退火或正火处理，也可进行调质处理，以消除材料内应力，改善切削性能。

3. 铸铁

铸铁适用于铸造形状复杂的齿轮毛坯，具有成本低，抗胶合、抗点蚀能力强及可加工性能好等优点，但抗弯强度和耐冲击性能较差，常用于低速、轻载、大尺寸和开式齿轮传动。

常用的铸铁牌号有 HT200、HT300、QT500-7 及 QT600-3 等。

4. 非金属材料

在高速、轻载、精度不高的齿轮传动中，为降低噪声，可用非金属材料，如尼龙、塑料等。通常小齿轮用非金属材料制造，而大齿轮仍用钢或铸铁制造，以利于散热。

常用齿轮材料如表 7-1 所示。

表 7-1 常用齿轮材料

材 料	热 处 理	力学性能		应用范围
		抗拉强度/MPa	硬度	
45	正火	600～750	170～200HBW	一般传动
	调质	750～900	220～250HBW	一般传动
	表面淬火	750～900	40～50HRC	重载、有冲击
40Cr	调质	800～1000	240～280HBW	一般传动
	表面淬火	800～1000	50～55HRC	重载、有冲击
20CrMnTi	渗碳淬火	1100～1300	56～62HRC	高速、中载、冲击
2Cr13	调质	647	<197HBW	防锈、抗腐蚀
ZG45	正火	550	160～210HBW	低、中速、大直径
QT50-5	正火	500	147～240HBW	低、中速一般传动
QT40-17-5	正火	400	<197HBW	低、中速一般传动
HT200	时效	200	170～240HBW	低速、轻载、小冲击
HT300	时效	300	187～255HBW	低速、轻载、小冲击
HPb63-3T		440	70～160HBW	钟表齿轮
QSn6.5-0.1T		637	60HBW	耐磨、抗磁、仪表齿轮
聚甲醛塑料		39～74	30～40HBW	低速、轻载、耐磨抗冲击
夹布胶木		85～100	30～40HBW	高速、轻载、噪声小

二、许用应力[σ]

齿轮许用应力按下式计算。

许用接触应力为

$$[\sigma_H] = \frac{\sigma_{Hlim}}{S_H} \tag{7-1}$$

许用弯曲应力为

$$[\sigma_F] = \frac{\sigma_{Flim}}{S_F} \tag{7-2}$$

式中，$[\sigma_H]$和$[\sigma_F]$为相对应的许用接触应力和许用弯曲应力；σ_{Hlim}和σ_{Flim}为相对应齿轮的疲劳极限应力(MPa)；S_H和S_F为相对应齿轮的疲劳强度计算的安全系数。

下面分别介绍各参数的确定。

1. 安全系数 S

由于接触疲劳产生的点蚀破坏只引起噪声、振动增大，不会立即停止工作，而由弯曲疲劳造成的断齿有可能引起严重事故，故轮齿弯曲疲劳安全系数 S_F 的数值大于齿面接触疲劳安全系数 S_H。安全系数的选取可参照表 7-2。

表 7-2　安全系数取值范围

安全系数	软 齿 面	硬 齿 面	重要传动、渗碳淬火齿轮、铸造齿轮
S_H	1.0～1.1	1.1～1.2	1.3
S_F	1.3～1.4	1.4～1.6	1.6～2.2

2. 疲劳极限 σ_{lim}

齿面接触疲劳极限 σ_{Hlim} 和齿根弯曲疲劳极限 σ_{Flim} 可以分别查看图 7-7 和图 7-8 确定。图 7-8 所示为脉动循环应力时的极限应力。对称循环应力(双侧齿轮传动的齿根弯曲应力)时的极限应力仅为脉动循环应力的 70%。

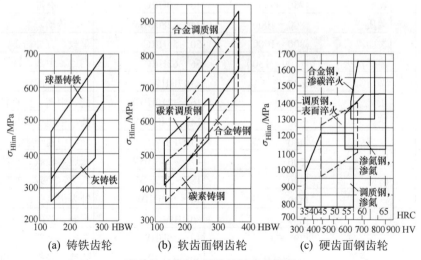

(a) 铸铁齿轮　　　(b) 软齿面钢齿轮　　　(c) 硬齿面钢齿轮

图 7-7　试验齿轮的接触疲劳极限

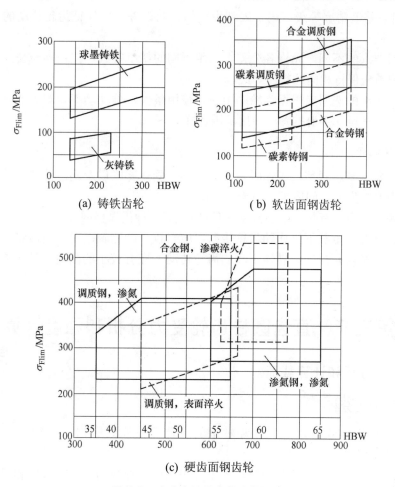

(a) 铸铁齿轮 (b) 软齿面钢齿轮

(c) 硬齿面钢齿轮

图 7-8 试验齿轮的弯曲疲劳极限

三、齿轮传动的精度

1. 精度等级

齿轮在制造、安装过程中，不可避免地会产生误差，如齿形误差、齿距误差、齿向误差等。为保证齿轮传动的质量，国家标准分别规定了渐开线圆柱齿轮传动的精度等级和公差[见《圆柱齿轮精度制》(GB/T 10095—2008)]和锥齿轮传动的精度等级和公差[见《锥齿轮精度制》(GB/T 11365—2019)]。齿轮精度等级共分为 12 级，其中 1 级最高，12 级最低，常用为 6～9 级。

按照误差的特性和它们对传动性能的影响，将齿轮的各项公差分为Ⅰ、Ⅱ、Ⅲ三个公差组精度等级。各公差组对传动性能的影响如下。

(1) 第Ⅰ公差组精度等级：用于限制齿轮在一转内其回转角误差的最大值不得超过规定值，以保证运动传递的准确性。

(2) 第Ⅱ公差组精度等级：用于限制齿轮的瞬时传动比变化不得超过规定值，以减小冲击、振动和噪声，使运动传递平稳。

(3) 第Ⅲ公差组精度等级：用于限制齿轮的齿向误差，以保证齿轮传动的接触精度和载荷分布均匀性。

根据使用要求的不同，允许各公差组选用不同的精度等级，但在同一公差组内，各项公差和极限偏差应保持相同的精度等级。

齿轮精度等级的选用应根据齿轮的用途、使用条件、传动功率、圆周速度等技术条件及经济性要求，按设计手册推荐的使用范围选择。

2. 侧隙及选择

考虑到齿轮的制造误差，工作时轮齿的变形、受热膨胀以及润滑油储存等，在相互啮合两轮齿的齿厚与齿槽宽间应留有适当的侧隙。

齿轮的侧隙与齿厚有关，上述国家标准规定了 14 种齿厚极限偏差。

在高速、高温、重载下工作的齿轮传动，应有较大的侧隙；对一般齿轮传动，应有中等大小侧隙；对经常正反转、转速不高的齿轮传动，应有较小的侧隙。具体数值可参考有关手册确定。

第三节　直齿圆柱齿轮受力分析和强度计算

一、轮齿受力分析和计算载荷

1. 轮齿的受力分析

直齿圆柱齿轮的
受力分析和强度
计算

为了计算轮齿的强度，并为轴和轴承的设计提供原始数据，必须对轮齿进行受力分析。

当一对齿轮按标准中心距啮合时，若不计齿面间的摩擦力时，轮齿间相互作用的总压力 F_n 为法向力，F_n 总是沿着啮合线方向，如图 7-9(a)所示。

1) 力的大小

将法向力 F_n 在节点 P 处分解为两个互相垂直的分力：与分度圆相切的圆周力 F_t 和沿半径方向的径向力 F_r，有

$$F_t = \frac{2000T_1}{d_1} \tag{7-3}$$

$$F_r = F_t \tan \alpha \tag{7-4}$$

$$F_n = \frac{F_t}{\cos \alpha} \tag{7-5}$$

式中，T_1 为小齿轮传递的扭矩(N·m)，$T_1 = 9550P/n_1$，P 为传递的功率(kW)，n_1 为小齿轮转速(r/min)；d_1 为小齿轮分度圆直径(mm)；α 为压力角(°)，$\alpha = 20°$。

2) 力的方向

根据作用力与反作用力的关系，作用在主动轮和从动轮上的各对分力大小相等、方向相反。如图 7-9(b)所示，主动轮上的圆周力的方向与转向相反，从动轮上的圆周力方向与转向相同。径向力的方向，则不论主动轮还是从动轮，对外啮合齿轮来说，都是从作用点

指向轮心；而内齿轮则背离轮心。

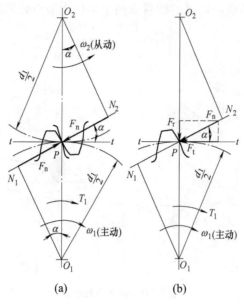

图7-9 直齿圆柱齿轮的作用力

2. 名义载荷和计算载荷

由式(7-5)计算得到的法向力 F_n 为名义载荷。由于制造、安装有误差，齿轮轴和轴承受载后变形，原动机与工作机械的不同特性及载荷、速度变化等，使轮齿的实际载荷大于名义载荷。故强度计算时，应考虑这些因素的影响，用计算载荷 F_{nca} 代替名义载荷，即

$$F_{nca} = KF_n = KF_t / \cos\alpha = \frac{2000KT_1}{d_1 \cos\alpha} \tag{7-6}$$

式中，K 为载荷系数，其值可由表7-3查取。

表7-3 载荷系数 K

原 动 机	工作机械的载荷特性		
	均匀平稳	中等冲击	较大冲击
电动机	1.0～1.2	1.2～1.6	1.6～1.8
多缸内燃机	1.2～1.6	1.6～1.8	1.9～2.1
单缸内燃机	1.6～1.8	1.8～2.0	2.2～2.4

注：斜齿轮、精度高、齿轮相对轴承对称布置时取小值；直齿轮、精度低、非对称布置时取大值。

二、齿面接触强度计算

计算齿面接触强度的主要目的是预防齿面发生点蚀。齿轮传动设计应保证齿面具有足够的抗点蚀能力，即具有足够的接触强度，使 $\sigma_H \leqslant [\sigma_H]$。

实践表明，点蚀通常发生在节线附近，故一般取节点作为计算齿面接触应力的危险

位置。

一对轮齿在节点处啮合，可以近似看成两个半径为节点处曲率半径的圆柱体相接触，如图 7-10(a)所示。

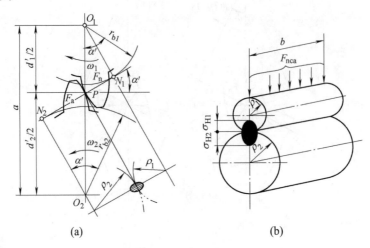

图 7-10　齿面接触应力

根据弹性力学的赫兹公式，可得出两圆柱体在 F_{nca} 作用下产生的最大接触应力[见图 7-10(b)]为

$$\sigma_H = Z_E \sqrt{\frac{F_{nca}}{\rho_\Sigma}} \tag{7-7}$$

式中，Z_E 为材料弹性系数；F_{nca} 为单位接触长度的计算载荷；ρ_Σ 为节点处综合曲率半径。

对于一对直齿圆柱齿轮传动，上述参数确定如下。

1. 材料弹性系数

Z_E 是考虑配对齿轮的弹性模量和泊松比对接触应力的影响系数。齿轮取不同的材料配对时的 Z_E 值如表 7-4 所列。

表 7-4　材料弹性系数 Z_E

材　料	钢	铸钢	球墨铸铁	灰铸铁	织物层压塑料
Z_1	189.8	188.9	181.4	162.0	56.4
Z_2	—	188.0	180.5	161.4	—
Z_3	—	—	173.9	156.6	—
Z_4	—	—	—	143.7	—

2. 单位接触长度的计算载荷

$$f_{nca} = \frac{F_{nca}}{b} = K \frac{F_n}{b} = \frac{2000 K T_1}{d_1 \cos \alpha} \tag{7-8}$$

式中，b 为齿宽接触长度(mm)；F_{nca} 为计算载荷(N)。

3. 节点处综合曲率半径 ρ_Σ

因 $\dfrac{1}{\rho_\Sigma} = \dfrac{1}{\rho_1} \pm \dfrac{1}{\rho_2}$，其中 ρ_1、ρ_2 为一对啮合齿廓在接触点处的曲率半径，"+"用于外啮合；"–"用于内啮合。

对于标准齿轮传动，该对啮合齿廓在接触点处的曲率半径分别为

$$\rho_1 = N_1 P = \frac{d_1 \sin\alpha}{2}$$
$$\rho_2 = N_2 P = \frac{d_2 \sin\alpha}{2} \tag{7-9}$$

则节点处综合曲率半径为

$$\frac{1}{\rho_\Sigma} = \frac{1}{\rho_1} \pm \frac{1}{\rho_2} = \frac{2(d_2 \pm d_1)}{d_1 d_2 \sin\alpha} = \frac{u \pm 1}{u} \cdot \frac{2}{d_1 \sin\alpha} \tag{7-10}$$

式中，u 为齿数比，$u = Z_2 / Z_1 = d_2 / d_1$。

将式(7-8)、式(7-10)代入式(7-7)，整理后，得出齿面接触强度校核公式为

$$\sigma_H = Z_E Z_H \sqrt{\frac{KT_1}{b d_1^2} \cdot \frac{u \pm 1}{u}} \leqslant [\sigma_H] \tag{7-11}$$

式中，Z_E 为节点区域系数，$Z_E = \sqrt{\dfrac{2}{\sin\alpha \cos\alpha}}$，为考虑节点形状对接触应力的影响系数，当 $\alpha = 20°$ 时，$Z_H = 2.5$；$[\sigma_H]$ 为材料的许用接触应力。

其余参数意义和单位同前。

将 $Z_E = 189.8$，$Z_H = 2.5$ 代入式(7-11)，可得出一对钢制标准直齿圆柱齿轮接触强度的校核公式，即

$$\sigma_H = 21200 \sqrt{\frac{KT_1}{b d_1^2} \cdot \frac{u \pm 1}{u}} \leqslant [\sigma_H] \tag{7-12}$$

引入齿宽系数 $\psi_d = b / d_1$，整理后得出一对钢制标准直齿圆柱齿轮齿面接触强度的设计公式为

$$d_1 \geqslant 770 \sqrt[3]{\frac{KT_1}{\psi_d} \cdot \frac{u \pm 1}{[\sigma_H]^2 u}} \tag{7-13}$$

进行齿面接触强度计算时，两轮齿接触处产生的接触应力相等，但两轮的许用接触应力不一定相同，故应取两轮许用接触应力中较小值代入公式中计算。

三、齿根弯曲强度计算

为避免轮齿发生根部折断失效，必须计算轮齿的弯曲强度，保证轮齿根部的弯曲应力小于材料许用弯曲应力，即 $\sigma_F \leqslant [\sigma_F]$。

如图 7-11 所示，计算齿根弯曲应力时，将轮齿视为悬臂梁。为简化计算，按最危险的状态考虑：一对轮齿承担全部载荷 F_n；载荷作用于齿顶；仅考虑弯曲应力对危险截面的影响。

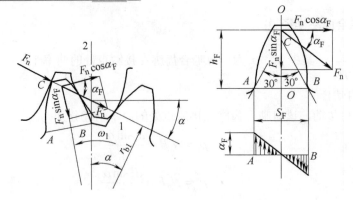

图 7-11　齿根弯曲应力计算示意图

由工程力学得危险截面处的弯曲应力为

$$\sigma_F = \frac{M}{W} \tag{7-14}$$

式中，M 为轮齿根部承受的弯矩，$M = F_n h_F \cos\alpha_F$；W 为齿根危险剖面 A—B 的抗弯剖面模量，$W = \dfrac{b S_F^2}{6}$。

整理可得齿根弯曲疲劳强度的校核公式为

$$\sigma_F = \frac{M}{W} = \frac{2000 K T_1}{b z_1 m^2} Y_F \leqslant [\sigma_F] \tag{7-15}$$

将 $F_t = \dfrac{2000 T_1}{d_1}$ 代入式(7-15)，得齿根弯曲疲劳强度校核公式的另一种表达式，即

$$\sigma_F = \frac{K F_t}{b m} Y_F \leqslant [\sigma_F] \tag{7-16}$$

式中，Y_F 为齿形系数，$Y_F = \dfrac{6\left(\dfrac{h_F}{m}\right)\cos\alpha_F}{\left(\dfrac{S_F}{m}\right)^2 \cos\alpha}$，是一个与齿廓形状有关而与模数无关的无量纲参数。

表 7-5 列出了标准渐开线齿轮的齿形系数 Y_F 值。

表 7-5　正常齿标准渐开线齿轮的齿形系数 Y_F

z	12	14	16	17	18	19	20	22	25	28	30	35
Y_F	3.47	3.22	3.04	2.97	2.91	2.86	2.81	2.75	2.64	2.57	2.54	2.4
z	40	45	50	60	80	100	150	200	300			
Y_F	2.41	2.37	2.34	2.29	2.24	2.21	2.15	2.14	2.06			

若将齿宽系数 $\psi_d = b/d_1$ 代入式(7-15)，得到齿根弯曲疲劳强度的设计公式为

$$m \geqslant 12.6 \sqrt[3]{\frac{K T_1}{\psi_d z_1^2} \cdot \frac{Y_F}{[\sigma_F]}} \tag{7-17}$$

式中符号意义、单位同前。

注意：一对相啮合的两齿轮，不仅齿根弯曲应力不相等，而且两齿轮的许用弯曲应力一般也不相等，故设计时应将 $\dfrac{Y_{F1}}{[\sigma_{F1}]}$ 与 $\dfrac{Y_{F2}}{[\sigma_{F2}]}$ 中较大者代入公式中计算。

第四节 直齿圆柱齿轮传动的设计计算

一、强度计算应注意的问题

1. 设计计算路线

齿轮传动设计时，应首先按其主要失效形式进行强度计算，确定主要参数，然后对其他失效形式进行校核。

1) 闭式齿轮传动

对软齿面的闭式齿轮传动，齿面接触强度较低，因此，在设计时常常按齿面接触强度设计公式确定中心距后，再选择齿数和模数，然后校核齿根弯曲强度。

对硬齿面的闭式齿轮传动，其齿面硬度比较高，通常按轮齿的齿根弯曲强度进行设计计算，然后校核齿面接触强度。

2) 开式齿轮传动

开式齿轮传动的主要失效形式是，轮齿磨损后齿厚减薄，最后导致轮齿折断。由于目前尚无成熟的磨损计算方法，一般仍按弯曲疲劳强度进行设计计算，将算出的模数适当增大 10% ~20%，并取标准值。

2. 强度计算式的应用

在推导接触强度和齿根弯曲疲劳强度计算公式的整个过程中，已经综合考虑了一对齿轮的强度条件，尽管大小齿轮的强度有时需分别计算，但公式中的 T_1、d_1、z_1 却始终无须改变。当一对轮齿的材料、热处理、传动比和齿宽已确定时，其接触强度取决于分度圆直径 d (或中心距 a)，而与模数大小无关，所以接触强度主要用来确定分度圆直径和中心距。至于模数，则需根据齿根弯曲强度和限定的齿数来确定。

二、主要参数选择

在设计齿轮传动时，除了通过齿面接触强度或齿根弯曲强度的设计公式确定中心距和模数等主要参数外，其他一些参数需要设计者自己选定。

1. 齿数比 u

单级齿轮传动的齿数比不宜过大；否则，会增大传动的外廓尺寸，且使两轮的工作负载差别增大。对于一般减速传动，直齿圆柱齿轮传动，$u \leqslant 5$；斜齿圆柱齿轮传动，$u \leqslant 8$。

2. 齿数 z 和模数 m

分度圆直径一定时，增加齿数，则模数减小。齿数多，可以增大传动的重合度，从而有利于提高传动的平稳性，且模数小，减少了轮齿的切削量，降低了加工成本，同时降低了齿高，减小齿面滑动系数，有利于提高轮齿的抗磨损能力和抗胶合能力。但模数的减小会导致轮齿的弯曲强度降低。因此，对于软齿面闭式传动，在满足弯曲强度的前提下，宜取较多的齿数，较小的模数。

通常，z_1=20～40，对于传递动力的齿轮，模数不应小于 2mm。对于闭式硬齿面传动或开式齿轮传动，主要保证齿根弯曲强度，应适当选取较少的齿数，以保证有较大的模数，一般 z_1=17～20。

3. 齿宽 b 和齿宽系数 ψ_d

ψ_d 的选择要适当。ψ_d 大，齿宽就大，则齿轮的径向尺寸就小，但齿宽越大，载荷沿齿宽方向的分布越不均匀。

表 7-6 给出了 ψ_d 的荐用值。开式齿轮传动，一般 ψ_d 为 0.3～0.4。为了便于安装和补偿轴向安装误差，在齿轮减速器中，一般将小齿轮的齿宽做得大些，使 $b_1=b_2+(5～10)$mm，非金属材料齿轮和金属齿轮配对传动时，应使非金属齿轮做得窄些。

表 7-6　圆柱齿轮的齿宽系数

齿轮相对于支承的位置	软 齿 面	硬 齿 面
对称布置	0.8 ～1.4	0.4 ～0.9
非对称布置	0.6 ～1.2	0.3 ～0.6
悬臂布置	0.3 ～0.4	0.2 ～0.25

例 7-1　某带式输送机减速装置中的一对标准直齿圆柱齿轮，传动系统如图 7-12 所示。已知功率 P=10kW，小齿轮转速 n_1=360r/min，传动比 i=4，齿轮对称于轴承布置，工作载荷平稳，润滑良好，单向转动。

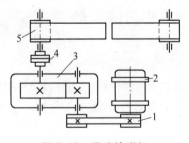

图 7-12　带式输送机

1—传送带；2—电动机；3—减速器；4—联轴器；5—输送带

解： 根据工作要求，齿轮选用 8 级精度。

设计步骤如下。

(1) 选择齿轮材料，并确定许用应力。

由于设备无特殊要求，大、小齿轮均选用 45 钢，经调质处理，小齿轮齿面硬度=230HBW，大齿轮齿面硬度=200HBW。

由图 7-7 和图 7-8，查得齿轮材料的接触疲劳极限应力和弯曲疲劳极限应力分别为 σ_{Hlim1}=560MPa，σ_{Hlim2}=540MPa；σ_{Flim1}=210MPa，σ_{Flim2}=200MPa。取 $S_F=S_H=1$，故两齿轮的许用接触应力和许用弯曲应力分别为

$[\sigma_{H1}]$=560MPa，$[\sigma_{H2}]$=540MPa；

$[\sigma_{F1}]$=210MPa，$[\sigma_{F2}]$=200MPa。

(2) 按接触强度初步确定齿轮的主要参数。

计算小齿轮传动的转矩

$$T_1 = 9550\frac{P}{n_1} = 9550\frac{10}{360} \approx 265(\text{N}\cdot\text{m})$$

取齿宽系数 $\psi_d=1$，$z_1=30$，齿数比 $u=i=4$，并取较小的许用接触应力值。

将上述值代入式(7-13)得

$$d_1 \geq 770\sqrt[3]{\frac{KT_1}{\psi_d}\cdot\frac{u\pm1}{[\sigma_H]^2u}} = 770\sqrt[3]{\frac{1.2\times265}{1}\cdot\frac{(4+1)}{540^2\times4}} \approx 85.4(\text{mm})$$

则模数可确定为

$$m = \frac{d_1}{z_1} = \frac{85.4}{30} = 2.84(\text{mm})$$

由表5-1，取标准值 m=3mm，则

$$z_2 = iz_1 = 4\times30 = 120$$
$$d_1 = mz_1 = 3\times30 = 90(\text{mm})$$
$$d_2 = mz_2 = 3\times120 = 360(\text{mm})$$
$$b_2 = \psi_d d_1 = 1\times90 = 90(\text{mm})$$
$$b_1 = b_2 + 8 = 98(\text{mm})$$

(3) 验算齿根弯曲应力。

根据齿数，由表 7-5，查得 Y_{F1}=2.54，Y_{F2}=2.20。

由式(7-15)可得

$$\sigma_{F1} = \frac{2000KT_1}{b_2z_1m^2}Y_{F1} = \frac{2000\times1.2\times265}{90\times30\times3^2}\times2.54 \approx 66.48\text{MPa}<[\sigma_{F1}]$$

$$\sigma_{F2} = \frac{Y_{F2}}{Y_{F1}}\sigma_{F1} = \frac{2.20}{2.54}\times66.48 \approx 57.58\text{MPa}<[\sigma_{F2}]$$

则大、小齿轮的弯曲强度均足够。

(4) 齿轮传动的几何尺寸。

略。

第五节　斜齿圆柱齿轮传动的强度计算

一、轮齿间的作用力

斜齿圆柱齿轮的
受力分析和强度
计算

图 7-13 所示为斜齿轮轮齿的受力情况，轮齿所受法向力 F_n 可分解为三个互相垂直的分力。

圆周力为

$$F_t = \frac{2T_1}{d_1}$$

径向力为

$$F_r = \frac{F_t \tan \alpha_n}{\cos \beta} \tag{7-18}$$

轴向力为

$$F_a = F_t \tan \beta$$

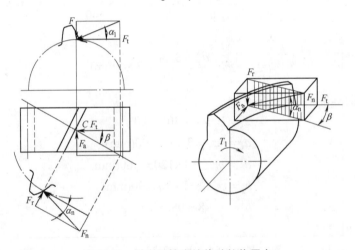

图 7-13　斜齿圆柱齿轮传动的作用力

圆周力和径向力方向的确定与直齿圆柱齿轮相同。轴向力的方向可用主动轮的左、右手定则判断。根据主动轮旋向选择左、右手定则，即：主动轮右旋用右手，左旋用左手。如图 7-14 所示，手握主动轮轴线，四指顺着齿轮回转方向，大拇指指向即为轴向力方向。从动轮上的轴向力方向与主动轮的轴向力方向相反。

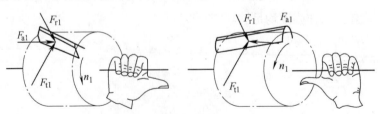

图 7-14　斜齿轮轴向力的判断方法

由于斜齿轮存在轴向力，对轴承工作不利。轴向力的大小与螺旋角 β 有直接关系，一般限制 $\beta = 8° \sim 20°$。

若螺旋角较大，可以采用人字齿轮(见图 7-15)，人字齿轮相当于两个螺旋角相等、方向相反的斜齿轮。人字齿轮能使两侧的轴向力相互抵消，借以改善齿轮的受力情况。人字齿轮多用在重型机械中。

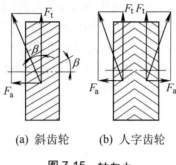

(a) 斜齿轮　　(b) 人字齿轮

图 7-15　轴向力

二、强度计算

斜齿圆柱齿轮的失效形式、强度计算准则、强度计算方法与直齿圆柱齿轮相似。第五章介绍过，一对斜齿圆柱齿轮传动相当于一对当量直齿圆柱齿轮传动。因此，斜齿圆柱齿轮轮齿的强度计算也可近似用当量齿轮的强度计算来代替。其基本原理与直齿圆柱齿轮传动相同。

斜齿轮啮合时，重合度较大，同时相啮合的轮齿较多，轮齿的接触线是倾斜的，集中载荷作用点位于齿顶以下，且当量齿轮的分度圆直径也较大。因此，斜齿轮的弯曲强度和接触强度均比直齿轮高。

考虑这些因素，将直齿圆柱齿轮的强度计算公式稍加修正，即可得到斜齿轮的强度计算公式。

1. 斜齿圆柱齿轮接触强度

对于一对钢制标准斜齿圆柱齿轮，其接触强度的校核公式为

$$\sigma_H = 18980\sqrt{\frac{KT_1}{bd_1^2} \cdot \frac{u \pm 1}{u}} \leqslant [\sigma_H] \tag{7-19}$$

钢制标准斜齿圆柱齿轮的接触强度设计公式为

$$d_1 \geqslant 710\sqrt[3]{\frac{KT_1}{\psi_d} \cdot \frac{u \pm 1}{u[\sigma_H]^2}} \tag{7-20}$$

式中符号意义及计算方法同直齿轮。

2. 斜齿圆柱齿轮弯曲强度

一对标准斜齿圆柱齿轮，其弯曲强度的校核公式为

$$\sigma_F = \frac{1560KT_1}{bz_1 m_n^2}Y_F \leqslant [\sigma_F] \tag{7-21}$$

钢制标准斜齿圆柱齿轮弯曲强度的设计公式为

$$m \geqslant 11.6 \sqrt[3]{\frac{KT_1}{\psi_d z_1^2} \cdot \frac{Y_F}{[\sigma_F]}} \qquad (7\text{-}22)$$

式中，Y_F 为齿形系数，根据斜齿轮当量齿数，由表 7-5 选取。其余参数同直齿轮。

例 7-2 设计一对斜齿轮传动，利用例 7-1 的条件，并对两者进行比较。

齿轮材料、许用应力、齿宽系数等条件均与直齿轮相同。

解：(1) 首先根据齿面接触强度，初步确定小齿轮分度圆直径。

利用例 7-1 的结果，按比例关系求得斜齿轮的小齿轮的分度圆直径。

$$d_1 = 710 \times 85.4 \div 770 = 78.5 (\text{mm})$$

(2) 计算法向模数。

初选 $\beta=15°$，$z_1=32$，则

$$m_n = \frac{d_1}{z_1} \cos\beta = \frac{78.45}{32}\cos 15° = 2.37(\text{mm})$$

由表 5-1，查取标准模数 $m_n=2.5\text{mm}$，则

$$z_2 = iz_1 = 4 \times 30 = 120$$

$$d_1 = m_t z_1 = \frac{m_n z_1}{\cos\beta} = \frac{2.5 \times 32}{\cos 15°} = 82.82(\text{mm})$$

$$d_2 = id_1 = 4 \times 82.82 = 331.29(\text{mm})$$

(3) 验算弯曲强度。

由

$$\sigma_F = \frac{1560 KT_1}{bz_1 m_n^2} Y_F \leqslant [\sigma_F]$$

其中，$b = \psi_d d_1 = 1 \times 82.82 = 82.82(\text{mm})$，圆整后，$b$ 取 85mm。

$z_2 = iz_1 = 4 \times 32 = 128$，$m_n =2.5\text{mm}$。

因当量齿数

$$z_v = \frac{z}{\cos^3\beta}$$

则 $z_{v1} = \dfrac{z_1}{\cos^3\beta} = \dfrac{32}{\cos^3 15°} = 35.5$，$z_{v2} = 142$。

由表 7-5 查得，$Y_{F1}=2.46$，$Y_{F2}=2.16$。

其他参数同直齿轮，代入上式

$$\sigma_{F1} = \frac{1560 \times 1.2 \times 265}{85 \times 32 \times 2.5^2} \times 2.46 \approx 71.79\text{MPa} < [\sigma_{F1}]$$

$$\sigma_{F2} = \frac{Y_{F2}}{Y_{F1}} \sigma_{F1} = \frac{2.16}{2.46} \times 71.79\text{MPa} \approx 63.03\text{MPa} < [\sigma_{F2}]$$

则大、小齿轮弯曲强度均足够。

(4) 斜齿轮的几何尺寸计算。

$$d_1 = 82.82 \text{ mm}$$

$$d_2 = 331.29 \text{ mm}$$

$$a = \frac{d_1 + d_2}{2} = \frac{82.82 + 331.29}{2} = 207.05(\text{mm})$$

通过改变螺旋角，将 a 圆整为 205mm。

$$\beta = \arccos\frac{m_n(z_1+z_2)}{2a} = \arccos\frac{2.5(32+128)}{2\times205} = 12°40'48''$$

$$d_1 = \frac{z_1 m_n}{\cos\beta} = \frac{2.5\times32}{\cos12°40'48''} = 82(\text{mm})$$

$$d_2 = \frac{2.5\times128}{\cos12°40'48''} = 328(\text{mm})$$

现将斜齿轮和直齿轮的主要参数进行比较，如表7-7所列。

表 7-7　斜齿轮和直齿轮几何参数比较

种　类	m	z_1	z_2	d_1/mm	d_2/mm	α/mm
直齿轮	3	30	120	90	360	225
斜齿轮	2.5 (法向)	32	128	82	328	205

由表 7-7 可以看出，在载荷不变、齿轮材料不变的情况下，斜齿轮的中心距比直齿轮的减小了 20mm，可见斜齿轮的结构更加紧凑了。斜齿轮的标准模数减小，不仅未影响轮齿的弯曲强度，反而使参数更加合理。在软齿面齿轮的强度计算中，将齿数取得大些，模数适当减小，对节约齿轮材料、保证齿轮加工精度均有益处。因而，可选择更小的模数、更大的齿数进行计算，从中选择更合理的参数。

第六节　直齿锥齿轮传动的强度计算

本节介绍仅限于轴交角为 90° 的直齿锥齿轮传动。

一、直齿锥齿轮传动的受力分析

由于直齿锥齿轮大、小端的齿形不同，轮齿的强度也不同，大端轮齿的强度高，小端轮齿的强度低，故强度计算应以齿宽中点处平均分度圆作为计算依据。轮齿的作用力分析也在齿宽中点平均分度圆上进行。如图 7-16 所示，不计齿面间的摩擦力，F_n 可正交分解为三个分力，即圆周力、径向力和轴向力。

其他齿轮传动的受力分析和强度计算

$$F_t = \frac{2000T_1}{d_{m1}} = \frac{2000T_1}{d_1\left(1-0.5\dfrac{b}{R}\right)}$$

$$F_r = F_t\tan\alpha\cos\delta \tag{7-23}$$

$$F_a = F_t\tan\alpha\sin\delta$$

式中，d_{m1} 为小齿轮齿宽中点处分度圆直径。

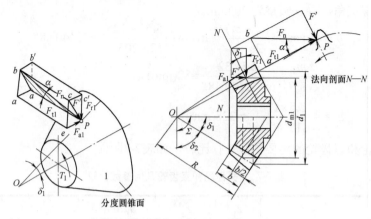

图 7-16　直齿锥齿轮轮齿受力分析

圆周力、径向力的方向判断同圆柱齿轮；轴向力的方向从作用点指向各自大端。

由于轴交角为 90°，故有

$$\begin{cases} F_{r1} = -F_{a2} \\ F_{a1} = -F_{r2} \\ F_{t1} = -F_{t2} \end{cases}$$ (7-24)

二、强度计算

可以近似认为一对直齿锥齿轮传动和位于齿宽中点的一对当量直齿圆柱齿轮传动的强度相等。由此可得轴交角为 90° 的一对直齿锥齿轮的强度公式如下。

1. 齿面接触强度计算公式

校核公式为

$$\sigma_H = 121 Z_E \sqrt{\frac{KT_1}{bd_1^2(1-0.5\psi_R)^2} \frac{u^2+1}{u}} \leqslant [\sigma_H]$$ (7-25)

设计公式为

$$d_1 \geqslant \sqrt[3]{\left[\frac{171 Z_E}{[\sigma_H](1-0.5\psi_R)^2} \right]^2 \frac{KT_1}{\psi_R u}}$$ (7-26)

2. 齿根弯曲强度计算公式

校核公式为

$$\sigma_F = \frac{2360 K T_1 Y_F}{bm^2 z_1 (1-0.5\psi_R)} \leqslant [\sigma_F]$$ (7-27)

设计公式为

$$m \geqslant 16.8 \sqrt[3]{\frac{KT_1 Y_F}{\psi_R [\sigma_F] z_1^2 (1-0.5\psi_R)^2 \sqrt{u^2+1}}}$$ (7-28)

式中，Y_F 为齿形系数，按当量齿数查表7-5选取。

其余参数及算法与直齿圆柱齿轮强度计算相同。

第七节 蜗杆传动的强度计算

一、蜗杆传动的失效形式、设计准则及常用材料

1. 蜗杆传动失效形式

蜗杆传动的失效形式与齿轮基本相同，但是由于蜗杆传动齿面间滑动速度较大，效率低，发热量大，因此，它的主要失效形式为胶合、点蚀和磨损。在闭式传动中，如果散热不及时，则胶合常为主要失效形式，如蜗轮是由抗胶合能力较强的青铜制成，则主要失效形式为疲劳点蚀。在开式传动中或润滑、密封不良的情况下，易出现轮齿的磨损。

由于蜗轮材料的强度一般比蜗杆低，所以失效总是先发生在蜗轮上，故强度计算只计算蜗轮。

2. 强度计算准则

因目前对胶合和磨损尚无成熟的计算方法，而接触应力的大小影响齿面的胶合和磨损，所以，对闭式蜗杆传动，按齿面接触疲劳强度要求进行设计计算，然后校核轮齿的弯曲疲劳强度，并作热平衡计算；对开式蜗杆传动，则由弯曲疲劳强度决定传动尺寸。

3. 常用材料

由于蜗杆传动有较大的滑动速度，所以要求蜗杆机构材料不仅有一定的强度，而且要有良好的减摩性、耐磨性和抗胶合能力。

蜗杆常用材料为碳钢或合金钢，并使表面有较高的硬度和较低的表面粗糙度。高速重载蜗杆常用 20Cr、20CrMnTi、18CrMnTi 等，经渗碳淬火使硬度达到 $58\sim63$HRC，或用 40Cr、40CrNi、38SiMnMo 等，表面淬火，使硬度达到 $50\sim55$HRC。对一般传动的蜗杆可用 45 钢、40 钢，经调质处理后，硬度可达到 $220\sim250$HBW。低速手动蜗杆可用价廉的灰铸铁 HT200 或 HT250。

蜗轮材料常用青铜或灰铸铁。对滑动速度较高的重要传动，可用耐磨性好、抗胶合能力强的铸锡磷青铜 ZQSn10-1 和锡锌铅青铜 ZQSn6-6-3，但价格较高。对滑动速度不高的蜗轮，常用价格便宜、强度和铸造性能好的铝铁青铜 ZQA19-4，但抗胶合能力较差。对低速蜗轮可用灰铸铁。

二、蜗杆传动的受力分析

蜗杆传动的受力分析类似于斜齿圆柱齿轮，如图 7-17(a)所示，作用在轮齿节点处的法向力 F_n 分解为三个相互垂直的分力，即圆周力、径向力和轴向力。

$$\begin{cases} F_{t1} = -F_{a2} = \dfrac{2T_1}{d_1} \\[2mm] F_{r1} = -F_{r2} = F_{t2}\tan\alpha \\[2mm] F_{a1} = -F_{t2} = \dfrac{2T_2}{d_2} \end{cases} \tag{7-29}$$

式中，T_1、T_2 分别为作用在蜗杆和蜗轮上的扭矩(N·m)；d_1、d_2 分别为蜗杆、蜗轮分度圆直径(mm)；α 为主平面上分度圆的压力角，$\alpha=20°$。

各力方向确定方法与斜齿轮相似，判断如下。

圆周力 F_t：蜗杆圆周力方向与节点速度方向相反；蜗轮圆周力方向与节点速度方向相同。

径向力 F_r：由啮合点指向各自轮心。

轴向力 F_a：蜗杆轴向力方向按左、右手定则判别，即左旋蜗杆用左手，右旋蜗杆用右手。四指代表转向，拇指指向为轴向力方向，如图 7-17(b)所示。

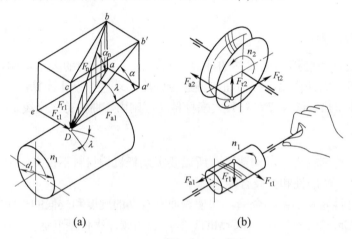

(a)　　　　　　　　　(b)

图 7-17　蜗杆传动的受力分析

蜗轮的轴向力方向与蜗杆的圆周力方向相反，$F_{a2} = -F_{t1}$。

三、蜗杆传动强度计算

如前所述，蜗杆传动的强度计算是对蜗轮轮齿进行齿面接触强度和齿根弯曲强度计算。由于蜗轮轮齿形状比较复杂，精确计算比较困难，通常按斜齿圆柱齿轮传动作近似计算。本书仅给出推导结果。

1. 钢制蜗杆与青铜蜗轮或铸铁蜗轮啮合时的蜗轮齿面接触强度

校核公式为

$$\sigma_H = 500\sqrt{\dfrac{KT_2}{m^3 q z_2{}^2}} \leqslant [\sigma_H] \tag{7-30}$$

设计公式为

$$m\sqrt[3]{q} \geqslant \sqrt[3]{\left(\frac{500}{z_2[\sigma_H]}\right)^2 KT_2} \tag{7-31}$$

式中，K 为载荷系数，考虑载荷集中和动载荷的影响，可取 $K \approx 1.1 \sim 1.3$；T_2 为蜗轮轴扭矩($N \cdot mm$)；m 为蜗轮端面模数(mm)；q 为蜗杆直径系数；z_2 为蜗轮齿数；$[\sigma_H]$ 为齿面许用接触应力(MPa)，由表7-8及表7-9查取。

表7-8　锡青铜蜗轮的许用接触应力

(MPa)

蜗轮材料	铸造方法	适用的滑动速度 v_s/(m/s)	蜗杆齿面硬度	
			不大于 350 HBW	大于 45 HRC
ZQSn10-1	砂型	≤12	180	200
	金属型	≤25	200	220
ZQSn6-6-3	砂型	≤10	110	125
	金属型	≤12	135	150

表7-9　铝铁青铜及铸铁蜗轮的许用接触应力$[\sigma_H]$

(MPa)

蜗轮材料	蜗杆材料	滑动速度 v_s/(m/s)						
		0.5	1	2	3	4	6	8
ZQA19-4	淬火钢	250	230	210	180	160	120	90
HT150，HT200	渗碳钢	130	115	90				
HT150	调质钢	110	90	70				

注：蜗杆未经淬火时，需将表中数值降低 20%。

2. 蜗轮齿根弯曲强度

校核公式为

$$\sigma_F = \frac{2KT_2 Y_F}{qm^2 z_2 \cos\lambda} \leqslant [\sigma_F] \tag{7-32}$$

设计公式为

$$m\sqrt[3]{q} \geqslant \sqrt[3]{\frac{2KT_2 Y_F}{z_2[\sigma_F]}} \tag{7-33}$$

式中，Y_F 为蜗轮齿形系数，查表 7-10 选取；$[\sigma_F]$为蜗轮轮齿的许用弯曲应力(MPa)，查表 7-11 选取。

表7-10　蜗轮的齿形系数 Y_F

z	26	28	30	32	35	40	45	50
Y_F	2.51	2.48	2.44	2.41	2.36	2.32	2.27	2.24
z	60	70	80	90	100	150	200	300
Y_F	2.20	2.17	2.14	2.12	2.10	2.07	2.04	2.04

表 7-11　蜗轮轮齿的许用弯曲应力$[\sigma_F]$

(MPa)

蜗轮材料	铸造方法	单向传动	双向传动
ZQSn10-1	砂型	40	29
ZQSn10-1	金属型	58	42
ZQSn6-6-3	金属型	55	40
ZQSn6-6-3	砂型	30	22
ZQA19-4	砂型	78	64
HT150	砂型	38	24
HT200	砂型	48	30

四、蜗杆传动热平衡计算

蜗杆传动由于相对滑动速度大、效率低，因而工作时发热量大，如果产生的热量不及时散发出去，会引起箱体内油温不断升高，润滑失效，导致轮齿磨损加剧，甚至出现胶合。所以，蜗杆传动必须进行热平衡计算，以保证油温在规定范围内。

当蜗杆传动的发热量与散热量达到平衡时，箱体内润滑油的油温 t_1 为

$$t_1 = t_0 + \frac{1000P_1(1-\eta)}{k_t A} \tag{7-34}$$

式中，P_1 为蜗杆传递的功率(kW)；k_t 为散热系数，根据箱体周围通风条件，一般取 10～17，周围空气流通良好时，可取较大值；η 为传动效率；A 为散热面积，指箱体外壁与空气接触而内壁被油飞溅到的箱壳面积，对于箱体上的散热片，其散热面积按 50% 计算。

为了使蜗杆传动正常工作，要求 $t_1 \leqslant 75 \sim 90\,^{\circ}\mathrm{C}$。

如果超过温度允许值，可采用下列冷却措施。

1. 增加散热面积

合理设计箱体结构，铸出或焊上散热片。

2. 提高散热系数

在蜗杆轴上，安装风扇[见图 7-18(a)]；或在箱体池内装设蛇形冷却水管[见图 7-18(b)]；或用循环油冷却[见图 7-18(c)]。

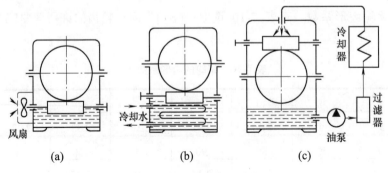

图 7-18　蜗杆减速器的冷却方法

第八节 齿轮的结构与润滑

一、齿轮的结构

齿轮一般由轮缘、轮辐和轮毂三部分组成。这些部分的形状和尺寸通常根据制造工艺和经验公式确定。

按毛坯制造方法的不同，齿轮结构可分为锻造齿轮、铸造齿轮和镶圈齿轮等类型。

1. 锻造齿轮

直径小的钢制齿轮，若齿根圆直径与轴的直径接近，如图 7-19 所示，当齿根圆到键槽底部的距离 $e \leqslant 2.5m(m$ 为模数)时，应将齿轮与轴做成一体，称为齿轮轴(见图 7-20)。蜗杆大多数也和轴做成一体，称为蜗杆轴，如图 7-21 所示。

当齿轮直径较大时，应与轴分开制造，对于齿顶圆直径 $d_a \leqslant 200mm$ 的齿轮，可做成如图 7-22 所示的实心式齿轮结构。当齿轮直径 $200mm < d_a \leqslant 500mm$ 时，为了减轻重量和节约材料，常采用腹板式结构(见图 7-23)。

$200mm < d_a \leqslant 500mm$ ，$D_3 = 1.6D_4$ ；$D_1 \approx (D_0 + D_3)/2$ ；$D_2 \approx (0.25 \sim 0.35)(D_0 - D_3)$ ；$n_1 \approx 0.5m_n$ ；$r \approx 5mm$ 。

圆柱齿轮：$D_0 \approx d_a - (10 \sim 14)m_n$ ；$C = (0.2 \sim 0.3)B$ 。

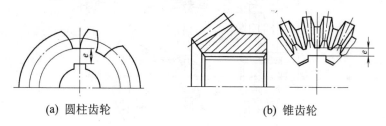

(a) 圆柱齿轮　　　　　　　　　　(b) 锥齿轮

图 7-19　齿轮结构尺寸 e

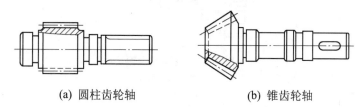

(a) 圆柱齿轮轴　　　　　　　　　(b) 锥齿轮轴

图 7-20　齿轮轴

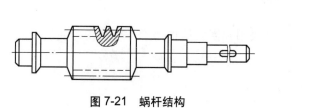

图 7-21　蜗杆结构

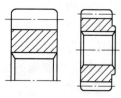

图 7-22　实心齿轮

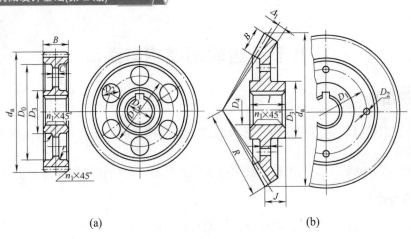

(a)   (b)

图 7-23   腹板式结构齿轮

锥齿轮：$C = (3 \sim 4) m$；尺寸 J 由结构设计而定；$\Delta_1 = (0.1 \sim 0.2) B$。

常用齿轮的 C 值不应小于 10mm，航空齿轮可取 $C = 3 \sim 6$mm。

2. 铸造齿轮

若齿轮直径 $d_a > 500$mm，应改用铸造齿轮。一般制成轮辐式或腹板式结构(见图7-24)。

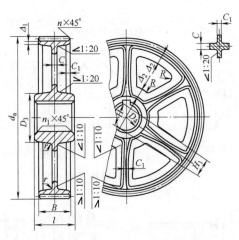

图 7-24   轮辐式齿轮

3. 镶圈齿轮

当齿轮的直径很大，$d_a > 600$mm，为了节约贵重钢材，可制成如图 7-25 所示的镶圈结构。将锻造或轧制的环形钢轮缘用过盈配合(热套或冷压)套装在铸铁或铸钢轮芯上，并在配合面上加装 3 $\sim$ 6 个骑缝螺钉。

对青铜蜗轮，为了节约有色金属，也采用镶圈式结构(见图 7-26)在铸铁制成的轮芯上镶套、安装或加铸青铜制成的齿圈。

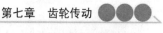

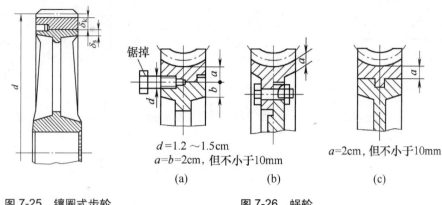

$d=1.2\sim1.5$cm
$a=b=2$cm，但不小于10mm

(a)　　　　　　　　(b)

$a=2$cm，但不小于10mm

(c)

图 7-25　镶圈式齿轮　　　　　　图 7-26　蜗轮

二、齿轮的效率及润滑

齿轮在传动时，相啮合的齿面间有相对滑动，出现摩擦和磨损，增加了动力消耗，降低传动效率。齿轮传动的总效率包括三部分的功率损失，即轮齿啮合的摩擦损耗、轴承摩擦损耗及搅油损耗。常用齿轮传动效率如表 7-12 所列。

表 7-12　常用齿轮传动效率

传动装置	闭式传动			开式传动
	6、7 级精度	8 级精度	9 级精度	
圆柱齿轮	0.98～0.99	0.97	0.96	0.94～0.96
圆锥齿轮	0.97～0.98	0.94～0.97	—	0.92～0.95

在轮齿啮合面间加注润滑剂，可以防止金属直接接触，减少摩擦损耗，还能散热以及防止锈蚀。因此，对齿轮传动进行适当的润滑，可以很大程度上改善轮齿的工作状况，维持齿轮运转正常和预期寿命。

开式齿轮传动通常采用人工定期加油润滑，可采用润滑油或润滑脂。一般闭式齿轮传动的润滑方式根据齿轮的圆周速度 v 的大小而定。当 $v<12$m/s 时，多采用油池润滑(见图 7-27)，大齿轮浸入油池一定深度，齿轮运转时，将润滑油带到啮合区，同时甩到箱壁上，借以散热。当 v 较大时，浸入深度约为一个齿高；当 v 较小时，可达到齿轮半径的 1/6。

在多级齿轮传动中，当几个大齿轮的直径不相等时，可以采用惰轮油池润滑(见图 7-28)。当 $v>12$m/s 时，不宜采用油池润滑，因为：①圆周速度过高，齿轮上的油大多被甩出去而达不到啮合区；②搅油过于激烈，使油温升高，降低其润滑性能；③会搅起箱底沉淀的杂质，加速齿轮的磨损。故此时最好采用喷油润滑(见图 7-29)，用油泵将润滑油直接喷到啮合区。

滑动速度 $v_s<5\sim10$m/s 的蜗杆传动用油池浸油润滑。为减小搅油损失，下置式蜗杆不宜浸油过深。蜗杆线速度 $v>4$m/s 时，常将蜗杆置于蜗轮之上，形成上置式传动，由蜗轮带油润滑。若 $v_s\geqslant10\sim15$m/s，则应采用压力喷油润滑。

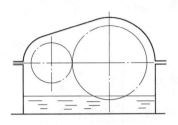

图 7-27　油池润滑

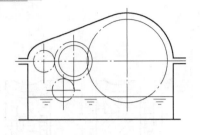

图 7-28　采用惰轮油池润滑

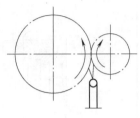

图 7-29　喷油润滑

本 章 小 结

齿轮传动是最重要的机械传动之一。本章主要介绍了最常用的渐开线齿轮传动的设计内容和设计步骤，并以传动失效形式、材料选择、受力分析、直齿圆柱齿轮传动的接触疲劳强度和弯曲疲劳强度计算为本章重点内容。对于强度计算公式，应了解各参数和系数的含义等，并能正确选择主要参数和使用公式。对斜齿圆柱齿轮传动、直齿圆锥齿轮传动和蜗杆传动，主要应掌握受力分析。

复习思考题

知识拓展　习题讲解

一、单项选择题

1. 开式齿轮传动的主要失效形式是(　　)。

　　A. 齿面胶合　　　　　　　　　B. 齿面疲劳点蚀

　　C. 齿面磨损或轮齿疲劳折断　　　D. 轮齿塑性变形

2. 低速重载齿轮传动，当润滑不良时，最可能出现的失效形式是(　　)。

　　A. 齿面胶合　　　　　B. 齿面疲劳点蚀　　　　　C. 齿面磨损

3. 对于开式齿轮传动，在工程设计中，一般(　　)。

　　A. 按接触强度设计齿轮尺寸，再校核弯曲强度

　　B. 按弯曲强度设计齿轮尺寸，再校核接触强度

　　C. 只需按齿根弯曲疲劳强度设计，再将模数加大 10%～20%

　　D. 只需按接触强度设计

4. 对于齿面硬度不大于 350HBS 的闭式钢制齿轮传动，其主要失效形式为(　　)。

　　A. 轮齿疲劳折断　　　　　　　　B. 齿面磨损

　　C. 齿面疲劳点蚀　　　　　　　　D. 齿面胶合

二、简答题

1. 齿轮传动的主要失效形式有哪些？闭式传动和开式传动的失效形式有哪些不同？

2. 齿轮传动的设计准则是什么？

三、综合题

1. 图 7-30 所示为蜗杆传动和直齿锥齿轮传动组合，已知输出轴上的锥齿轮 z_4 的转向。

(1) 确定蜗杆的螺旋线方向和转向，并能使中间轴Ⅱ上的轴向力抵消一部分。

(2) 在图 7-30 中标出各齿轮轴向力的方向。

2. 某二级斜齿圆柱齿轮传动如图 7-31 所示，齿轮 1 为主动轮，齿轮 3 的螺旋线方向和转动方向如图所示。为了使Ⅱ轴轴承所承受的轴向力抵消一部分，试确定其他各轮的旋向、转向及各轮轴向力 F_{a1}、F_{a2}、F_{a3}、F_{a4} 的方向。

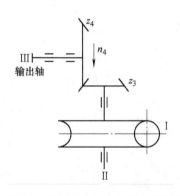

图 7-30　蜗杆传动和直齿锥齿轮传动

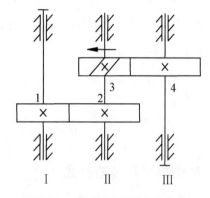

图 7-31　二级斜齿圆柱齿轮传动

第八章 带 传 动

学习要点及目标

(1) 掌握带传动中各力、应力的关系。
(2) 了解并掌握带的弹性滑动和打滑现象。
(3) 掌握带传动的失效形式及设计准则。
(4) 掌握带传动的主要参数选择并了解设计步骤。

核心概念

平带　V带　同步齿形带　带轮　节面　基准直径　弹性滑动　打滑　滑动率

第一节 概　　述

带传动简介

一、带传动的类型和传动形式

带传动一般由主动轮、从动轮和张紧在两轮上的传动带组成。它是靠带和带轮之间的摩擦或啮合，在两轴(或多轴)间传递运动或动力的，如图 8-1 所示。

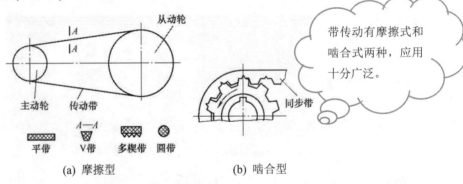

(a) 摩擦型　　　　　　　　(b) 啮合型

图 8-1　带传动的类型

根据传动原理不同，带传动可分为摩擦型和啮合型两大类，其中最常见的是摩擦型带传动。摩擦型带传动根据带的截面形状，分为平带传动、V 带传动、多楔带传动和圆带传动等。

平带传动靠带的环形内表面与带轮外表面压紧产生摩擦力。平带传动结构简单，带的挠性好，带轮容易制造，大多用于传动中心距较大的场合。

V 带传动靠带的两侧面与轮槽侧面压紧产生摩擦力。与平带传动比较，当带对带轮的压力相同时，V 带传动的摩擦力更大，故能传递较大功率，结构也较紧凑，且 V 带无接头，传动较平稳，因此 V 带传动应用最广泛。

多楔带(又称复合 V 带)传动靠多个带和带轮的楔面之间产生的摩擦力工作。它兼有平带和 V 带的优点，适宜于要求结构紧凑且传递功率较大的场合，特别适用于要求 V 带根数较多或带轮轴线垂直于地面的传动。

圆带传动靠带与轮槽压紧产生摩擦力。它适用于低速小功率传动，如缝纫机、磁带盘的传动等。

啮合型带传动仅有同步带一种，靠带内侧的齿与齿形带轮啮合传动。适用于传动比要求准确的中、小功率传动中，如电子计算机、磨床、纺织机械及烟草机械等。

二、带传动的优、缺点

1. 靠摩擦工作的带传动

靠摩擦工作的带传动的优点是：①因带是弹性体，能缓和载荷冲击，运动平稳无噪声；②过载时将引起带在带轮上打滑，因而可防止其他零件损坏；③制造和安装精度不像啮合传动那样严格；④可增加带长以适应中心距较大的工作条件(可达 15m)。其缺点是：①带与带轮的弹性滑动使传动比不准确，效率较低，寿命较短；②传递同样大的圆周力时，外廓尺寸和轴上的压力都比啮合传动大；③不适于高温、易燃等场合。

2. 靠啮合工作的同步带传动

靠啮合工作的同步带传动的优点是：①带与带轮间没有相对滑动，传动效率高，传动比恒定；②传动平稳，噪声小；③传动比和圆周速度的最大值均高于摩擦带传动。其主要缺点是：同步带轮的加工和安装精度要求较高。

三、V 带传动

V 带的横截面为梯形，带的两侧面是工作面。与平带传动相比，在相同的张紧力下，V 带利用楔形增压原理能产生更大的传动力。

如图 8-2 所示，若带对带轮的压紧力均为 F_Q，对于平带传动，带与轮缘表面间的极限摩擦力 $F_f = fF_N = fF_Q$；而对于 V 带，其极限摩擦力为 $F_f = 2fF_N = fF_Q/\sin(\varphi/2)$，令 $f_v = f/\sin(\varphi/2)$，则 $F_f = f_vF_Q$。式中，F_N 为带轮给予带的反力；f 为摩擦系数；f_v 为楔面摩擦的当量摩擦系数。按标准一般取 $\varphi \approx 40°$，则 $F_f' = 3F_f$，因此 V 带传递功率的能力比平带传动大得多。在传递相同的功率时，若采用 V 带传动将得到比较紧凑的结构。

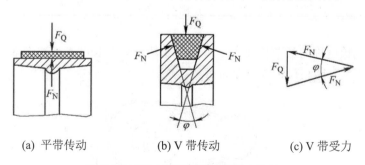

(a) 平带传动　　　　(b) V 带传动　　　　(c) V 带受力

图 8-2　V 带、平带与带轮间受力比较

第二节 V 带和 V 带轮

V 带和 V 带轮

一、V 带的结构和规格

V 带横截面的高与宽之比约为 0.7，楔角为 40°。如图 8-3 所示，V 带的结构由四部分组成：包布层 4 由橡胶帆布制成，起保护作用；伸张层 1 和压缩层 3 分别由橡胶制成，当带弯曲时承受拉伸和弯曲作用；抗拉体 2 是主要承受拉力的部分，按其结构分为帘布结构和线绳结构。帘布结构抗拉强度高，制造方便；线绳结构柔韧性和抗弯强度高，可以在较小的带轮上工作。为了提高拉曳能力，近年来开始使用尼龙丝绳和钢丝绳。

如图 8-4 所示，当 V 带垂直其底边弯曲时，在带中保持原长度不变的任意一条周线称为节线，全部由节线构成的面称为节面。带的节面宽度称为节宽(b_p)，节宽在带垂直其底边弯曲时保持不变。

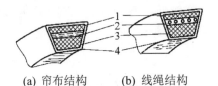

(a) 帘布结构　　(b) 线绳结构

图 8-3　V 带结构

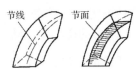

图 8-4　V 带的节线和节面

V 带是标准件，普通 V 带有 Y、Z、A、B、C、D、E 七种型号，各型号的截面尺寸如表 8-1 所列。

表 8-1　普通 V 带的型号和剖面尺寸

(mm)

型号	Y	Z	A	B	C	D	E
节宽 b_p	5.3	8.5	11	14	19	27	32
顶宽 b	6	10	13	17	22	32	38
高度 h	4.0	6.0	8.0	11	14	19	23
楔角 φ	40°						

在 V 带轮上，与所配用的 V 带节宽 b_p 相对应的带轮直径称为基准直径 d_d(简称为带轮直径)。

V 带的节线长度称为基准长度 L_d，如图 8-5 所示，其长度系列如表 8-2 所列。通常将带的型号及基准长度印制在带的外表面上。

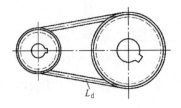

图 8-5　带的基准长度

表 8-2　普通 V 带的基准长度 L_d 及长度修正系数 K_L

基准长度 L_d/mm	带长修正系数 K_L							基准长度 L_d/mm	带长修正系数 K_L						
	Y	Z	A	B	C	D	E		Y	Z	A	B	C	D	E
200	0.81							560		0.94					
224	0.82							630		0.96	0.81				
250	0.84							710		0.99	0.83				
280	0.87							800		1.00	0.85				
315	0.89							900		1.03	0.87	0.82			
355	0.92							1000		1.06	0.89	0.84			
400	0.96	0.87						1120		1.08	0.91	0.86			
450	1.00	0.89						1250		1.11	0.93	0.88			
500	1.02	0.91						1400		1.14	0.96	0.90			
1600		1.16	0.99	0.92	0.83			5600					1.09	0.98	0.95
1800		1.18	1.01	0.95	0.86			6300					1.12	1.00	0.97
2000			1.03	0.98	0.88			7100					1.15	1.03	1.00
2240			1.06	1.00	0.91			8000					1.18	1.06	1.02
2500			1.09	1.03	0.93			9000					1.21	1.08	1.05
2800			1.11	1.05	0.95	0.83		10000					1.23	1.11	1.07
3150			1.13	1.07	0.97	0.86		11200						1.14	1.10
3550			1.17	1.09	0.99	0.89		12500						1.17	1.12
4000			1.19	1.13	1.02	0.91		14000						1.20	1.15
4500				1.15	1.04	0.93	0.90	16000						1.22	1.18
5000				1.18	1.07	0.96	0.92								

注：① 带长修正系数 K_L 量钢为 1。

② 同种规格的带长有不同的公差，使用时应按配组公差选购。带的基准长度极限偏差和配组公差可查阅机械设计手册。

二、V 带轮

带轮常用 HT150、HT200 等灰铸铁制造。当速度超过 25m/s 时，可采用铸钢或钢板冲压后焊接。小功率时可用铸铝或塑料。

带轮按结构不同分为实心式、腹板式、轮辐式(见图 8-6)。带轮直径较小时，$d_d \leqslant (2.5 \sim 3)d$，$d$ 为轴径，常用实心式结构；$d_d \leqslant 300mm$ 时可采用腹板式结构，当 $d_2-d_1 \geqslant 100mm$ 时，为了便于吊装和减轻质量可在腹板上开孔；而 $d_d > 300mm$ 的大带轮一般采用轮辐式结构。

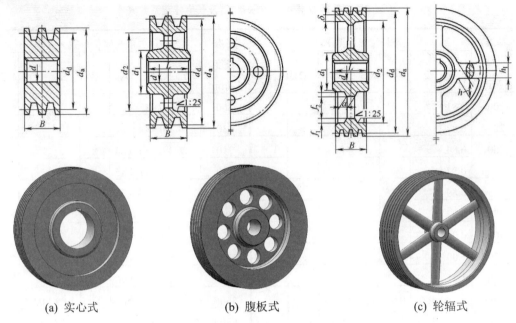

(a) 实心式　　　　　　(b) 腹板式　　　　　　(c) 轮辐式

图 8-6　V 带轮的各部结构尺寸

V 带轮尺寸可查阅机械设计手册。V 带轮宽度 B(mm)为

$$B = (z - 1)e + 2f$$

式中，z 为 V 带根数，e 为槽间距(mm)。

普通 V 带楔角为 40°，带绕过带轮时由于产生横向变形，使得楔角变小。为使带轮的轮槽工作面和 V 带两侧面接触良好，带轮槽角 φ 取 32°、34°、36° 或 38°，带轮直径越小，槽角 φ 取值越小。V 带轮的轮槽尺寸如表 8-3 所示。

带速 $v \leqslant$ 30m/s 的传动带，其带轮一般用铸铁 HT150 制造，重要的也可用 HT200，高速时宜使用钢制带轮，速度可达 45m/s；小功率时可用铸铝或塑料。

带轮工作表面要仔细加工，以免很快把带磨坏。高速带轮还要进行动平衡。

普通 V 带运转一段时间后，会由于永久变形而松弛，导致初拉力下降。为了保证带传动的工作能力，应对带进行重新张紧。带传动常用的张紧方法是调节中心距，如用调节螺钉 1 使装有带轮的电动机沿滑轨 2 移动[见图 8-7(a)]，或用螺杆及调节螺母 1 使电动机绕小轴 2 摆动[见图 8-7(b)]。前者适用于水平或接近水平的布置，后者适用于垂直或接近垂直的布置。若中心距不能调节时，可采用具有张紧轮的传动[见图 8-7(c)]，张紧轮应放置在松边内侧，并尽量靠近大带轮。张紧轮的轮槽尺寸与带轮相同，且直径小于小带轮的直径。

普通 V 带传动的使用和维护应注意以下几个方面：安装时，两轴必须平行，两轮的轮槽要对齐；更换带时，必须将同一传动中的旧带全部更换，不得新旧并用；V 带不宜与酸、碱或油污接触，带传动不宜在有粉尘的环境中工作，工作温度一般应低于 60℃；带传动需加防护罩。

表 8-3 V 带轮的轮槽尺寸

(mm)

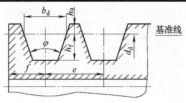

槽型	b_d	h_a /min	h_f /min	e	f /min	d_d 与 d_d 相对应的 φ			
						$\varphi=32°$	$\varphi=34°$	$\varphi=36°$	$\varphi=38°$
Y	5.3	1.6	4.7	8 ± 0.3	6	≤ 60	—	> 60	—
Z	8.5	2	7	12 ± 0.3	7	—	≤ 80	—	> 80
A	11	2.75	8.7	15 ± 0.3	9	—	≤ 118	—	> 118
B	14	3.50	10.8	19 ± 0.4	11.5	—	≤ 190	—	> 190
C	19	4.8	14.3	25.5 ± 0.5	16	—	≤ 315	—	> 315
D	27	8.1	19.9	37 ± 0.6	23	—	—	≤ 475	> 475
E	32	9.6	23.4	44.5 ± 0.7	28	—	—	≤ 600	> 600

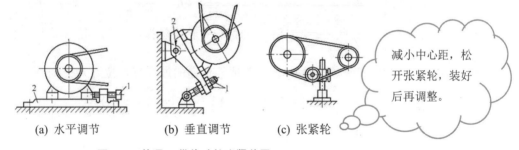

(a) 水平调节　　　(b) 垂直调节　　(c) 张紧轮

减小中心距，松开张紧轮，装好后再调整。

图 8-7 普通 V 带传动的张紧装置

第三节　带传动的工作情况分析

带传动的工作
情况分析

一、带传动的受力分析

1. 带传动的有效拉力

传动带以一定的张紧力套在两带轮上。静止时，带在带轮两边的拉力相等，均为初拉力 F_0，如图 8-8(a)所示。工作时，如图 8-8(b)所示，带与带轮之间产生摩擦力 F_f，进入主动轮一边的带被进一步拉紧，称为紧边，拉力由 F_0 增大到 F_1；进入从动轮一边的带则相应被放松，称为松边，拉力由 F_0 减小到 F_2。紧边拉力 F_1 和松边拉力 F_2 之差称为有效拉力 F，此力也等于带和带轮整个接触面上的摩擦力的总和 $\sum F_f$，即

$$F = F_1 - F_2 = \sum F_f \tag{8-1}$$

若带的总长不变，紧边拉力的增量应等于松边拉力的减量，即

$$F_1 - F_0 = F_0 - F_2$$

所以

$$F_1 + F_2 = 2F_0 \tag{8-2}$$

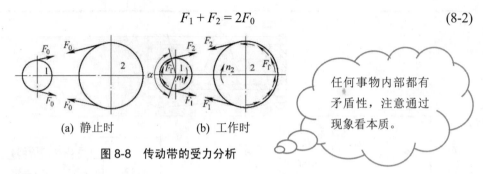

(a) 静止时　　　(b) 工作时

图8-8　传动带的受力分析

带传动传递的功率 P(kW)可表示为

$$P = \frac{Fv}{1000} \tag{8-3}$$

式中，F 为有效拉力(N)；v 为带速(m/s)。

由式(8-3)可知，当传递的功率增大时，有效拉力 F 也要相应地增大，即要求带和带轮接触面上有更大的摩擦力来维持传动。但是，当其他条件不变且张紧力 F_0 一定时，带传动的摩擦力存在一极限值，就是带所能传递的最大有效拉力 $F_{\max}$。当带传动的有效拉力超过这个极限值时，带就在带轮上打滑。即将打滑时由欧拉公式得出 F_1 和 F_2 有下列关系，即

$$\frac{F_1}{F_2} = \mathrm{e}f_\alpha \tag{8-4}$$

式中，e 为自然对数的底，$\mathrm{e}=2.718$；α 为带与带轮接触弧所对的中心角，称为包角(rad)；f 为带与带轮间的摩擦系数。

式(8-1)与式(8-4)联立解方程，得出带所能传递的最大有效拉力 $F_{\max}$ 为

$$F_{\max} = F_1 - F_2 = F_1\left(1 - \frac{1}{\mathrm{e}^{f\alpha}}\right) = F_2(\mathrm{e}^{f\alpha} - 1) \tag{8-5}$$

将式(8-5)代入式(8-2)可得

$$F_{\max} = 2F_0\frac{\mathrm{e}^{f\alpha} - 1}{\mathrm{e}^{f\alpha} + 1} = 2F_0\left(1 - \frac{2}{\mathrm{e}^{f\alpha} + 1}\right) \tag{8-6}$$

由式(8-6)可知，带传动的最大有效拉力与初拉力、包角及摩擦系数有关，且与 F_0 成正比。若 F_0 过大，将使带的工作寿命缩短。

2. 离心拉力

当带在带轮上做圆周运动时，将产生离心力。虽然离心力只产生在带做圆周运动的部分，但由此产生的离心拉力 F_c 却作用在带的全长上。离心拉力使带压在带轮上的力减小，降低带传动的工作能力。离心拉力 F_c(N)的大小为

$$F_c = qv^2 \tag{8-7}$$

式中，q 为传动带每米长的质量(kg/m)，如表8-4所列；v 为带速(m/s)。

二、带传动的应力分析

带在工作时，带中应力由三部分组成。

1. 由紧边和松边的拉力产生的拉应力

紧边拉应力为

$$\sigma_1 = \frac{F_1}{A}$$

松边拉应力为

$$\sigma_2 = \frac{F_2}{A}$$

式中，A 为带的横截面积(mm^2)。

2. 由离心拉力产生的拉应力

$$\sigma_c = \frac{F_c}{A} = \frac{qv^2}{A}$$

3. 弯曲应力

带绕过带轮时将产生弯曲应力，弯曲应力只产生在带绕过带轮的部分，假设带是弹性体，由材料力学知弯曲应力为

$$\sigma_b = \frac{2Ey}{d_d}$$

式中，E 为带材料的弹性模量(MPa)；y 为带的最外层到节面(中性层)的距离(mm)，一般常用 $h/2$ 近似代替 y；d_d 为带轮基准直径(mm)。

显然，带在小轮上的弯曲应力较大，所以对每种型号的 V 带都限定了相应的最小带轮基准直径 d_{dmin}(见表 8-4)。

表 8-4　V 带每米长的质量及带轮最小基准直径

V 带型号	Y	Z	A	B	C	D	E
q/(kg/m)	0.02	0.06	0.10	0.17	0.30	0.62	0.90
d_{dmin}/mm	20	50	70	125	200	355	500

把上述三种应力叠加，即得到带在传动过程中，处于各个位置时所受的应力情况，如图 8-9 所示。由图可知，带截面上所受的应力随着带的运转而变化，带的最大应力发生在紧边开始绕上小带轮处的横截面上，其应力值为

$$\sigma_{max} = \sigma_1 + \sigma_c + \sigma_{b1}$$

由于交变应力的作用，当应力循环次数超过一定数值后将引起带的疲劳破坏。

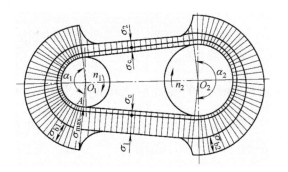

图 8-9　带传动的应力分析

三、带的弹性滑动、打滑和传动比

1. 弹性滑动和打滑

由于带是弹性体,受力不同时,带的变形量也不相同。如图 8-10 所示,在主动轮上,当带从紧边 b 点转到松边 c 点时,拉力由 F_1 逐渐降至 F_2,带因弹性变形渐小而回缩,带的运动滞后于带轮。也就是说,带与带轮之间产生了相对滑动。这种现象也同样发生在从动轮上,从动轮上带的运动超前于带轮。这种由于带的弹性变形而引起的带与带轮之间的滑动,称为弹性滑动。

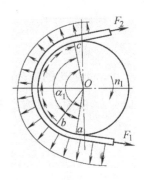

弹性滑动将引起下列后果:①从动轮的圆周速度低于主动轮的圆周速度;②降低了传动效率;③引起带的磨损;④使带的温度升高。

图 8-10 带的弹性滑动

当传递的有效拉力大于极限摩擦力时,带与带轮间将发生全面滑动,这种滑动称为打滑。打滑将造成带的严重磨损并使从动轮转速急剧降低,致使传动失效。带在大轮上的包角一般大于在小轮上的包角,所以打滑总是先从小轮上开始。

带的弹性滑动和打滑是两个完全不同的概念,打滑是因为过载引起的,因此打滑可以避免。而弹性滑动是由于带的弹性和拉力差引起的,是传动中不可避免的现象。

2. 传动比

由弹性滑动引起从动轮圆周速度的相对降低率称为滑动率,用 ε 表示,则

$$\varepsilon = \frac{v_1 - v_2}{v_1} = 1 - \frac{n_2 d_{d2}}{n_1 d_{d1}}$$

传动比为

$$i = \frac{n_1}{n_2} = \frac{d_{d2}}{d_{d1}(1-\varepsilon)} \tag{8-8}$$

从动轮转速为

$$n_2 = (1-\varepsilon) n_1 \frac{d_{d1}}{d_{d2}} \tag{8-9}$$

带传动的滑动率 ε 通常为 0.01~0.02,在一般计算中可忽略不计。

> 失效形式和设计准则要牢记,工作才能不马虎。

四、带传动的失效形式和设计准则

带传动的主要失效形式是打滑和带的疲劳破坏(脱层、撕裂)。因此,带传动的设计准则是:在保证不打滑的条件下,具有一定的疲劳寿命,即满足以下强度条件

$$\sigma_{max} = \sigma_1 + \sigma_c + \sigma_{b1} \leqslant [\sigma] \quad \text{或} \quad \sigma_1 \leqslant [\sigma] - \sigma_c - \sigma_{b1} \tag{8-10}$$

式中,$[\sigma]$ 为带的许用拉应力(MPa),其值是特定条件下由实验确定的。

将由式(8-5)得到的带在不打滑时的最大有效圆周力 F_{max} 代入式(8-3),并以 $F_1 = \sigma A$ 和式(8-10)进行置换,便可得到带既不打滑且具有足够疲劳强度时所能传递的功率 $P(kW)$ 为

$$P = \frac{([\sigma] - \sigma_c - \sigma_{b1})\left(1 - \dfrac{1}{e^{f\alpha}}\right)Av}{1000} \tag{8-11}$$

式(8-11)为计算各种摩擦带所能传递功率的基本公式。

第四节　V带传动的设计计算

V带传动的
设计计算

设计 V 带传动，通常应已知传动用途、工作条件、传递功率、带轮转速（或传动比）及外廓尺寸要求等。设计的主要内容有 V 带的型号、长度和根数、中心距、带轮的基准直径、材料、结构以及作用在轴上的压力等。

设计计算的一般步骤如下。

1. 确定设计功率 P_d

根据传递的名义功率，考虑载荷性质和每天运行时间等因素来确定，即

$$P_d = K_A P \tag{8-12}$$

式中，K_A 为工况系数，查表 8-5；P 为 V 带传递的名义功率(kW)。

2. 初选带的型号

根据计算功率 P_d 和小带轮转速 n_1，由图 8-11 所示普通 V 带选型图初选带的型号。选带的型号在两种型号交界线附近时，可以对两种型号同时进行计算，最后择优选定。

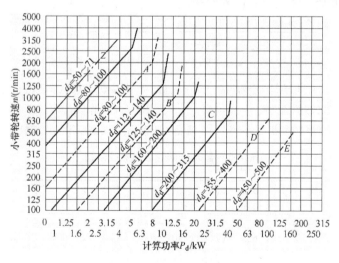

图 8-11　普通 V 带选型图

3. 确定带轮的基准直径 d_{d1} 和 d_{d2}、验算带速 v

(1) 选择带轮的基准直径。d_{d1} 小，则带传动外廓空间小，但 d_{d1} 过小，则弯曲应力 σ_{b1} 过大。所以，应使 $d_{d1} \geqslant d_{dmin}$，查表 8-4 后按表 8-6 取标准值。从动轮基准直径 d_{d2} 可根据式 $d_{d2} = i d_{d1}$ 计算，并圆整为相近标准值。

(2) 验算带速。带速过高则离心力大，从而降低传动能力；带速太低，由 $P = Fv/1000$

可知，要求有效圆周力 F 就越大，使带的根数过多。带速一般应在 5～25m/s 之内选取；否则应调整小带轮的直径或转速。其计算公式为

$$v = \frac{\pi d_{d1} n_1}{60 \times 1000} \tag{8-13}$$

表8-5 工况系数 K_A

工况		K_A					
		空、轻载起动			重载起动		
		每天工作时间/h					
		<10	10～16	>16	<10	10～16	>16
载荷变动最小	液体搅拌机、通风机和鼓风机(≤7.5kW)、离心式水泵和压缩机、轻负荷输送机	1.0	1.1	1.2	1.1	1.2	1.3
载荷变动小	带式输送机(不均匀负荷)、通风机(>7.5kW)、旋转式水泵和压缩机(非离心式)、发电机、金属切削机床、印刷机、旋转筛、锯木机和木工机械	1.1	1.2	1.3	1.2	1.3	1.4
载荷变动较大	制砖机、斗式提升机、往复式水泵和压缩机、起重机、磨粉机、冲剪机床、橡胶机械、振动筛、纺织机械、重载输送机	1.2	1.3	1.4	1.4	1.5	1.6
载荷变动很大	破碎机(旋转式、颚式等)、磨碎机(球磨、棒磨、管磨)	1.3	1.4	1.5	1.5	1.6	1.8

注：① 空、轻载起动——电动机(交流起动、三角起动、直流并励)、四缸以上的内燃机、装有离心式离合器、液力联轴器的动力机。

② 重载起动——电动机(联机交流起动、直流复励或串励)、四缸以下的内燃机。

表8-6 普通 V 带轮基准直径系列

(mm)

带型		Y	Z	A	B	C	D	E
推荐直径		≥28	≥71	≥100	≥140	≥200	≥355	≥500
常用 V 带轮直径系列	Z	50，56，63，71，80，90，100，112，125，140，150，160，180，200，224，250，280，315，355，400，500						
	A	75，80，90，100，112，125，140，150，160，180，200，224，250，280，315，355，400，450，500，560						
	B	125，140，150，160，180，200，224，250，280，315，355，400，450，500，560，630，710，800						
	C	200，210，224，236，250，280，300，355，400，450，500，560，600，630，710，750，800，900，1000						

4. 确定中心距 a 和基准长度 L_d

(1) 初定中心距 a_0。带传动的中心距不宜过大，否则将由于载荷变化引起带的抖动，使机构工作不稳定且结构不紧凑；中心距过小，在一定带速下，单位时间内带绕过带轮的次数增多，带的应力循环次数增加，会加速带的疲劳损坏。一般根据传动需要，可按式(8-14)初定中心距，即

$$0.7(d_{d1} + d_{d2}) \leqslant a_0 \leqslant 2(d_{d1} + d_{d2}) \tag{8-14}$$

(2) 确定带的基准长度 L_d。由初选的中心距 a_0 及大、小带轮基准直径 d_{d1}、d_{d2}，根据带传动的几何关系，按式(8-15)近似计算带的基准长度 L_{d0}，即

$$L_{d0} \approx 2a_0 + \frac{\pi}{2}(d_{d1} + d_{d2}) + \frac{(d_{d2} - d_{d1})^2}{4a_0} \tag{8-15}$$

根据 L_{d0}，由表 8-2 选取 L_d。

(3) 确定中心距 a。实际中心距 a 可用式(8-16)近似计算，即

$$a \approx a_0 + \frac{L_d - L_{d0}}{2} \tag{8-16}$$

考虑安装调整和补偿张紧力的需要，其变动范围为 $(a - 0.015L_d) \sim (a + 0.03L_d)$。

5. 验算小带轮包角 α_1

小带轮包角计算式为

$$\alpha_1 = 180° - \frac{d_{d2} - d_{d1}}{a} \times 57.3° \tag{8-17}$$

α_1 过小，传动能力降低，易打滑。一般要求 $\alpha_1 \geqslant 120°$。若不满足，应适当增大中心距或减小传动比来增加小带轮包角 α_1。

6. 确定 V 带的根数 z

V 带根数可按式(8-18)计算，即

$$z \geqslant \frac{P_d}{(P_0 + \Delta P_0)K_\alpha K_L} \tag{8-18}$$

式中，P_0 为 $\alpha_1 = \alpha_2 = 180°$（$i = 1$）、特定带长、载荷平稳条件下，单根 V 带所能传递的功率(kW)，如表 8-7 所列；ΔP_0 为考虑 $i \neq 1$ 时，单根 V 带所传递的功率增量(kW)，如表 8-8 所列；K_α 为包角修正系数，考虑到 $\alpha \neq 180°$ 时，对传动能力的影响，查表 8-9；K_L 为长度修正系数，考虑带长不为特定长度时的修正系数，查表 8-2。

带的根数不宜过多，通常 $z \leqslant 10$；否则应增大带的型号或小带轮直径，然后重新计算。

7. 确定初拉力 F_0

初拉力的大小是保证带传动正常工作的重要因素。初拉力过小，摩擦力小，容易发生打滑；初拉力过大，则带的寿命降低，轴和轴承受力大。初拉力可由式(8-19)计算，即

$$F_0 = 500 \frac{P_d}{vz}\left(\frac{2.5}{K_\alpha} - 1\right) + qv^2 \tag{8-19}$$

式中各符号的意义同前。

8. 计算带作用在轴上的压力 F_Q

为设计轴和轴承，应计算出带作用在轴上的压力 F_Q。通常近似地按两边初拉力 F_0 的合力来计算，如图 8-12 所示。

$$F_Q = 2zF_0 \sin \frac{\alpha_1}{2} \tag{8-20}$$

表 8-7　单根 V 带的额定功率 P_0($\alpha_1 = \alpha_2 = 180°$、特定带长、载荷平稳)

(kW)

型号	小带轮的基准直径 d_{d1}/mm	小带轮的转速 n_1/(r/min)											
		200	300	400	500	600	700	800	950	1200	1450	1600	1800
Y	20	—	—	—	—	—	—	—	0.01	0.02	0.02	0.03	—
	31.5	—	—	—	—	—	0.03	0.04	0.04	0.05	0.06	0.06	—
	40	—	—	—	—	—	0.04	0.05	0.06	0.07	0.08	0.09	—
	50	0.04	—	0.05	—	—	0.06	0.07	0.08	0.09	0.11	0.12	—
Z	50	0.04	—	0.06	—	—	0.09	0.10	0.12	0.14	0.16	0.17	—
	63	0.05	—	0.08	—	—	0.13	0.15	0.18	0.22	0.25	0.27	—
	71	0.06	—	0.09	—	—	0.17	0.20	0.23	0.27	0.30	0.33	—
	80	0.10	—	0.14	—	—	0.20	0.22	0.26	0.30	0.35	0.39	—
	90	0.10	—	0.14	—	—	0.22	0.24	0.28	0.33	0.36	0.40	—
A	75	0.15	—	0.26	—	—	0.40	0.45	0.51	0.60	0.68	0.73	—
	90	0.22	—	0.39	—	—	0.61	0.68	0.77	0.93	1.07	1.15	—
	100	0.26	—	0.47	—	—	0.74	0.83	0.95	1.14	1.32	1.42	—
	125	0.37	—	0.67	—	—	1.07	1.19	1.37	1.66	1.92	2.07	—
	160	0.51	—	0.94	—	—	1.51	1.69	1.95	2.36	2.73	2.94	—
B	125	0.48	—	0.84	—	—	1.30	1.44	1.64	1.93	2.19	2.33	2.50
	160	0.74	—	1.32	—	—	2.09	2.32	2.66	3.17	3.62	3.86	4.15
	200	1.02	—	1.85	—	—	2.96	3.30	3.77	4.50	5.13	5.46	5.83
	250	1.37	—	2.50	—	—	4.00	4.46	5.10	6.04	6.82	7.20	7.63
	280	1.58	—	2.89	—	—	4.61	5.13	5.85	6.90	7.76	8.13	8.46
C	200	1.39	1.92	2.41	2.87	3.30	3.69	4.07	4.58	5.29	5.84	6.07	6.28
	250	2.03	2.85	3.62	4.33	5.00	5.64	6.23	7.04	8.21	9.04	9.38	9.63
	315	2.84	4.04	5.14	6.17	7.14	8.09	8.92	10.05	11.53	12.46	12.72	12.67
	400	3.91	5.54	7.06	8.52	9.82	11.02	12.10	13.48	15.04	15.53	15.24	14.08
	450	4.51	6.40	8.20	9.80	11.29	12.63	13.80	15.23	16.59	16.47	15.57	13.29
D	355	5.31	7.35	9.24	10.90	12.39	13.70	14.83	16.30	17.25	16.77	15.63	12.97
	450	7.90	11.02	13.85	16.40	18.67	20.63	22.25	24.16	24.84	22.02	19.59	13.34
	560	10.76	15.07	18.95	22.38	25.32	27.73	29.55	31.00	29.67	22.58	15.13	—
	710	14.55	20.35	25.45	29.76	33.18	35.59	36.87	35.58	27.88	7.99	—	—
	800	16.76	23.39	29.08	33.72	37.13	39.14	39.55	35.26	21.32	—	—	—
E	500	10.86	14.96	18.55	21.65	24.21	26.21	27.57	28.32	25.53	16.82	—	—
	630	15.65	21.69	26.95	31.36	34.83	37.26	38.52	37.92	29.17	8.85	—	—
	800	21.70	30.05	37.05	42.53	46.26	47.96	47.38	41.59	16.46	—	—	—
	900	25.15	34.71	42.49	48.20	51.48	51.95	49.21	38.19	—	—	—	—
	1000	28.52	39.17	47.52	53.12	55.45	54.00	48.19	30.08	—	—	—	—

注：本表摘自《普通和窄 V 带传动 第 1 部分：基准宽度制》(GB/T 13575.1—2008)。

表 8-8 单根普通 V 带所传递的功率增量ΔP_0

(kW)

型号	传动比 i	小带轮转速 n_1/(r/min)											
		200	300	400	500	600	700	800	950	1200	1450	1600	1800
Y	1.35~1.51	0.00	—	0.00	—	—	0.00	0.00	0.01	0.01	0.01	0.01	—
	1.52~1.99	0.00	—	0.00	—	—	0.00	0.00	0.01	0.01	0.01	0.01	—
	≥2	0.00	—	0.00	—	—	0.00	0.00	0.01	0.01	0.01	0.01	—
Z	1.35~1.51	0.00	—	0.00	—	—	0.01	0.01	0.02	0.02	0.02	0.02	—
	1.52~1.99	0.00	—	0.01	—	—	0.01	0.02	0.02	0.02	0.02	0.03	—
	≥2	0.00	—	0.01	—	—	0.02	0.02	0.02	0.03	0.03	0.03	—
A	1.35~1.51	0.02	—	0.04	—	—	0.07	0.08	0.08	0.11	0.13	0.15	—
	1.52~1.99	0.02	—	0.04	—	—	0.08	0.09	0.10	0.13	0.15	0.17	—
	≥2	0.03	—	0.05	—	—	0.09	0.10	0.11	0.15	0.17	0.19	—
B	1.35~1.51	0.05	—	0.10	—	—	0.17	0.20	0.23	0.30	0.36	0.39	0.44
	1.52~1.99	0.06	—	0.11	—	—	0.20	0.23	0.26	0.34	0.40	0.45	0.51
	≥2	0.06	—	0.13	—	—	0.22	0.25	0.30	0.38	0.46	0.51	0.57
C	1.35~1.51	0.14	0.21	0.27	0.34	0.41	0.48	0.55	0.65	0.82	0.99	1.10	1.23
	1.52~1.99	0.16	0.24	0.31	0.39	0.47	0.55	0.63	0.74	0.94	1.14	1.25	1.41
	≥2	0.18	0.26	0.35	0.44	0.53	0.62	0.71	0.83	1.06	1.27	1.41	1.59
D	1.35~1.51	0.49	0.73	0.97	1.22	1.46	1.70	1.95	2.31	2.92	3.52	3.89	4.38
	1.52~1.99	0.56	0.83	1.11	1.39	1.67	1.95	2.22	2.64	3.34	4.03	4.45	5.01
	≥2	0.63	0.94	1.25	1.56	1.88	2.19	2.50	2.97	3.75	4.53	5.00	5.62
E	1.35~1.51	0.96	1.45	1.93	2.41	2.89	3.38	3.86	4.58	—	—	—	—
	1.52~1.99	1.10	1.65	2.20	2.75	3.31	3.86	4.41	5.23	—	—	—	—
	≥2	1.24	1.86	2.48	3.10	3.72	4.34	4.96	5.89	—	—	—	—

注：本表摘自《普通和窄 V 带传动 第1部分：基准宽度制》(GB/T 13575.1—2008)。

表 8-9 包角修正系数 K_α

小轮包角 α_1	180°	175°	170°	165°	160°	155°	150°	145°	140°	135°	130°	125°	120°	110°	100°	90°
K_α	1.00	0.99	0.98	0.96	0.95	0.93	0.92	0.91	0.89	0.88	0.86	0.84	0.82	0.78	0.74	0.69

例 8-1 设计一带式输送机中的普通 V 带传动。如图 8-12、图 8-13 所示，选用 Y 系列三相异步电动机，输出功率 $P=9$kW，满载转速 $n_1=1450$r/min，从动轮转速 $n_2=640$r/min，每日两班工作，传动水平布置。

解： (1) 确定计算功率。根据表 8-5，取 $K_A=1.2$，则

$$P_d = K_A P = 1.2 \times 9 = 10.8(\text{kW})$$

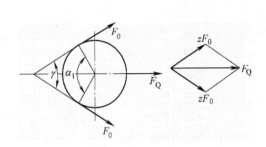

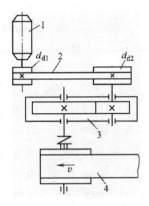

图 8-12　作用在带轮轴上的压力计算简图　　　图 8-13　带式运输机的传动装置

1—电动机；2—带传动；3—齿轮减速器；4—运输带

(2) 选普通 V 带型号。根据 $P_d = 10.8\text{kW}$，$n_1 = 1450\text{r/min}$，由图 8-11，确定带型为 B 型。

(3) 求带轮基准直径 d_{d1}、d_{d2}。

查表 8-4、表 8-6，确定选 B 型带，$d_{min}=125$，取 $d_{d1}=140\text{mm}$。

大带轮直径为

$$d_{d2} = \frac{n_1}{n_2}d_{d1}(1-\varepsilon) \qquad (\varepsilon = 0.02)$$

根据表 8-6，取标准带轮直径 $d_{d2} = 315\text{mm}$。

(4) 校核带速 v。

$$v = \frac{\pi d_{d1} n_1}{60 \times 1000} = 10.7 \text{ m/s}, \quad 5\text{m/s} < v < 25\text{m/s}, \text{ 故带速符合要求。}$$

(5) 确定中心距 a 及 V 带基准长度 L_d。

初定中心距 a_0

$$0.7(d_{d1} + d_{d2}) \leqslant a_0 \leqslant 2(d_{d1}+d_{d2})$$

$$0.7(d_{d1} + d_{d2}) = 318.5(\text{mm})$$

$$2(d_{d1}+d_{d2}) = 910(\text{mm})$$

取 $a_0 = 700\text{mm}$。

计算带长，即

$$L_{d0} = 2a_0 + \frac{\pi}{2}(d_{d1} + d_{d2}) + \frac{(d_{d2} - d_{d1})^2}{4a_0} = 2126(\text{mm})$$

根据表 8-2，取标准值，$L_d = 2240\text{mm}$。

实际中心距 a 为

$$a = a_0 + \frac{L_d - L_{d0}}{2} = 757(\text{mm})$$

(6) 验算小带轮包角。

$$\alpha_1 = 180° - \frac{d_{d2} - d_{d1}}{a} \times 57.3° = 167° > 120°$$

(7) 确定 V 带根数 z。

由式(8-18)，得

$$z \geqslant \frac{P_d}{(P_0 + \Delta P_0)K_\alpha K_L}$$

由表 8-7 查得 $P_0 = 2.82\text{kW}$，由表 8-8 查得 $\Delta P_0 = 0.46\text{kW}$，由表 8-9 查得 $K_\alpha = 0.97$，由表 8-2 查得 $K_L = 1$，求得 $z \geqslant 3.39$。取 $z = 4$ 根。

(8) 计算轴上的压力 F_Q。

根据表 8-4，得 $q = 0.17\text{kg/m}$。

$$F_0 = 500 \frac{P_d}{vz}\left(\frac{2.5}{K_\alpha} - 1\right) + qv^2 = 218(\text{N})$$

$$F_Q = 2zF_0 \sin\frac{\alpha_1}{2} 500P_d = 1733(\text{N})$$

(9) 带轮结构设计：略。

第五节 同步齿形带传动简介

一、同步齿形带传动的特点

同步齿形带传动具有以下特点。

(1) 如图 8-14(a)所示，同步齿形带(以下简称同步带)传动属于啮合传动，传动比准确，传动严格同步，工作平稳，冲击轻，噪声小。

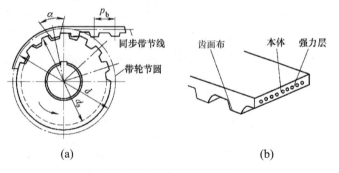

图 8-14 同步齿形带传动

(2) 由于是啮合传动，同步带不需要很大的初拉力，因此轴承受力小，运行时摩擦损失小，传动效率高，可达 98%～99%。

(3) 同步带强度高，薄而轻，挠曲性好，能适用于较高速度(可达 80m/s)和较小的带轮直径。

(4) 同步带传动不用加油润滑，能满足无污染的要求。同时，带在使用中不会伸长，所以给定初拉力后不必调整，适宜在人员不宜接近和操作不便的部位采用。

(5) 同步带传动的传动比可达 12～20，传动的功率可由数瓦至数百千瓦。

二、同步齿形带的应用

同步带传动有其独特的特点，且能实现多种传动要求，因此在现代机械中被广泛采用。例如，在电子计算机外部设备(磁盘机、打印机、绘图机等)以及记录仪表、电影放映机、医用机械、轿车、纺织机械、各种新型金属切削机床、数控机床、机械加工中心等设备的正、反向传动和要求精密的传动中，都应用同步带传动。在轻工行业的卷烟机、包装机、方便面生产线、食品加工机、纸加工机、卷纸机、制革机等设备上，也都有同步带传动。

三、同步齿形带的结构

同步带分橡胶结构和聚氨酯结构两种。橡胶结构同步带由本体、强力层和齿面布组成，如图 8-14(b)所示。本体材质是氯丁橡胶，它具有较高的剪切强度和适当的硬度，耐热性、耐油性、耐磨性均较好，它与强力层和齿面布结合牢固。强力层承受同步带的拉力，是用多股玻璃纤维烧制而成的线绳，具有抗拉强度大、伸长小和疲劳强度高等特性。同步带的齿面布是一层尼龙布，覆盖在带齿整个表面起保护作用。橡胶同步带可传递较大的功率，性能比聚氨酯同步带好。

聚氨酯同步带的本体是聚氨酯，强力层材质是细钢丝绳或玻璃纤维，无齿面布。聚氨酯同步带可根据不同需要制成各种颜色，应用在家用电器等产品中，并能根据使用要求在带的背面铸出凸块和连接块，起到定期发送信号、连接其他零件或输送物品的作用(见图 8-15)。

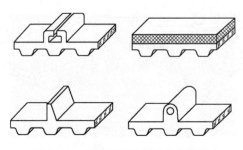

图 8-15　带有各种连接块的同步带

本 章 小 结

(1) 带传动由主动带轮、从动带轮和紧套在两个带轮上的带所组成。

(2) 带传动是利用张紧在带轮上的传动带，借助带和带轮间的摩擦(或啮合)来传递运动和动力的一种机械传动。

(3) 带传动的打滑是因为过载引起的，因此打滑可以避免。而弹性滑动是由于带的弹性和拉力差引起的，是不可避免的现象。

(4) 带传动常用的张紧方法是调节中心距。若中心距不能调节时，可采用具有张紧轮的传动方式。

复习思考题

知识拓展

一、选择题

1. 在一般机械传动中，若需要采用带传动时，应优先选用( )。

    A. 圆带传动　　B. 同步带传动　　C. V带传动　　　　D. 平型带传动

2. 与同样传动尺寸的平带传动相比，V带传动的优点是( )。

    A. 传动效率高　　B. 带的寿命长　　C. 带的价格便宜　　D. 承载能力大

3. 带传动的主要失效形式是( )。

    A. 打滑和带的疲劳破坏　　　　　　B. 带的磨损

    C. 带的点蚀　　　　　　　　　　　D. 包布层脱落

4. 带传动超过最大工作能力时，将发生打滑失效，打滑总是( )开始。

    A. 先在大带轮上　　　　　　B. 先在小带轮上　　C. 在两带轮上同时

5. 带张紧的目的是( )。

    A. 减轻带的弹性滑动　　　　　　B. 提高带的寿命

    C. 使带具有一定的初拉力

二、填空题

1. 带传动的弹性滑动是_____避免的，打滑是_____避免的。

2. 带传动在工作时产生_____现象是由于传动过载。

3. V带传动带平均传动比是_____的。

4. 带传动中对带的疲劳寿命影响最大的应力是小带轮上的_____。

三、计算题

1. 一带式运输机中的普通V带传动，已知原动机为Y系列三相异步交流电动机，额定功率为7.5kW，转速为1450r/min。工作机有轻微振动，单班生产，从动轴转速为483r/min。试求普通V带的根数、带长、型号、传动中心距和带轮的基准直径。

2. 已知普通V带传动的 n_1=1450r/min，n_2=400r/min，d_1=180mm，中心距 a=1600mm，使用两根B型普通V带。原动机为普通笼式三相异步电动机，载荷有不大的变动，每天工作16h。试求该带传动传递的功率 P。

第九章 链 传 动

学习要点及目标

(1) 掌握链传动的特点及多边形效应。
(2) 掌握链传动的失效形式及设计准则。
(3) 掌握链传动的主要参数选择并了解设计步骤。
(4) 了解并掌握链传动的布置注意事项及润滑方式。

核心概念

链传动 传动链 链节 链轮 链条节距 多边形效应

第一节 概 述

链传动概述

一、链传动的组成

链传动是由具有特殊齿形的主动链轮、从动链轮和一条闭合的链条所组成的，如图 9-1 所示。链条作为中间挠性件，通过链节与链轮轮齿的啮合来传递运动和动力。

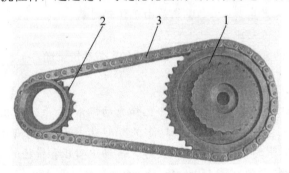

图 9-1　链传动

1—主动链轮；2—从动链轮；3—链条

二、链传动的类型及特点

1. 分类

按用途不同，链传动可分为以下三类。

(1) 传动链。在各种机械传动装置中用于传递运动和动力(见图 9-2)。

(2) 起重链。主要在起重机械中用于提升重物(见图 9-3)。

(3) 输送链。在运输机械中用于移动重物(见图 9-4)。

本章仅讨论传动链。

> 链传动克服了带传动弱点，比齿轮工作要求低，实用性强。

2. 链传动的特点

与带传动相比，链传动无弹性滑动和打滑现象，故链传动能保持准确的平均传动比；作用在轴上的压力 F_Q 较小；传动效率较高；在同样的使用条件下，结构紧凑；能在高温、低速及恶劣条件下工作。与齿轮传动相比，链传动易安装，其结构轻便得多，成本低，能远距离传动。链传动的缺点是：瞬时传动比不恒定，传动平稳性差，工作时有噪声，无过载保护作用，不宜在载荷变化大、高速和急速反转中应用。

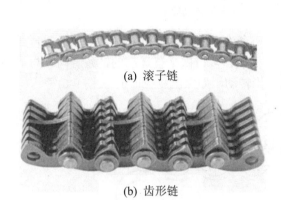

(a) 滚子链

(b) 齿形链

图 9-2 传动链

图 9-3 起重链

图 9-4 输送链

通常链传动传递的功率 $P \leqslant 100\text{kW}$，链速 $v \leqslant 15\text{m/s}$，传动比 $i \leqslant 6$，常用 $i=2\sim3.5$。

三、链传动的应用

链传动广泛应用于矿山、农业、冶金、石油、化工、交通运输等机械中，在轻工(如制造食品、饮料、陶瓷、保温瓶、牙膏等)机械中也得到广泛应用。

下面仅介绍链传动在轻工机械中的部分应用实例。

(1) 链传动可实现曲线环行空间的运动，常被用于具有曲线环行空间的悬挂输送装置中。这种链输送装置结构简单，只需在链板或销轴上增加翼板，用以夹持或承托输送物件即可。例如，温湿度高、灰尘多的陶瓷制品的连续干燥器，温度高、有淋水的全自动洗瓶机，菜果预煮机，食品罐头的连续杀菌设备(见图 9-5)等。

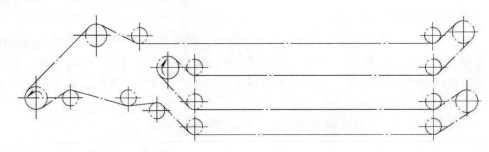

图 9-5 三层常压连续杀菌机传动简图

(2) 链传动还可实现能量的分流传动(由一个动力机驱动若干个执行机构)。其形式相当于齿条齿轮传动,但比齿条齿轮传动经济、简便得多。做平移运动的链条若同时与多个轴线平行的链轮啮合,则可带动若干个小轴同步转动,如保温瓶封口机(见图 9-6)等。

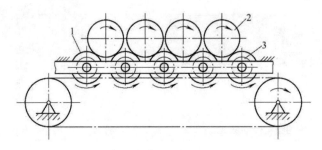

图 9-6 保温瓶封口机简图

1—滚轮;2—保温瓶;3—链轮

(3) 链传动还可使圆柱形工件实现平移(输送)和自转的复合运动,如由主、副两个链传动系统组成的保温瓶割口机等。如图 9-7 所示,在主链传动系统的每个链板上增加一支座并安装一可转动的小轴,在小轴上固定一个小链轮和两个滚轮。副链传动系统的运动链条与各小轴上的链轮啮合,带动各个小链轮(滚轮)转动,滚轮又靠摩擦力使放在其上的圆柱形保温瓶自转,从而使保温瓶获得既随主链传动系统的链条做平移运动,同时又做自转的复合运动,以满足火焰割口工艺的要求。

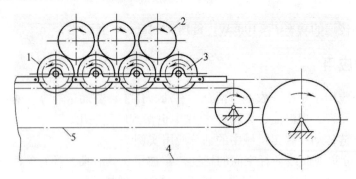

图 9-7 保温瓶割口机示意图

1—滚轮;2—保温瓶;3—小链轮;4—主链传动;5—副链传动

第二节 传动链和链轮

传动链和链轮

一、传动链的类型和结构

常用的传动链按结构不同，可分为套筒滚子链和齿形链两种。

1. 套筒滚子链

套筒滚子链由内链板、外链板、销轴、套筒及滚子所组成，如图 9-8 所示。销轴与外链板、套筒与内链板分别用过盈配合连接。滚子与套筒、套筒与销轴之间为间隙配合。当内、外链板相对挠曲时，套筒可绕销轴自由转动，滚子套在套筒上以减轻链轮齿廓的磨损。由于销轴与套筒的接触而易于磨损，因此，内、外链板间应留少许间隙，以便润滑油渗入销轴和套筒的摩擦面间。

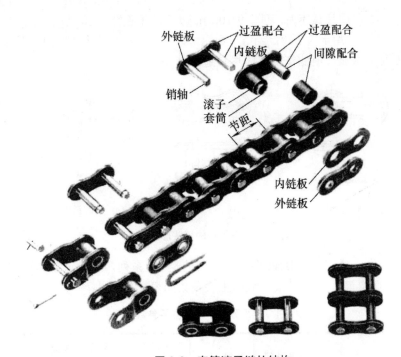

图 9-8　套筒滚子链的结构

内、外链板均制成"∞"形以使它的各个横剖面强度接近相等，同时也减轻了链条的质量和运动时的惯性力。

链条上相邻两销轴的中心距称为链的节距，用 p 表示，它是链传动的主要参数之一。传递功率较大时，可采用较大节距的链条或多排链。最常用的多排链是双排链，如图 9-9 所示。

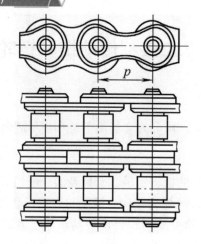

图 9-9 双排滚子链

滚子链的接头形式如图 9-10 所示。当链节数为偶数时，链条的两端正好是外链板与内链板相连接，在此处可用弹簧卡片[见图 9-10(a)]或开口销[见图 9-10(b)]来固定。一般弹簧卡片用于小节距，开口销用于大节距；当链节数为奇数时，需要采用过渡链节[见图 9-10(c)]，过渡链节的链板要受附加弯矩的作用，应尽量避免使用。

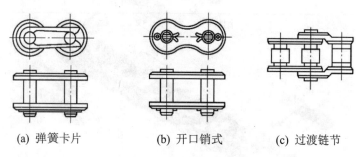

(a) 弹簧卡片　　　　　(b) 开口销式　　　　　(c) 过渡链节

图 9-10 滚子链的接头形式

滚子链已标准化，分为 A、B 两系列，常用的是 A 系列，用于重载高速和重要的传动，B 系列用于一般传动。A 系列滚子链的主要参数如表 9-1 所列。

表 9-1 A 系列滚子链的主要参数

链号	节距 p/mm	排距 p_t/mm	滚子外径 d_r/mm	销轴直径 d_z/mm	内链节内宽 b_1/mm	极限拉伸载荷(单排) F_B/N	每米长质量(单排) q/(kg/m)
08A	12.70	14.38	7.92	3.96	7.85	13900	0.62
10A	15.875	18.11	10.16	5.09	9.40	21800	1.02
12A	19.05	22.78	11.91	5.96	12.57	31300	1.50
16A	25.40	29.29	15.88	7.94	15.75	55600	2.60
20A	31.75	35.76	19.05	9.54	18.90	87000	3.91
24A	38.10	45.44	22.23	11.11	25.22	125000	5.62

续表

链号	节距 p/mm	排距 p_t/mm	滚子外径 d_r/mm	销轴直径 d_z/mm	内链节内宽 b_1/mm	极限拉伸载荷(单排) F_B/N	每米长质量(单排) q/(kg/m)
28A	44.45	48.87	25.40	12.71	25.22	170000	7.50
32A	50.80	58.55	28.58	14.29	31.55	223000	10.10
40A	63.50	71.55	39.68	19.85	37.85	347000	16.15

注：① 使用过渡链节时，其极限拉伸载荷按表列数值80%计算。

② 链号中的数乘以(25.4/16)即为节距值(mm)，其中的A表示A系列。

套筒滚子链的标记方法为

链号-排数 × 整链链节数　标准编号

例如，按本标准制造的A系列、节距12.7mm、单排、87节的套筒滚子链，应标记为

08A-1×87 GB/T 1243—2006

2. 齿形链

齿形链由一组带有两个齿的链板左右交错并列铰接而成(见图 9-11)。齿形链板的两侧为直线，其夹角为 60°。工作时链板的齿形部分与链轮轮齿相啮合，齿形链上设有导板以防止链条在工作时发生侧向窜动。

(a) 带内导板的　　　　　　　(b) 带外导板的

图 9-11　齿形链

与套筒滚子链相比，齿形链传动平稳、无噪声，承受冲击性能好，工作可靠。但结构复杂、质量较大、制造较难、价格较高，故多用于高速或运动精度要求较高的传动装置中。

二、套筒滚子链链轮的结构

链轮的齿形应保证在链条与链轮良好啮合的情况下，使链节能自由地进入和退出啮合并便于加工。《传动用短节距精密滚子链、套筒链、链件和链轮》(GB/T 1243—2006)规定了链轮的齿形，其端面齿形如图 9-12 所示，轴向齿廓如图 9-13 所示。目前最流行的齿形为三弧一直线齿形。当选用这种齿形时，链轮齿形在零件图上不画出，按标准齿形只需注明链轮的基本参数和主要尺寸，如齿数 z、节距 p、滚子直径 d_1、分度圆直径 d、齿顶圆直径 d_a 及齿根圆直径 d_f 等，并注明"齿形按 3R GB/T 1243—2006 制造"。

链轮上能被链条节距 p 等分的圆称为链轮的分度圆。由图 9-13 可知，链轮的分度圆直径为

$$d = \frac{p}{\sin \frac{180°}{z}} \qquad (9-1)$$

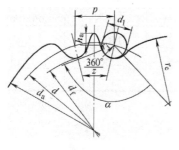

图 9-12　端面齿形

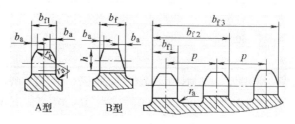

图 9-13　轴向齿形

常用链轮的结构如图 9-14 所示。小直径的链轮可制成整体式[见图 9-14(a)]；中等尺寸的链轮可制成孔板式[见图 9-14(b)]；大直径的链轮常采用可更换的齿圈，齿圈可以焊接[见图 9-14(c)]或用螺栓连接[见图 9-14(d)]在轮芯上。

链轮设计牢记三弧一直线。

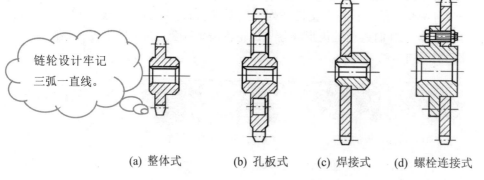

(a) 整体式　　(b) 孔板式　　(c) 焊接式　　(d) 螺栓连接式

图 9-14　链轮的结构

链轮的材料应能保证轮齿具有足够的耐磨性和强度。传动中因小链轮的啮合次数多于大链轮，所以磨损也较严重，其选用的材料应优于大链轮。

第三节　链传动的运动特性和参数选择

学会分析事物的方法，养成分析的习惯。

一、链传动的运动不均匀性

因为链是由刚性链节通过销轴铰接而成的，当链条与链轮啮合时，链条便呈一多边形分布在链轮上(见图 9-15)。设 z_1、z_2、n_1、n_2 分别为小轮、大轮的齿数和转速(r/min)，p 为链条节距(mm)，则链条的平均速度为

$$v = \frac{z_1 n_1 p}{60 \times 1000} = \frac{z_2 n_2 p}{60 \times 1000} \qquad (9-2)$$

链传动的平均传动比为

链传动的运动特性

链传动的受力分析

$$i = \frac{n_1}{n_2} = \frac{z_2}{z_1} \qquad (9\text{-}3)$$

实际上，即使主动轮(小轮)以等角速度ω_1转动，链条每一瞬间的速度v和从动轮(大轮)的角速度ω_2也都是变化的。

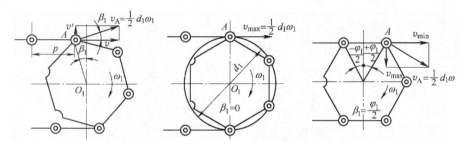

图 9-15　链传动的速度分析

如图 9-15 所示，假设链的主动边在传动中总是处于水平位置，主动链轮以等角速度ω_1回转，当链节进入主动轮时，铰链销轴A的圆周速度$v_A = d_1\omega_1/2$，其水平方向的分速度$v = v_A\cos\beta_1$，是链条的线速度。由于每一链节从进入啮合到脱离啮合，β_1角在$+\varphi_1/2 \sim -\varphi_1/2$ 变化，故链速v是变化的。同理，分析从动轮和链条的运动情况，可得出从动轮瞬时角速度ω_2也是变化的。速度v_A在垂直方向的分速度$v' = v_A\sin\beta_1$也是随着β_1角的变化而变化。由此可知，在链传动中链条的运动是忽快忽慢忽上忽下的。所以链传动的瞬时传动比$i = \omega_1/\omega_2$也是变化的。瞬时链速及传动比的变化，引起链传动的不平稳性及附加动载荷，链轮齿数越少，节距越大，转速越高，其影响越大。

二、参数的选择

1. 链轮的齿数 z 及传动比 i

小链轮的齿数越少，传动的平稳性越差，引起的动载荷及磨损就越大。小链轮的齿数可按表 9-2 选取。当必须采用较少齿数时，应取 $z_{min} \geqslant 9$。由于链节数一般为偶数，为使磨损均匀，故 z_1 选用奇数。

表 9-2　小链轮的齿数 z_1

链速 v/(m/s)	0.6～3	>3～8	>8
小链轮齿数 z_1	≥17	≥21	≥25

大链轮的齿数 $z_2 = iz_1$，但不应大于 $z_{max} = 120$。

链传动的传动比一般小于 6，通常取 $i = 2 \sim 3.5$。传动比增大，则链条在小链轮上的包角减小，使同时啮合的齿数减少，这样单个齿上的载荷就增大，从而加速了链轮的磨损。

2. 链的节距 p

链的节距 p 是链传动的主要参数之一。节距越大，承载能力越高，但引起的速度不均匀性及动载荷也就越严重。因此，在设计时，应在满足一定承载能力的前提下尽量选用小节距的链，高速重载时可选用小节距多排链。

3. 中心距 a 及链条节数 L_p

链传动的中心距过小，则小链轮上的包角也小，同时受力的齿数也少，从而使单个齿上的载荷增大。当链轮转速不变时，单位时间内同一链节循环工作次数将增多，从而加速链条的失效。若中心距过大，由于链条重量而产生的垂度也增大，则链易发生颤动，且结构不紧凑。在正常条件下，中心距 $a_0 = (30 \sim 50)p$，最大中心距 $a_{max} = 80p$。

链条的长度常以链节数 L_p 表示，按带传动中计算带长公式可导出

$$L_p = \frac{2a_0}{p} + \frac{z_1 + z_2}{2} + \left(\frac{z_2 - z_1}{2\pi}\right)^2 \frac{p}{a_0} \tag{9-4}$$

由式(9-4)计算出的 L_p 必须圆整为整数，最好取偶数。当链节数 L_p 确定后便可按式(9-5)计算实际中心距，即

$$a = \frac{p}{4}\left[\left(L_p - \frac{z_1 + z_2}{2}\right) + \sqrt{\left(L_p - \frac{z_1 + z_2}{2}\right)^2 + 8\left(\frac{z_2 - z_1}{2\pi}\right)^2}\right] \tag{9-5}$$

链传动的中心距宜为可调的，以便安装和调节。若中心距为固定的，则实际中心距应比计算中心距少 2~5mm，以便安装及安装以后使链条具有一定垂度。

第四节　链传动的设计计算

链传动的设计
计算

一、主要失效形式

(1) 润滑良好时，中等速度以下的链传动，其链板首先出现疲劳断裂。

(2) 链节与链轮啮合时，滚子与链轮间产生冲击，在高速时，则由于冲击载荷较大，使套筒或滚子的表面发生冲击疲劳而破坏。

(3) 润滑不良或速度过高时，销轴与套筒的工作表面由于摩擦产生的温度过高，容易导致销轴与套筒工作表面产生胶合。

(4) 链条铰链的销轴和套筒既承受压力又要产生相对转动，必然引起磨损，使节距 p 增大。随着铰链磨损的发展，链节与轮齿的啮合点将沿齿高向外移(见图 9-16)，从而引起跳齿或脱链。

(5) 在低速($v < 0.6$m/s)重载或瞬时载荷过大时，若链条所受拉力超过了链条的静强度时，则链条将被拉断。

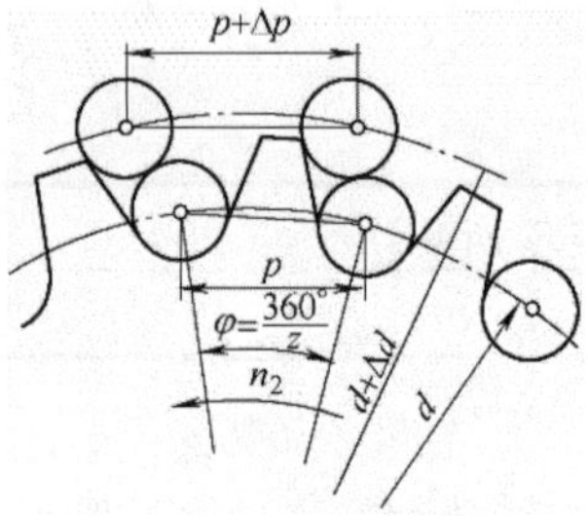

图 9-16　链节距伸长对啮合的影响

二、额定功率曲线图

1. 极限功率曲线图

链传动的各种失效形式在一定条件下限制了它的承载能力。大量实验表明，链传动的极限承载能力可以用极限功率曲线图表示。

图 9-17 所示为链传动各种失效形式所限定的单排链极限功率曲线图。图中曲线 1 是链

板疲劳强度限定的极限功率曲线；曲线 2 是润滑良好时铰链磨损所限定的极限功率曲线；曲线 3 是套筒、滚子冲击疲劳强度限定的极限功率曲线；曲线 4 是销轴与套筒胶合所限定的极限功率曲线。实际设计功率应在这些极限功率曲线所围成的封闭区 $OABC$ 范围之内，即曲线 5 是许用功率曲线区域。曲线 6 是润滑不良、工作条件恶劣时，由磨损所限定的极限功率曲线，说明在这种情况下，将加速链条磨损破坏，链条所能传递的极限功率很低。

2. 许用功率曲线

图 9-18 给出的许用功率曲线可供《传动用短节距精密滚子链、套筒链、附件和链轮》(GB/T 1243—2006)所规定的 A 系列滚子链设计时使用。它是按下列特定条件制定的：①单排链；②两链轮共面且两轴水平布置；③小链轮齿数 $z_1=19$；④链长 $L_\mathrm{p}=100$ 节；⑤平稳载荷；⑥按推荐的润滑方式(见图 9-19)润滑；⑦工作寿命为 15000h；⑧链条因磨损引起的相对伸长量不超过 3%。

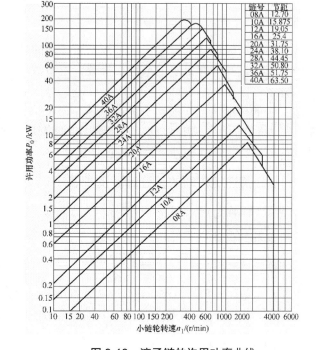

链号	节距
08A	12.70
10A	15.875
12A	19.05
16A	25.4
20A	31.75
24A	38.10
28A	44.45
32A	50.80
36A	57.75
40A	63.50

图 9-17　极限功率曲线　　　图 9-18　滚子链的许用功率曲线

图 9-18 表明了链条型号、允许传递的功率 P_0、小链轮转速 n_1 间的关系。如果已知传动的功率 P 和 n_1，可在图中选择所需链条型号；如果已知链号和 n_1，也可确定允许传递的功率 P_0。

利用图 9-18 所示许用功率曲线设计链传动时，应注意以下两点。

(1) 如果设计条件与上述条件不相同时，应对 P_0 值加以修正。

(2) 当不能保证图 9-19 中推荐的润滑方式时，许用功率 P_0 应适当降低；当 $v \leqslant 1.5\mathrm{m/s}$ 时降至 $(0.3\sim0.6)P_0$；当 $1.5\mathrm{m/s} < v < 7\mathrm{m/s}$ 时降至 $(0.15\sim0.3)P_0$；当 $v > 7\mathrm{m/s}$ 且润滑不良时，传动不

设计链传动，要按照实际情况决定计算方法。

可靠，不宜采用。

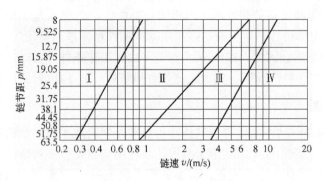

图 9-19　润滑方式的选择

Ⅰ—人工定期润滑；Ⅱ—滴油润滑；Ⅲ—油浴或飞溅润滑；Ⅳ—压力喷油润滑

三、设计计算

滚子链传动的设计计算，一般是根据所传递的功率、转速、工作情况、外廓尺寸限制等设计要求，选择计算链条的节距、排数、链节数；确定链轮的齿数；确定传动的中心距及润滑方式等。

滚子链的传动速度一般可分为：低速($v<0.6$m/s)；中速($v=0.6$～8m/s)；高速($v>8$m/s)。通常 $v>0.6$m/s 的中、高速链传动，按疲劳强度利用功率曲线进行设计计算；$v\leqslant0.6$m/s 的低速链传动，按链的静力强度进行设计计算。

(一)中、高速链传动的设计计算及步骤

1. 确定传动比

一般推荐的传动比 $i=2$～3.5，$i_{max}=6$。

2. 确定链轮齿数 z_1 和 z_2

根据初步估计的链速范围，由表 9-2 选取小链轮齿数 z_1。大链轮齿数 $z_2=iz_1$，一般 $z_{max}<120$。通常齿数 z_1、z_2 取奇数，且最好取优先选用的齿数。

3. 初定中心距 a_0

若结构无特殊要求，一般取 $a_0=(30$～50$)p$，最大中心距 $a_{max}=80p$，最小中心距按式(9-6)确定

$$\begin{cases} i\leqslant3a\min=1.2\dfrac{d_{a1}+d_{a2}}{2} \\ i>3a\min=\dfrac{9+i}{10}-\dfrac{d_{a1}+d_{a2}}{2} \end{cases} \tag{9-6}$$

式中，d_{a1}、d_{a2} 为小链轮、大链轮齿顶圆直径。

4. 计算单排链所能传递的功率 P_0

当实际工作条件与图 9-18 中的特定条件不同时，必须对 P_0 加以修正。因此设计链传

动时，应使

$$P \leqslant \frac{P_0}{K_A} K_z K_m \tag{9-7}$$

或

$$P_0 \geqslant \frac{K_A P}{K_z K_m} \tag{9-8}$$

式中，P 为实际传递的功率(kW)；K_A 为工作情况系数，查表 9-3；K_m 为多排链系数，查表 9-4；K_z 为小链轮齿数系数，查表 9-5。

表 9-3　工作情况系数 K_A

载荷情况	工作机举例	原动机	
		电动机或汽轮机	内燃机
载荷平稳	洗瓶机、食品罐头的预煮机和杀菌机等载荷平稳的轻工机械、纺织机械、离心泵、链式运输机械	1.0	1.2
中等冲击	造纸机械、粉碎机、空气压缩机、木工机械、机床、干燥机、食品灌装机、工程机械	1.3	1.4
较大冲击	破碎机、石油钻机、矿山机械、冲床、压力机、橡胶搅拌机、剪床	1.5	1.7

表 9-4　多排链系数 K_m

排数	1	2	3	4	5
K_m	1.0	1.7	2.5	3.3	4.0

表 9-5　小链轮齿数 K_z

z_1	11	13	15	17	18	19	20	21	22	23	24	25
K_z	0.554	0.664	0.775	0.887	0.943	1.00	1.06	1.11	1.17	1.23	1.29	1.34
K_z'	0.441	0.566	0.701	0.846	0.922	1.00	1.08	1.16	1.25	1.33	1.42	1.51

当链条工作在图 9-18 所示的许用功率曲线顶点的左侧(即链板疲劳)时，$K_z = \left(\dfrac{z_1}{19}\right)^{1.08}$，可查表 9-5 得 K_z，当链条工作在图 9-18 所示的许用功率曲线顶点的右侧(即滚子套筒冲击疲劳)时，$K_z' = \left(\dfrac{z_1}{19}\right)^{1.5}$，可查表 9-5 得 K_z'。

5. 确定链节距 p

根据式(9-8)计算出的功率 P_0 和小链轮转速 n_1，由图 9-18 所示许用功率曲线选择链节距 p。

6. 验算链速 v

为了控制链传动的动载荷，必须对链速加以限制，在多级传动设计中，宜将链传动布

置在低速级。一般要求滚子链链速为

$$v = \frac{z_1 p n_1}{60 \times 1000} \leqslant 12 \sim 15 \text{m/s}$$

同时检查 v 是否与初估链速范围相符。

7. 确定润滑方式

据链节距 p 和链速 v，由图 9-19 所示确定应采用的润滑方式。

8. 计算链节数 L_p

$$L_{p0} = \frac{2a_0}{p} + \frac{z_1 + z_2}{2} + \left(\frac{z_2 - z_1}{2\pi}\right)^2 \frac{p}{a_0} \tag{9-9}$$

计算出的 L_{p0} 应圆整为相近的整数 L_p，且 L_p 最好取偶数。

9. 确定实际中心距 a

$$a = \frac{p}{4}\left[\left(L_p - \frac{z_1 + z_2}{2}\right) + \sqrt{\left(L_p - \frac{z_1 + z_2}{2}\right)^2 - 8\left(\frac{z_2 - z_1}{2\pi}\right)^2}\right] \tag{9-10}$$

一般链传动中心距设计成可调节的结构，以便在因磨损使节距变长后能调节链的松紧程度，一般取中心距调节量 $\Delta a \geqslant 2p_0$。

10. 作用在链轮轴上的压力 F_Q

链传动是啮合传动，不需很大的张紧力，故作用在轴上的压力较小，一般可近似取 $F_Q = 1.2F_t$。F_t 为链的工作拉力，见式(9-11)。

(二)链传动的静力强度计算

对于 $v \leqslant 0.6 \text{m/s}$ 的低速链传动，其主要失效形式为过载拉断，应按链的静力强度进行校核计算。

如果不考虑附加动载荷的影响，作用在链上的力由三部分组成。

1. 工作拉力(有效圆周力) F_t

$$F_t = \frac{1000P}{v} \tag{9-11}$$

式中，P 为传动功率(kW)，v 为链速度(m/s)。

2. 离心拉力 F_c

绕在链轮上的链节在运动中产生离心力，因而使整根链条产生离心拉力 F_c，即

$$F_c = qv^2 \tag{9-12}$$

式中，q 为每米链条重量(kg/m)，查表 9-1。

3. 悬垂拉力 F_y

由松边垂度引起的悬垂拉力，可按求悬垂张力的方法近似求得，即

$$F_y = K_y qa \times 10^{-2} \tag{9-13}$$

式中，a 为中心距(mm)；K_y 为垂度系数，其值可按两轮中心连线与水平线间夹角 β 来选取，

$\beta=0°$(水平布置)时，$K_y=7$；$\beta=0°\sim40°$(倾斜布置)时，$K_y=4\sim6$；$\beta=40°\sim90°$(倾斜布置)时，$K_y=2\sim4$；$\beta=90°$(垂直布置)时，$K_y=1$。

传动链条的紧边拉力为

$$F_1 = F_t + F_c + F_y$$

松边拉力为

$$F_2 = F_c + F_y$$

由此可见，传动链条是在交变载荷作用下工作的。链的静力强度计算就是选用适当的安全系数来限定链条的工作能力，使链的紧边拉力 F_1 不超过链条的极限拉伸载荷 F_B。

链的静力强度安全系数 S 为

$$S = \frac{F_B}{K_A F_t + F_c + F_y} \geqslant 4\sim8 \tag{9-14}$$

式中，F_B 为链的极限拉伸载荷(N)，查表 9-1；K_A 为工作情况系数，查表 9-3。

第五节 链传动的布置及润滑

链传动的布置、
张紧和润滑

一、链传动的布置

链传动的布置应注意以下几点。

(1) 两链轮中心连线最好是水平布置[见图 9-20(a)]，也可与水平面成不超过 45°的倾斜角[见图 9-20(b)]，应避免垂直布置。若必须垂直布置时，上、下两轮中心应错开，使其不在同一铅垂面内[见图 9-20(c)]，以免链条因垂度增大而与下面的链轮松脱。

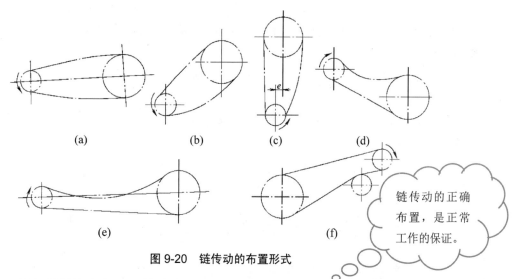

链传动的正确布置，是正常工作的保证。

图 9-20 链传动的布置形式

(2) 一般应使紧边在上面，松边在下面。这样可以使链节和链轮轮齿顺利地进入或退出啮合；反之，会因松边的垂度而引起链条与轮齿的干扰，即咬链现象[见图 9-20(d)]；当中心距较大时，还会因垂度过大而与紧边相碰撞[见图 9-20(e)]。

(3) 为便于安装和防止链条垂度过大而引起啮合不良，一般可采取中心距可调的方法来控制链的张紧程度。当中心距不可调整时，应设张紧装置。张紧轮应安装在链条松边靠近小链轮处[见图 9-20(f)]。张紧轮可以是较小直径的链轮或无齿的滚轮。

二、链传动的润滑

链传动的润滑很重要。良好的润滑可缓和冲击，降低摩擦，减少磨损，延长链条的使用寿命。若不能保证合理的润滑，链条的工作寿命将大大缩短。

润滑方式可由图 9-19 确定。常用的润滑方法有：①人工定期润滑用油壶或油刷每班注油一次；②滴油润滑用油杯注油；③油浴润滑使链条从油槽中通过；④飞溅润滑用甩油盘将油甩起并导流到链条上；⑤压力润滑用油泵强制循环供油。

常用的润滑油有 L-AN32、L-AN46 和 L-AN68 等全损耗系统用油。环境温度低时，取黏度低者。

例 9-1　设计一螺旋输送机用的滚子链传动。已知电动机的转速 n_1=960r/min，功率 P=10kW，螺旋输送的转速 n_2=320r/min，载荷平稳。

解：(1) 确定链轮齿数。

假定 v=3～8m/s，由表 9-2 取小链轮的齿数 z_1=23。因 i=n_1/n_2=960/320=3，故 z_2=iz_1=3×23=69。

(2) 初定中心距 a_0。

通常中心距 a_0=(30～50)p，故取 a_0=40p。

(3) 确定链节距。

要求 $P_0 \geqslant K_A P/K_z K_m$，由表 9-3 得 K_A=1，由表 9-5 得 K_z=1.23；选用单排链，由表 9-4 得 K_m=1；则

$$P_0 \geqslant \frac{K_A P}{K_z K_m} = \frac{1 \times 10}{1.23 \times 1} = 8.13(\text{kW})$$

查图 9-18，选用 10A 号链条，节距 p=15.875mm，用油浴或飞溅润滑。

(4) 计算链条节数。

$$L_p = \frac{2a_0}{p} + \frac{z_1 + z_2}{2} + \left(\frac{z_2 - z_1}{2\pi}\right)^2 \frac{p}{a_0} = \frac{2 \times 40p}{p} + \frac{23 + 69}{2} + \left(\frac{69 - 23}{2\pi}\right)^2 \frac{p}{40p} = 127.3$$

为避免采用过渡链节，取 L_p=128 节。因 L_p > 100 节，故链条的预期寿命大于 15000h。

(5) 确定实际中心距 a。

$$a = \frac{p}{4}\left[\left(L_p - \frac{z_1 + z_2}{2}\right) + \sqrt{\left(L_p - \frac{z_1 + z_2}{2}\right)^2 - 8\left(\frac{z_2 - z_1}{2\pi}\right)^2}\right]$$

$$= \frac{15.875}{4} \times \left[\left(128 - \frac{23 + 69}{2}\right) + \sqrt{\left(128 - \frac{23 + 69}{2}\right)^2 - 8\left(\frac{69 - 23}{2 \times 3.14}\right)^2}\right]$$

$$= 639.17(\text{mm})$$

留出适当的中心距调节量。

(6) 验算速度 v。

$$v = \frac{z_1 n_1 p}{60 \times 1000} = \frac{23 \times 15.875 \times 960}{60 \times 1000} \approx 5.8(\text{m/s})$$

符合原假设。

(7) 计算作用在轴上的力。

圆周力 $F_t = 1000P/v = 1000 \times 10/5.8 \approx 1724(\text{N})$

作用在轴上的压力 $F_Q = 1.2F_t = 1.2 \times 1724 = 2069(\text{N})$

其中，$F_Q = (1.2 \sim 1.3)F_t$。

(8) 计算分度圆直径。

$$d_1 = \frac{P}{\sin(180°/z_1)} = \frac{15.875}{\sin(180°/23)} = 116.59(\text{mm})$$

$$d_2 = \frac{P}{\sin(180°/z_2)} = \frac{15.875}{\sin(180°/69)} = 348.79(\text{mm})$$

链轮的尺寸及零件图从略。

本 章 小 结

(1) 链传动平均传动比准确，是利用链与链轮轮齿的啮合来传递动力和运动的机械传动。

(2) 由于链节是刚性的，因而在链传动中存在多边形效应(即运动不均匀性)的运动特性，在选用链传动参数时必须考虑它对链传动的影响。

(3) 链传动一般应布置在铅垂平面内，两链轮共面。中心线既可以水平也可以倾斜，但尽量不要处于铅垂位置。一般紧边在上，松边在下。

(4) 链传动的张紧是为了避免在链条的垂度过大时产生啮合不良和链条的振动现象；增大链条与链轮的啮合包角。

(5) 良好的润滑可以缓和冲击，减轻磨损，延长链条的使用寿命。

复习思考题

知识拓展

一、选择题

1. 在带、链、齿轮组成的多级减速传动中，链传动应放在(　　)。

    A. 高速级　　　　　　　　B. 低速级　　　　　　　　C. 高、低速级皆可

2. 链传动设计时，链条的型号是通过(　　)确定的。

    A. 抗拉强度计算公式　　　B. 疲劳破坏计算公式　　　C. 功率曲线图

3. 滚子链中，滚子的作用主要是(　　)。

    A. 缓冲吸振　　　　　　　B. 减轻套筒与轮齿间的磨损

    C. 提高链的承载能力　　　D. 保证链节与轮齿间的啮合

4. 滚子链传动中易于磨损的位置是(　　)。

    A. 滚子与套筒　　　　　　B. 套筒与销轴

    C. 销轴与外链板　　　　　D. 套筒与内链板

二、填空题

1. 设计滚子链传动时，链条的节数取_____数，链轮的齿数取_____数，这样可以使磨损均匀。

2. 链传动水平布置时，一般应使_____在上面，_____在下面。

3. 在高速、重载下的套筒滚子链，宜选用_____节距的_____排数链条。

4. 链传动中，链轮齿数 z 越_____，链节距 p 越_____，则运动不均匀性越明显。

三、设计题

已知一滚子链传动所传递的功率 $P=20\text{kW}$，$n_1=200\text{r/min}$，传动比 $i=3$，链轮中心距 $a=300\text{mm}$，水平安装，载荷平稳。试设计此链传动。

第十章　连　　接

学习要点及目标

(1) 了解螺纹连接的分类和主要参数。

(2) 理解螺旋副的受力分析、效率及自锁条件。

(3) 了解螺纹连接的四种基本类型、结构特点及应用场合。

(4) 掌握单个螺栓的受力分析和强度校核计算。

(5) 掌握螺纹连接的预紧和防松、常用防松方法及防松零件。

(6) 理解提高螺栓连接强度的措施。

核心概念

大径　小径　中径　螺距　导程　升角　牙型角　自锁条件　普通螺栓　铰制孔用螺栓　控制预紧方法　防松措施　提高螺纹连接强度措施

第一节　螺纹连接的基础知识

螺纹连接的基础知识

任何一部机器都是由许多零部件组合而成的。组成机器的所有零部件都不能孤立地存在，它们必须通过一定的方式连接起来，称为机械连接。按零件的个数计算，在各种机械中，连接件是使用最多的零件，一般占机器总零件数的20%～50%，它是在近代机械设计中发明创造最多的一类机械零件。

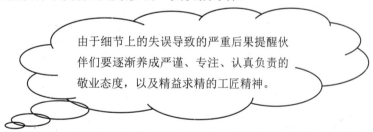

由于细节上的失误导致的严重后果提醒伙伴们要逐渐养成严谨、专注、认真负责的敬业态度，以及精益求精的工匠精神。

在机器不能正常工作的情况下，许多是因连接失效造成的。特别是在某些重要的机器设备中，如飞机、汽轮机、核反应堆等大型装备中，一旦螺纹连接出现损坏，将造成严重后果。据报道，1966 年日本航空公司一架从千叶飞往东京羽田机场的飞机，因为连接发动机的螺栓疲劳断裂，在羽田海面坠海；美国汽车制造商接到的投诉中，最多的是紧固件问题。可以发现，连接在机械设计与使用中占有重要地位。

螺纹连接是应用最广泛的连接类型之一。图 10-1 所示为汽车轮胎上的连接螺栓。图 10-2 所示为联轴器所用螺栓连接。

为了保证机器在结构、制造、安装和维修等方面的要求，在机械设备中广泛采用各种将两个或两个以上的零部件连成一体的连接。

机械连接分为可拆连接和不可拆连接两类。可拆连接可多次装拆而无损坏，如螺纹连接、键连接、销连接等；不可拆连接在拆开时，至少要损坏连接中的一个零件，如焊接、钢钉连接、黏结等。过盈连接则是介于两类连接之间的一种连接方法。

螺纹连接是利用螺纹连接件（又称螺纹紧固件）连接被连接件而构成的一种可拆连接，应用广泛。螺纹及其主要参数如下。

图 10-1　汽车轮胎

图 10-2　联轴器

一、螺纹的形成

如图 10-3(a)所示，把一直角三角形 abc 绕到圆柱体上，并使其底边与圆柱体底面周边重合，则斜边在圆柱体表面上就形成一条螺旋线。取一平面图形，如矩形，使其一边与圆柱体的母线贴合，并沿螺旋线移动(移动时矩形平面始终位于圆柱体的轴线平面内)，矩形在空间的轨迹即为矩形螺纹。

二、螺纹的分类

按图 10-3(b)～(e)中的截面形状(牙型)不同，螺纹可分为三角形、梯形、锯齿形和矩形螺纹。在圆柱表面上形成的螺纹称为外螺纹，如螺栓的螺纹；在圆柱孔内壁上形成的螺纹称为内螺纹，如螺母的螺纹。

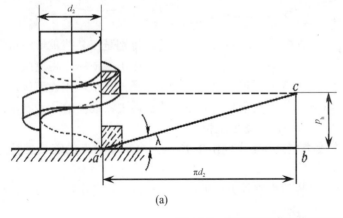

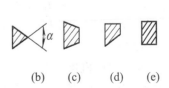

(a)　　　　　　　　　　　　　　(b)　　(c)　　(d)　　(e)

图 10-3　螺纹的形成及截面形状

按螺纹的绕行方向，如图 10-4 所示，螺纹可分为右旋[见图 10-4(a)和图 10-4(c)]和左旋[见图 10-4(b)]螺纹。常用的是右旋螺纹，只有在特殊要求时才采用左旋螺纹。

在一条螺旋线的基础上形成的螺纹称为单线螺纹，如图 10-3 和图 10-4(a)所示。若将圆柱体底面的圆周分成两等份，沿同一方向由其两分点向圆柱体上绕相同的三角形，形成两条等距螺旋线(见图 10-5)，可形成双线螺纹[见图 10-4(b)]。同理，若将圆柱体底面的圆周分成三等份、四等份，则可形成三线螺纹[见图 10-4(c)]、四线螺纹。从便于制造角度考虑，很少采用四线以上的螺纹。

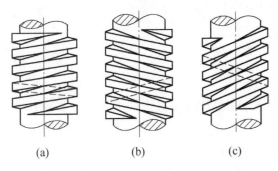

(a)　　　　　　　　(b)　　　　　　　　(c)

图 10-4　不同旋向和线数的螺纹

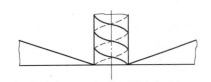

图 10-5　双线螺纹的形成

单线螺纹通常用于连接，也可用于传动；双线、三线、四线螺纹多用于传动。

三、螺纹的主要参数

图 10-6 所示为螺纹的主要参数。

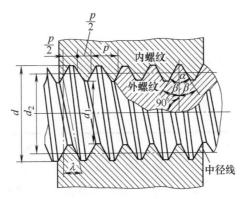

图 10-6　螺纹的主要参数

1. 大径 d

大径 d 是指外螺纹牙顶(或内螺纹牙底)所在的圆柱体直径，同时是螺纹的公称直径。

2. 小径 d_1

小径 d_1 是指外螺纹牙底(或内螺纹牙顶)所在的圆柱体直径。常近似作为受拉普通螺栓的危险截面直径。

3. 中径 d_2

中径 d_2 是指在母线(又称中径线)上牙型宽度和牙槽宽度相等的假想圆柱体直径。

4. 螺距 p

螺距 p 是指相邻两牙在中径线上对应点间的距离。

5. 导程 p_h

导程 p_h 是指同一螺旋线上相邻两牙在中径线上对应点间的距离。

设螺纹线数为 n，则

$$p_h = np \tag{10-1}$$

6. 升角 λ

升角 λ 是指中径圆柱面上螺旋线的切线与螺纹轴线垂直面间的夹角。如图10-3(a)所示，有

$$\lambda = \arctan\left(\frac{p_h}{\pi d_2}\right) = \arctan\frac{np}{\pi d_2} \tag{10-2}$$

7. 牙型角 α

牙型角 α 是指牙型相邻两侧边的夹角。

8. 牙型斜角 β

牙型斜角 β 是指牙型侧边与螺纹轴线的垂线的夹角。对于对称牙型，有 $\beta = \alpha/2$。

四、螺纹的特点和应用

表10-1列出了常用螺纹的类型、牙型、特点和应用。前三种螺纹主要用于连接，后三种主要用于传动，除矩形螺纹外，均已标准化。

表 10-1 常用螺纹

类 别	牙 型 图	特点和应用
普通螺纹	内螺纹 60° 外螺纹 d d_2 d_1 p	牙型角 $\alpha=60°$。牙根较厚，强度较高。当量摩擦系数较大，主要用于连接。同一公称直径按螺距的大小分粗牙和细牙。一般情况下用粗牙；薄壁零件或受动载荷的连接常用细牙
寸制螺纹	内螺纹 55° 外螺纹 d d_2 d_1 p	牙型角 $\alpha=55°$，也有 $\alpha=60°$ 的。螺距以每英寸牙数计算，也有粗牙、细牙之分。多用于修配英、美等国的零件

续表

类 别	牙 型 图	特点和应用
圆柱管螺纹		牙型角 $\alpha=55°$，牙顶呈圆弧。旋合螺纹间无径向间隙，紧密性好。公称直径近似为管子孔径，以英寸为单位。多用于压力在 1.57MPa 以下的管件连接
矩形螺纹		螺纹牙的剖面通常为正方形，牙厚为螺距的一半，尚未标准化。牙根强度较低，难以精确加工，磨损后间隙难以补偿，对中精度低。当量摩擦系数最小，效率较其他螺纹高，故用于传动
锯齿形螺纹		工作面的牙型斜角 $\gamma=3°$，非工作面的牙型斜角 $\gamma=30°$，兼有矩形螺纹效率高和梯形螺纹牙根强度高的优点，但只能用于单向受力的传动
梯形螺纹		牙型角 $\alpha=30°$，效率比矩形螺纹低，但可避免矩形螺纹的缺点，广泛用于传动

第二节　螺旋副的受力分析、效率和自锁

一、矩形螺纹

螺旋副的受力
分析

图10-7(a)所示为具有矩形螺纹的螺母和螺杆组成的螺旋副。螺母上作用有轴向载荷 F(包括外载荷和自重)。

1. 拧紧螺母时相当于滑块沿斜面等速上升

当在螺母上作用转矩 T，使螺母等速旋转并沿轴向力 F 反向移动(相当于拧紧螺母)时，这样的运动可看成如图10-7(b)所示的滑块(相当于螺母)在水平力 F_t 推动下沿斜面(相当于螺纹)等速上移。若将螺纹沿中径展开，成为如图10-8(a)所示的滑块沿斜面等速上升的力学模型，所以可用滑块沿斜面移动时的受力分析代替螺旋副相对运动时的受力分析。

滑块沿斜面向上移动，滑块的摩擦力 $F_f = F_n f$，其中 f、F_n 分别为摩擦系数和法向反力，摩擦力 F_f 沿斜面向下。螺旋副中的法向反力 F_n 与摩擦力 F_f 的合力，称为螺旋副中的总反力，以 F_R 表示。总反力 F_R 与法向反力 F_n 之间的夹角为摩擦角 ρ，则 $\tan \rho = \dfrac{F_f}{F_n} = f$，可得摩擦角

$$\rho = \arctan f \tag{10-3}$$

斜面对滑块的总反力 F_R 与轴向力 F 的夹角等于升角 λ 与摩擦角 ρ 之和。因滑块做等速

运动，故作用于滑块上的 F、F_R 与 F_t 三力保持平衡，由力的三角形得

$$F_t = F \tan(\lambda + \rho) \tag{10-4}$$

显然，拧紧螺母，克服螺纹中阻力所需的力矩为

$$T = F_t \frac{d_2}{2} = F \tan(\lambda + \rho) \frac{d_2}{2} \tag{10-5}$$

当旋转螺母一周时，输入的驱动功和有效功分别为 W_1、W_2，得

$$W_1 = 2\pi T$$

$$W_2 = Fp_h = F\pi d_2 \tan\lambda \tag{10-6}$$

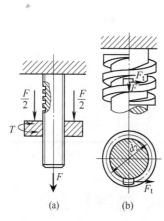

图 10-7　矩形螺纹的螺旋副

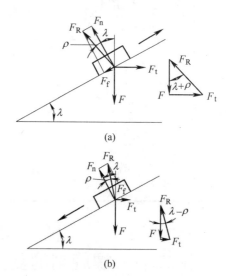

图 10-8　滑块沿斜面移动的受力分析

则等速旋转螺母，并使其沿轴向力 F 反向移动时，螺旋副的效率为

$$\eta = \frac{W_2}{W_1} = \frac{Fp_h}{2\pi T} = \frac{F\pi d_2 \tan\lambda}{\pi F d_2 \tan(\lambda + \rho)} = \frac{\tan\lambda}{\tan(\lambda + \rho)} \tag{10-7}$$

2. 放松螺母时相当于滑块沿斜面等速下降

当螺母等速旋转并沿轴向力 F 方向移动(相当于松脱螺母)时，其受力相当于图 10-8(b) 所示，滑块在轴向力 F 作用下沿斜面等速下降时的受力情况。此时，滑块的摩擦力 F_f 沿斜面向上，斜面对滑块的总反力 F_R 与轴向力 F 的夹角为 $\lambda-\rho$。

由力的三角形，得水平力(防松力)为

$$F_t = F \tan(\lambda - \rho) \tag{10-8}$$

防松力矩为

$$T = F_t \frac{d_2}{2} = F \tan(\lambda - \rho) \frac{d_2}{2} \tag{10-9}$$

由式(10-8)可知，若 $\lambda \leqslant \rho$，则水平力 F_t 为负值。这表明，必须施加反向的水平力 F_t 才会使滑块沿斜面等速下滑；若不施加反向力 F_t，不论轴向力 F 有多大，滑块也不会在其作用下下滑，即当 $\lambda \leqslant \rho$ 时，不论有多大的轴向力 F，螺母都不会在其作用下自行松脱，这种

现象称为自锁。

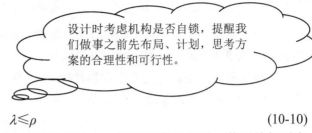

设计时考虑机构是否自锁，提醒我们做事之前先布局、计划，思考方案的合理性和可行性。

矩形螺纹副的自锁条件为

$$\lambda \leqslant \rho \tag{10-10}$$

式(10-10)表明，当螺纹连接拧紧后，在不考虑冲击、振动和变载荷时，若不施加反向外力，则不论轴向力多大，螺母也不会自行松脱。

二、非矩形螺纹

非矩形螺纹的螺旋副受力分析与矩形螺纹的相似，将螺纹沿中径展开，将螺杆的螺纹看成斜面，螺母看成滑块。由于非矩形螺纹的牙型角不等于零，如图 10-9(b)所示，所以在同样的轴向载荷作用下，螺纹工作表面上的法向反力与矩形螺纹工作表面上的法向反力不相等。若忽略螺纹升角的影响（即认为$\lambda=0$），则由图 10-9 可求得矩形螺纹和非矩形螺纹工作表面上法向反力分别为

$$F_{\mathrm{n}} = F \ \text{和} \ F_{\mathrm{n}}' = \frac{F}{\cos\dfrac{\alpha}{2}} \tag{10-11}$$

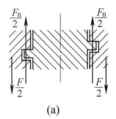
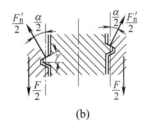

(a)   (b)

图 10-9 非矩形螺纹副

因而，当螺旋副做相对运动时，矩形螺纹和非矩形螺纹工作表面上的摩擦力分别为

$$F_{\mathrm{f}} = F_{\mathrm{n}}f = Ff$$

$$F_{\mathrm{f}}' = F_{\mathrm{n}}'f = \frac{Ff}{\cos\dfrac{\alpha}{2}} \tag{10-12}$$

式中，f 为摩擦系数。比较式(10-11)可见，在 F 和 f 相同的条件下，$F_{\mathrm{n}}' > F_{\mathrm{n}}$，$F_{\mathrm{f}}' = F_{\mathrm{f}}$。表明非矩形螺纹副的法向反力和摩擦力均为矩形螺纹的 $\dfrac{1}{\cos\dfrac{\alpha}{2}}$ 倍。

若令当量摩擦系数 $f_{\mathrm{v}} = \dfrac{f}{\cos\dfrac{\alpha}{2}}$，则当量摩擦角为

$$\rho_{\mathrm{v}} = \arctan f_{\mathrm{v}} \tag{10-13}$$

则非矩形螺纹工作表面上的摩擦力为

$$F_f' = F_n'f = F_n f_v \tag{10-14}$$

非矩形螺纹上作用力的计算可借用矩形螺纹相应的计算公式，仅需将 f 替换为 f_v，ρ 替换为 ρ_v。故得非矩形螺纹相应的计算公式如下。

当螺母旋转并沿轴向力的反向移动(拧紧螺母)时，作用于螺纹中径处的水平力、克服螺纹中阻力所需的转矩和螺旋副的效率分别为

$$F_t = F\tan(\lambda + \rho_v) \tag{10-15}$$

$$T = F_t\frac{d_2}{2} = F\tan(\lambda + \rho_v)\frac{d_2}{2} \tag{10-16}$$

$$\eta = \frac{\tan\lambda}{\tan(\lambda + \rho_v)} \tag{10-17}$$

非矩形螺纹副的自锁条件为

$$\lambda \leqslant \rho_v \tag{10-18}$$

由分析可知，锯齿形螺纹工作面的牙型斜角 $\gamma = 3°$，$f_v = 1.001f$；梯形螺纹牙型角 $\alpha = 30°$，$f_v = 1.035f$；普通螺纹(三角形螺纹)牙型角 $\alpha = 60°$，$f_v = 1.155f$。通过比较可知，螺纹工作面的牙型角越大，则当量摩擦系数和当量摩擦角越大，效率越低，但自锁性能越好，如三角形螺纹当量摩擦角大，自锁性更好，多用于连接，其他螺纹多用于传动。此外，一般升角越小，螺纹效率越低，越易自锁。故单线螺纹多用于连接，而多线螺纹升角大，常用于传动。

第三节　螺纹连接和螺纹连接件

一、螺纹连接的基本类型

螺纹连接有螺栓连接、双头螺柱连接、螺钉连接和紧定螺钉连接四种基本类型，详见表 10-1。

螺纹连接和
螺纹连接件

1. 螺栓连接

螺栓连接用于连接两个都便于加工通孔的较薄零件，其结构如图 10-10 所示。无须在被连接件上切制螺纹，使用时不受被连接件材料的限制，构造简单，装拆方便。适于通孔并能从连接件两边进行装配的场合。

螺栓连接根据受力情况，可分为普通螺栓连接和铰制孔用螺栓连接。其中，普通螺栓与被连接件孔壁间有间隙[见图 10-10(a)]，孔的加工精度要求低，同时加工和装拆方便，应用较广泛；而铰制孔用螺栓连接，螺栓杆与孔壁间一般采用过渡配合[见图 10-10(b)]，可以承受横向载荷，同时还有定位作用，此时孔需要精制(如铰孔)，连接件需用铰制孔螺栓。

螺纹余留长度 l_1 的规定如下。

(1) 对于普通螺栓连接，静载荷时，$l_1 \geqslant (0.3\sim0.5)d$；动载荷时，$l_1 \geqslant 0.75d$；冲击、弯曲载荷时，$l_1 \geqslant d$；

(2) 对于铰制孔螺栓，$l_1 \approx d$，螺纹伸出长度 $l_2 \approx (0.2\sim0.3)d$。

普通螺栓轴线到被连接件边缘距离 $e \approx d + (3\sim6)\text{mm}$；通孔直径 $d_0 \approx 1.1d$。

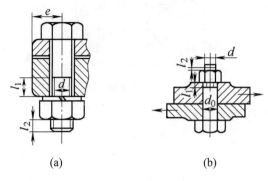

图 10-10　螺栓连接

2. 双头螺柱连接

当连接件无法采用螺栓连接(如被连接件太厚而不宜制成通孔)等，而连接又需要经常拆卸，或用螺钉无法安装时，可用双头螺柱连接[见图 10-11(a)]。双头螺柱连接是将双头螺柱一端旋入并紧固在被连接件之一的螺纹孔中，另一端穿过另一被连接件的孔中，旋好螺母而实现的连接。

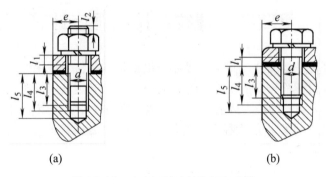

图 10-11　双头螺柱连接和螺钉连接

螺纹旋入深度 l_3，当螺纹孔材料为钢或青铜 $l_3 \approx d$；铸铁 $l_3 \approx (1.25 \sim 1.5)d$；铝合金 $l_3 \approx (1.5 \sim 2.5)d$。

螺纹孔深度 $l_4 \approx l_3 + (2 \sim 2.5)p$ (其中，p 为螺距)；钻孔深度 $l_5 \approx l_4 + (0.2 \sim 0.3)d$。

l_1、l_2、e 同螺栓连接。

3. 螺钉连接

被连接件之一结构受限，无法制出通孔，希望结构紧凑或者能有光整的外露表面时，可以在不能制出通孔的被连接件上加工出螺纹以替代螺母，将螺钉拧入，从而实现连接[见图 10-11(b)]，其应用与双头螺柱连接相似，但不宜用于时常装拆的连接，以免损坏被连接件的螺纹孔。

4. 紧定螺钉连接

紧定螺钉连接如图 10-12 所示。利用紧定螺钉旋入被连接件之一的螺纹孔中，其末端顶住另一被连接件的表面或顶入相应的孔中，以固定两个零件的相互位置，并可传递不大的力或转矩，多用于轴和轴上零件的连接。

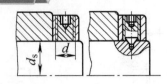

图 10-12　紧定螺钉连接

$d \approx (0.2 \sim 0.3)d_s$，　转矩大时取大值。

二、螺纹连接件

常用的螺纹连接件包括螺栓、螺柱、螺钉、紧定螺钉、螺母和垫圈等，这类零件的结构型式和尺寸已标准化，设计时可根据有关标准选用。

根据国标《紧固件公差》(GB/T 3103.1—2016)的规定，螺纹连接件分为三个精度等级，其代号为 A、B、C 级。A 级精度的公差小，精度最高，用于要求配合精确、防止振动等重要零件的连接；B 级精度多用于承载较大并且经常拆装、调整或者承受变载荷的连接；C 级精度多用于一般的螺纹连接。常用的螺纹连接件，如螺栓、螺钉，选用 C 级精度。

第四节　螺纹连接的强度计算

螺栓及螺母等都是标准件，其结构尺寸是根据强度条件及使用经验确定。连接强度计算的主要任务是根据螺栓连接的受力情况，通过分析，确定其所属类型，然后根据强度条件，计算出受力最大螺栓的拉力或剪力，即可按强度条件计算出螺栓的小径 d_1(或螺栓杆直径 d_0)，然后按标准选取螺栓的大径和其他紧固件的尺寸。螺栓连接的计算方法也基本适用于双头螺柱和螺钉连接。

一、螺纹连接的主要失效形式和计算准则

对单个螺栓来说，其承载形式主要是受横向载荷或轴向载荷。在横向载荷作用下，当采用铰制孔螺栓时，螺栓杆与孔壁间可能出现压溃或者螺栓杆被剪断；在轴向载荷(含预紧力)作用下，螺栓杆和螺纹可能出现塑性变形或断裂。一般来说，螺栓连接在静载荷下很少出现破坏，只在严重过载时才发生。

综上，对普通螺栓，其主要失效形式为螺栓杆和螺纹的断裂，相应的设计准则是保证螺栓的抗拉强度；对于铰制孔螺栓，其主要失效形式为螺栓杆与孔壁间的压溃或螺栓杆的剪断，其设计准则是保证连接的抗压强度和螺栓的抗剪强度，其中的挤压强度对连接的可靠性起主要作用。

二、螺纹的材料及许用应力

1. 螺栓常用材料

螺栓常用材料有 Q215、Q235、35 和 45 钢，对于承受震动、冲击或变载荷的螺栓连接，可采用力学性能较高的合金钢，如 15Cr、20Cr、40Cr、30CrMnSi 等。对需要导

电、耐高温或防锈蚀等特殊用途的螺纹连接，可采用特殊钢或铜合金、铝合金。常用螺栓连接件材料的力学性能如表 10-2 所列。

表 10-2 螺栓的常用材料及力学性能

(MPa)

钢 号	抗拉强度 σ_b	屈服强度 σ_S
10	340～420	210
Q215	340～420	220
Q235	410～470	240
35	540	320
45	650	360
40Cr	750～1000	650～900

国标《紧固件机械性能螺栓、螺钉和螺柱》(GB/T 3098.1—2010)规定螺栓连接件的力学性能等级分为 10 级，如表 10-3 所列。从 3.6 至 12.9，其中小数点前的数字代表抗拉强度 σ_b 的 1%，小数点后的数字代表材料的屈服强度 σ_s 与抗拉强度 σ_b 之比值的 10 倍。若螺栓性能等级为 4.6，其中 4 表示材料的抗拉强度为 400MPa，6 表示屈服强度与抗拉强度之比为 0.6。螺母的性能等级分为 7 级，从 4 到 12。数字粗略表示螺母能承受的最小应力 σ_{min} 的 1%。选取时，要注意螺母的性能等级应不低于与其配对的螺栓的性能等级。

表 10-3 螺栓(含螺钉、螺柱)及螺母的性能等级

	性能等级(标记)	3.6	4.6	4.8	5.6	5.8	6.8	8.8	9.8	10.9	12.9
螺栓、螺钉、螺柱	抗拉强度极限/(σ_b/MPa)	300	400		500		600	800	900	1000	1200
	屈服强度/(σ_s/MPa)	180	240	320	300	400	480	640	720	900	1080
	硬度/HBS$_{min}$	90	114	124	147	152	181	238	276	304	366
	推荐材料	低碳钢	低碳钢或中碳钢					低碳合金钢，中碳钢	中碳钢，低、中碳合金钢，合金钢		合金钢淬火并回火

	性能等级(标记)	4		5		6	8	9		10	12
螺母	螺母保证最小应力σ_{min}/MPa	510 ($d\geqslant16～39$)		520 ($d\geqslant3～4$，右同)		600	800	900		1040	1150
	推荐材料	易切削钢，低碳钢				低碳钢或中碳钢	中碳钢			中碳钢，低、中碳合金钢，淬火并回火	
	相配螺栓的性能等级	3.6，4.6，4.8 ($d>16$)		3.6,4.6,4.8 5.6，5.8		6.8	8.8	8.8 ($d>16～39$)，9.8($d<16$)		10.9	12.9

注：① 均指粗牙螺纹螺母。
② 性能等级为 10、12 的螺母，其硬度最大值为 38HRC；其余性能等级的螺母，其硬度最大值为 30HRC。
③ 规定性能等级的螺栓、螺母在图样中只标出性能等级，不标出材料牌号。

2. 许用应力

螺栓的许用应力与载荷性质、连接是否预紧、预紧力是否需要控制以及螺栓连接的材料、结构尺寸等因素有关。一般设计时,螺栓连接的许用应力可按表 10-4 和表 10-5 选取。

表 10-4　螺栓的许用应力[σ]

(MPa)

载荷性质	螺栓大径 d/mm	紧连接(不控制预紧力)		松连接
		材料		材料
		碳素钢	合金钢	钢
静载荷	6～16	$(0.25\sim0.33)\sigma_s$	$(0.2\sim0.25)\sigma_s$	$(0.6\sim0.83)\sigma_s$
	16～30	$(0.33\sim0.5)\sigma_s$	$(0.25\sim0.4)\sigma_s$	
	30～60	$(0.5\sim0.77)\sigma_s$	$0.4\sigma_s$	
变载荷	6～16	$(0.1\sim0.15)\sigma_s$	$0.2\sigma_s$	—
	16～30	$0.15\sigma_s$		

注:① σ_s 为材料的屈服极限。

② 紧连接控制预紧力时,[σ]=$(0.66\sim0.83)\sigma_s$。

表 10-5　铰制孔用螺栓连接的许用应力

(MPa)

载荷性质	材　料	许用剪应力	许用挤压应力
静载荷	钢	$0.4\sigma_s$	$0.8\sigma_s$
	铸铁	—	$(0.4\sim0.5)\sigma_b$
变载荷	钢	$(0.2\sim0.3)\sigma_s$	$0.6\sigma_s$
	铸铁	—	$(0.3\sim0.4)\sigma_b$

注:① σ_s 为材料的屈服极限。

② σ_b 为材料的强度极限。

由表 10-4 和表 10-5 可见,紧连接的许用应力与螺栓的直径有关。直径越小,许用应力越低。这是因为直径小的螺栓在拧紧时容易拧断。所以,对于重要的螺栓连接,不能严格控制预紧力时,不宜用 M12 以下的螺栓。

由于紧连接螺栓的许用应力与螺栓直径有关,故计算时需用试算法,即先假定一个螺栓直径,查出许用应力,求出螺栓小径,计算的小径应与假定螺栓的小径相接近;否则应重新假定再次进行计算,直至相接近为止。

三、松螺纹连接强度计算

装配时不拧紧螺母的连接称为松螺栓连接。

图 10-13 所示滑轮的螺栓连接为松螺栓连接,承受工作载荷前连接并不受力,螺栓仅受轴向力 F,其强度条件为

松螺栓连接的强度计算

螺栓连接的材料及使用应力

$$\sigma = \frac{F}{\frac{\pi}{4}d_1^2} \leqslant [\sigma] \tag{10-19}$$

则螺栓小径为

$$d_1 \geqslant \sqrt{\frac{4F}{\pi[\sigma]}} \tag{10-20}$$

式中，d_1 为螺栓小径(mm)；F 为工作载荷(N)；$[\sigma]$ 为松螺栓许用应力(MPa)，按表 10-4 选取。

四、紧螺纹连接强度计算

紧螺栓连接是指工作前需要预紧。根据承载方向的不同，可分为受横向载荷和受轴向载荷的紧螺栓连接。

1. 受横向载荷的紧螺栓连接

1）普通螺栓连接

如图 10-14 所示，横向工作载荷 F_R 与螺栓轴线垂直，螺栓与孔之间留有间隙。拧紧螺母后所产生的预紧力 F_0 将被连接件压紧，横向工作载荷靠被连接件接触面间的摩擦力来传递。为保证被连接件不发生相对滑动，须满足以下条件，即

受横向载荷的紧螺栓连接强度计算

$$nF_0 f \geqslant cF_R \tag{10-21}$$

或

$$F_0 \geqslant \frac{cF_R}{nf} \tag{10-22}$$

式中，n 为结合面数目；f 为摩擦系数，可按表 10-6 选取；F_0 为预紧力；c 为可靠性系数，一般取 $c = 1.1 \sim 1.3$。

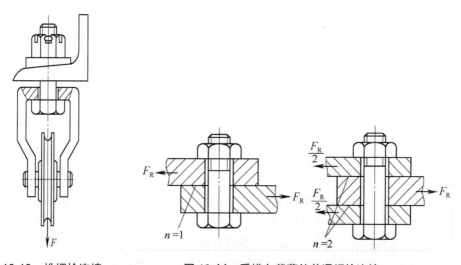

图 10-13　松螺栓连接　　　　图 10-14　受横向载荷的普通螺栓连接

拧紧时，螺栓受轴向预紧力的拉伸和螺纹摩擦力矩的扭转，故危险剖面上有拉应力和

扭转剪应力产生。根据工程力学第四强度理论，危险截面的当量应力σ_v与拉应力σ的关系为

$$\sigma_v \approx 1.3\sigma \qquad (10\text{-}23)$$

因此，螺栓的强度条件为

$$\sigma_v = \frac{1.3F_0}{\dfrac{\pi d_1^2}{4}} \leqslant [\sigma] \qquad (10\text{-}24)$$

式中，$[\sigma]$为紧螺栓的许用应力(MPa)，按表10-4选取。

表 10-6　结合面摩擦系数 f

被连接件	结合面的表面状态	摩擦系数
钢或铸铁零件	干燥的机加工表面	0.10～0.16
	有油的机加工表面	0.06～0.10
钢结构构件	经喷砂处理	0.45～0.55
	涂富锌漆	0.35～0.40
	轧制、经钢丝刷清理浮锈	0.30～0.35
铸铁对砖料、混凝土或木材	干燥表面	0.40～0.45

对于依靠结合面摩擦力抵抗横向工作载荷的紧螺栓连接，预紧力比工作载荷大得多。如 $n=1$，$c=1$，$f=0.2$ 时，$F_0 \geqslant F/f$，则 $F_0 \geqslant 5F$，将会增大螺栓的结构尺寸。此外，在振动、冲击或变载荷下，由于摩擦系数的变动，将降低连接的可靠性，甚至出现松脱现象。

为了避免上述缺点，可用销或键等减载结构来承担横向工作载荷，而螺栓仅起连接作用，如图 10-15 所示。这种具有减载作用的紧螺栓连接，其连接强度可按键或销的强度准则进行校核，而螺纹仅保证连接，不再承受工作载荷，因此预紧力将小得多。

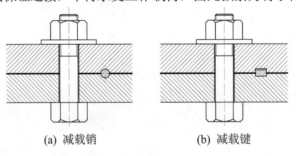

(a) 减载销　　　　　　　(b) 减载键

图 10-15　减载结构

2) 铰制孔用螺栓连接

普通螺栓所受横向工作载荷很大时，将大大增加连接尺寸，还可采用螺杆和孔之间没有间隙的铰制孔用螺栓来改善连接的受力状况。

图 10-16 所示铰制孔用螺栓连接是靠螺栓杆部与被连接件孔壁的挤压与螺栓杆的剪切来承受载荷。这种连接预紧力小，被连接件间的摩擦力可忽略不计。

其强度条件为

$$\tau = \frac{F_R}{n\dfrac{\pi}{4}d_0^2} \leqslant [\tau] \tag{10-25}$$

$$\sigma_P = \frac{F_R}{d_0\delta} \leqslant [\sigma_P] \tag{10-26}$$

式中，d_0 为螺栓受剪面的直径(mm)；δ 为螺栓杆与被连接件孔壁间接触受压的最小轴向长度(mm)；$[\tau]$ 为螺栓材料的许用剪应力(MPa)，按表10-5选取；$[\sigma_P]$ 为螺栓或孔壁材料的许用挤压应力(MPa)，按表10-5选取。

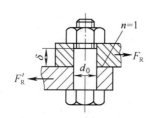
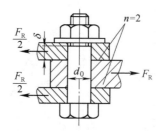

图 10-16 受横向载荷的铰制孔用螺栓连接

受轴向载荷的紧螺栓连接强度计算

2. 受轴向载荷的紧螺栓连接

图 10-17 所示的汽缸盖螺栓连接，是这种连接的典型实例。

被连接件和其中任意一个螺栓受轴向载荷前后的情况如图 10-18 所示。图 10-18(a)表示螺母尚未拧紧，两结合面刚好接触，螺栓和被连接件均不受力，因而也不产生变形。

图 10-18(b)表示螺母已拧紧，但尚未施加工作载荷。此时由于预紧力 F_0 的作用，螺栓受拉伸，其伸长量为 δ_1。同时被连接件因作用与反作用的关系，承受压力 F_0，其压缩量为 δ_2。

图 10-18(c)表示施加工作载荷时的情况。汽缸内的压力使螺栓受到轴向工作载荷 F_e 以后，螺栓因所受的拉力由 F_0 增至 F 而继续伸长，伸长量增加了 $\Delta\delta$；同时，原来被压缩的被连接件，因螺栓伸长而稍被放松，其压缩量也相应地减少了 $\Delta\delta$，此时被连接件所受的压紧力由 F_0 减为 F_r，F_r 称为残余预紧力。

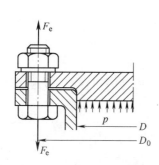
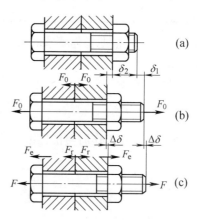

图 10-17 受轴向载荷的紧螺栓连接   图 10-18 单个螺栓连接的受力变形

这样，当螺栓承受轴向工作载荷 F_e 以后，由于预紧力出现了变化，螺栓所受的总拉力 F 并不等于工作载荷 F_e 与预紧力 F_0 之和，而等于工作载荷 F_e 与残余预紧力 F_r 之和，即

$$F = F_e + F_r \tag{10-27}$$

若零件的变形在弹性范围内，则可用图 10-19 表示螺栓与被连接件的受力与变形关系。在图 10-19(a)中，直线 OA 为螺栓的受力变形关系。在图 10-19(b)中，O_1B 为被连接件的受力变形关系。在连接被拧紧而未受工作载荷时，螺栓中的拉力和被连接件的压紧力均为 F_0，可以将图 10-19(a)和图 10-19(b)合并得图 10-19(c)。由图 10-19(c)可见，施加工作载荷 F_e 之后，螺栓的伸长量为 $\delta_1+\Delta\delta$，相应的总拉力为 F；被连接件的压缩量为 $\delta_2-\Delta\delta$，相应的残余预紧力为 F_r；而 $F = F_e + F_r$，此即式(10-27)。

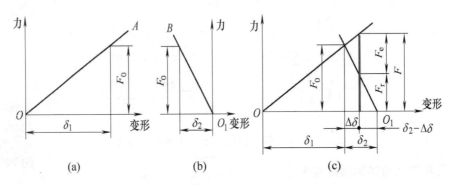

图 10-19　螺栓连接受力变形关系

为了保证紧螺栓连接安全可靠，残余预紧力 F_r 必须大于零，按工作要求，可查表 10-7 确定螺栓残余预紧力 F_r。

表 10-7　螺栓残余预紧力 F_r 选取范围

一般连接	工作载荷稳定	工作载荷变化
	$(0.2\sim0.6)F_e$	$(0.6\sim1.0)F_e$
有紧密性要求		$(1.5\sim1.8)F_e$
地脚螺栓连接		$\geqslant F_e$

在一般计算中，先根据工作要求和载荷性质确定残余预紧力，然后求出总拉力 F，则螺栓的强度条件为

$$\sigma_v = \frac{1.3F}{\dfrac{\pi}{4}d_1^2} \leqslant [\sigma] \tag{10-28}$$

式中，1.3 为考虑连接在工作时可能需要补充拧紧，此时应考虑扭转剪应力的影响。

则

$$d_1 \geqslant \sqrt{\frac{4\times1.3F}{\pi[\sigma]}} \tag{10-29}$$

以上分析的是单个螺栓的计算方法。对于螺栓组的强度计算，通常首先按照工作要求

确定螺栓的数目及分布，然后分析连接的工作情况及载荷。如果每个螺栓受力均相同，即可按照前述单个螺栓计算方法计算。如果各螺栓受力情况不同，则应先找出受力最大的螺栓，再按上述方法进行螺栓强度和尺寸的计算。其他受力较小的螺栓，为了制造和装配的方便，也采用相同的尺寸。

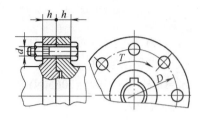

图 10-20　凸缘联轴器中的螺栓连接

例 10-1　图 10-20 所示为一凸缘联轴器。已知用 8 个普通螺栓连接，螺栓中心圆直径 $D=195\text{mm}$，联轴器传递的转矩 $T=1.1\text{kN·m}$。试确定螺栓直径。

解：

(1) 单个螺栓连接处的横向载荷 F_R 为

$$F_R = \frac{T}{\dfrac{D}{2}\times 8} = \frac{T}{4D} = \frac{1100}{4\times 0.195} = 1410(\text{N})$$

(2) 单个螺栓的预紧力 F_0。

螺栓连接的结合面数 $n=1$，查表 10-6，确定结合面间的摩擦系数 f，$f=0.15$，可靠性系数 c 取 1.2，则

$$F_0 \geqslant \frac{cF_R}{nf} = \frac{1.2\times 1410}{1\times 0.15} = 11280(\text{N})$$

(3) 螺栓的直径。

用试算法。

假定螺栓直径 $d=16\text{mm}$。若螺栓材料采用 Q235，由表 10-2 得其屈服极限 $\sigma_s =240\text{MPa}$，由表 10-3 得其性能等级 4.6，由表 10-4 查得许用应力 $[\sigma]=0.33$，$\sigma_s =0.33\times 240 = 79.2(\text{MPa})$。

则螺栓直径为

$$d_1 \geqslant \sqrt{\frac{4\times 1.3F_0}{\pi[\sigma]}} = \sqrt{\frac{4\times 1.3\times 11280}{3.14\times 79.2}} \approx 15.35(\text{mm})$$

由附表 1 查得 M20 标准粗牙普通螺纹大径 $d=20\text{mm}$ 时，小径 $d_1=17.294\text{mm}$，与计算的小径接近并大于计算值，故原假定不合适，可以采用 M20 的普通螺栓。

作用于联轴器上的转矩 T 通过螺栓连接传递，因此连接受到与螺栓轴线垂直并与直径为 D 的圆周相切的圆周力。由于螺栓杆与孔之间有间隙，圆周力需靠结合面间的摩擦力来传递，为此，螺栓装配时必须拧紧。所以这是受横向载荷的紧螺栓连接。

从以上计算，当摩擦系数 $f=0.2$，可靠性系数 $c=1.2$，结合面数目 $n=1$ 时，$F_0\geqslant 6F_R$，即预紧力为横向工作载荷的 6 倍，所以螺栓连接靠摩擦力来承担横向载荷时，其尺寸是较大的。为了避免上述缺点，可用结构来承担横向工作载荷，而螺栓仅起连接作用，如图 10-15 所示。

例 10-2　图 10-17 所示的汽缸内径 $D=200\text{mm}$，螺栓分布圆直径 $D_0=250\text{mm}$，缸体内压 $p=1\text{MPa}$。为了保证连接的紧密性，有紧密性要求时，试确定螺栓的公称直径。

解：

(1) 确定单个螺栓的轴向工作载荷 F_e。

为了便于分度划线，螺栓数目应取 4、6、8、12 等。

初取 $z=8$，则

$$F_e = \frac{pA}{z} = \frac{\pi D^2 p}{4z} = \frac{3.14 \times 200^2 \times 1}{4 \times 8} = 3925(N)$$

(2) 确定单个螺栓的总拉力 F。

残余预紧力。为了保证连接的紧密性，由表 10-7 确定残余预紧力 $F_r = 1.8F_e$，则 $F_r = 1.8F_e = 1.8 \times 3925 = 7065(N)$。

总拉力为

$$F = F_e + F_r = 3925 + 7065 = 10990(N)$$

(3) 确定螺栓直径 d。

假定选用 $d=16mm$ 的螺栓，材料为 35 钢，由表 10-2 得 $\sigma_s = 320MPa$，由表 10-3 可选取螺栓性能等级 4.8，由表 10-4 得 $[\sigma] = 0.33\sigma_s = 0.33 \times 320 = 106(MPa)$，则

$$d_1 \geq \sqrt{\frac{4 \times 1.3 \times F}{\pi \times [\sigma]}} = \sqrt{\frac{4 \times 1.3 \times 10990}{3.14 \times 106}} \approx 13.10(mm)$$

由附录表 1 查得 M16 螺纹小径 $d_1 = 13.835mm$，符合计算结果，可以采用 M16 普通螺栓。

螺栓预紧后，螺栓受到的预紧力是通过拧紧力矩获得的。预紧力的大小对螺纹连接的可靠性、强度和密封性均有很大的影响，因此应控制其预紧力。

对于重要连接和有特殊要求的螺栓，预紧力应根据其使用实践确定，并在装配图标注出其预紧力和拧紧力矩，以便安装时控制。

第五节　设计螺纹连接应注意的几个问题

一、螺纹连接的预紧

松连接在装配时不需要把螺母拧紧，只有在承受外载荷时螺栓才受力，图 10-13 所示滑轮的螺栓连接是松连接的实例，这种松连接使用不多。

螺纹连接的预紧

绝大多数螺纹连接是紧连接，此时螺栓受到预紧力的作用。预紧力的大小影响螺栓的强度和连接的紧密性。如图 10-21 所示，为获得一定的预紧力所需的拧紧力矩 T，一部分用来克服螺旋副间的摩擦阻力矩 T_1，另一部分用来克服螺母环形端面与被连接件支承面间的摩擦阻力矩 T_2，即

$$T = T_1 + T_2 = F_0 \tan(\lambda + \rho_v)\frac{d_2}{2} + f_c F_0 r_f \tag{10-30}$$

式中，F_0 为预紧力(N)；d_2 为螺纹中径(mm)；f_c 为螺母与被连接件支承面间的摩擦系数；r_f 为支承面的摩擦半径(mm)，$r_f = \dfrac{d_0 + D_1}{4}$，其中 d_0、D_1 分别为螺母环形支承面的内径和外径，如图 10-21 所示。

对于 M10～M68 的粗牙普通螺纹，式(10-30)可简化为

$$T \approx 0.2F_0 d \tag{10-31}$$

式中，d 为螺纹的公称直径(mm)。

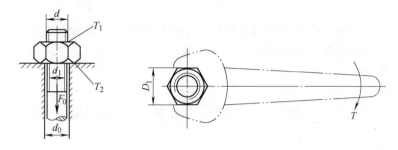

图 10-21　螺纹连接的拧紧力矩

一般螺纹连接的拧紧程度需要凭人工经验来控制。对于重要的连接，需要按式(10-30)计算拧紧力矩值，装配时使用测力矩扳手(见图 10-22)或定力矩扳手(见图 10-23)来控制拧紧程度。

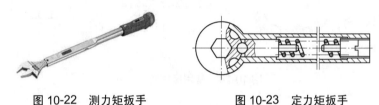

图 10-22　测力矩扳手　　　　　　图 10-23　定力矩扳手

二、螺纹连接的防松

连接用的普通螺纹均能够满足自锁条件，在静载荷和工作温度变化不大时不会自动松脱。

螺纹的防松

但在变载、冲击和动载荷下，预紧力可能在某一瞬间消失，连接仍有可能松脱，常会发生螺纹连接松动导致连接失效。在高温或温度变化较大时，由于温度变形差异等原因，也可能导致连接的松脱。螺栓连接一旦松脱，轻者会影响机器的正常运转，重者甚至会造成重大事故。

因此，为保证连接可靠，要设计相应的防松装置。螺纹连接防松的根本问题在于防止螺旋副的相对转动。防松的方法很多，按其工作原理有以下几种。

1. 摩擦防松

这类防松措施是使拧紧的螺母之间不因外载荷变化而失去压力，始终有摩擦阻力防止连接松脱。该方法安全可靠，故多用于冲击和振动不剧烈的场合。常用的有以下几种。

1) 弹簧垫圈

如图 10-24(a)所示，这种垫圈通常用 65Mn 钢制成，经热处理后富有弹性。螺母拧紧后，因垫圈的弹性反力，使螺母与螺栓的螺纹之间产生一定的附加弹性压力，此压力不因外载荷的变化而消失，故产生的摩擦力始终存在，能防止螺母松脱。另外，垫圈斜口的尖端抵着螺母与被连接件的支持面，也有助于防松。

2) 弹性带齿垫圈

如图 10-24(b)所示，这种垫圈靠压平垫圈后产生的弹力达到防松，由于弹力均匀，效果良好。但它不宜用于经常装拆或材料较软的被连接件中。

3) 对顶螺母

如图 10-24(c)所示，由于两螺母对顶拧紧而产生如图中箭头所示的对顶压力，使两螺母的螺纹分别与螺栓在旋合段内的螺纹相互压紧，防止连接松脱。对顶螺母结构简单，可用于低速重载场合。

4) 尼龙圈锁紧螺母

如图 10-24(d)所示，这种锁紧螺母中嵌有尼龙圈，拧上后尼龙圈内孔被胀大，箍紧螺栓，横向压紧螺纹，达到防松目的。

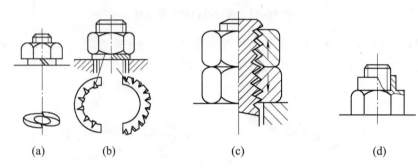

(a)   (b)   (c)   (d)

图 10-24　常用摩擦防松形式

2. 机械防松

这类防松方法是利用各种止动零件，防止拧紧的螺纹副相对转动。这种方法比较可靠，因此应用较广泛。常用的有以下 4 种。

1) 槽形螺母和开口销

如图 10-25(a)所示，槽形螺母拧紧后，开口销穿过螺母上的槽和螺栓末端的孔后，将尾端分开，使螺母与螺栓不能相对转动，从而达到防松的目的。这种防松措施常用于有振动的高速机械中的连接。

2) 圆螺母加带翅垫圈

如图 10-25(b)所示，将带翅垫圈的内翅嵌入外螺纹零件端部的轴向槽内。拧紧螺母后，将垫圈的一个外翅弯入螺母的一个槽内锁住螺母。这种防松方法常用于滚动轴承等与轴的轴向固定。

3) 止动垫圈

如图 10-25(c)所示，止动垫圈的一边上弯贴在螺母的侧面上，另一边下弯放入被连接件的槽中，从而约束螺母松动。这种方法较麻烦，多用于较重要或受力较大的场合。

4) 串联钢丝

如图 10-25(d)所示，将低碳钢丝穿入各螺钉头部的孔内，使其相互制约，无法松动。但要注意钢丝的穿绕方向，要促使螺钉拧紧。此法防松可靠，但装拆不便，仅适于螺栓组连接。

3. 破坏螺纹副防松

这种方法是将不经常装拆或不拆的螺纹连接，将可拆连接变为不可拆的连接，消除了螺母相对螺栓的转动。可用破坏螺纹副的方法[冲点法，见图 10-26(a)]来防松；或者将黏结剂涂于螺纹旋合表面[胶结法，见图 10-26(b)]，拧紧螺母后黏结剂能自行固化，防松效果良好。

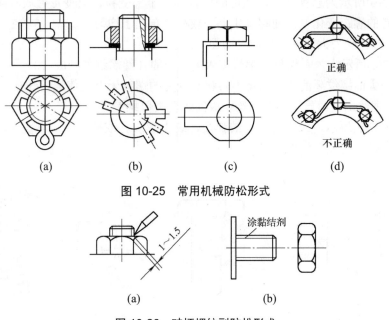

(a)   (b)   (c)   (d)

图 10-25   常用机械防松形式

(a)   (b)

图 10-26   破坏螺纹副防松形式

三、影响螺纹连接强度的因素

螺栓连接的强度主要取决于螺栓的强度。因此，分析影响螺栓强度的因素，从而提出提高螺栓强度的措施，对设计和使用螺栓连接具有重要的意义。

影响螺栓强度的因素很多，有材料、结构、尺寸参数、制造和装配工艺等。就其影响而言，涉及螺纹牙的载荷分配、应力幅、应力集中、附加应力、材料、力学性能、制造工艺等方面。下面仅以工程上常用的普通螺栓为例，分析各种因素对螺栓强度的影响和提高螺栓强度的措施。

1. 改善螺纹牙间的载荷分配

对于普通螺栓连接，螺栓所受的总拉力是通过螺栓和螺母的螺纹牙面相接触来传递的。由于螺栓和螺母的刚度及变形性质不同，即使制造和装配都很正确，各圈螺纹牙上的受力也不同。当连接受载时，螺栓受拉伸，外螺纹的螺距增大；而螺母受压缩，内螺纹的螺距减小。这种螺距变化差主要靠旋合各圈螺纹牙的变形来补偿。图 10-27(a)表明，从螺母支承面算起，第一圈螺纹变形最大，因而受力也最大，以后各圈递减。

理论分析和实践表明，旋合圈数越多，载荷分布不均的程度越严重。美国底特律工具公司对普通标准螺纹紧固件进行光弹受力分析的实验研究证实，当拧紧力矩比较小时，其载荷主要集中于第一圈的螺纹面上。当拧紧力矩较大时，第二圈螺纹面上开始受力，即载荷集中作用于第一、二圈的螺纹面上，其后各圈依次递减，甚至为零。因此，采用圈数过多的加厚螺母，并不能提高螺栓的强度。

为了改善螺纹牙上载荷分配不均的现象,常采用以下方法。

(1) 尽可能将螺母制成受拉伸的结构。

图 10-27(b)所示为悬置螺母,螺母的旋合部分全部受拉,其变形性质与螺栓相同,从而可减少两者的螺距变化差,使螺纹牙上的载荷分布趋于均匀。

(2) 减小螺栓受力大的螺纹牙的受力面。

图 10-27(c)所示为内斜螺母,螺母旋入端受力的几圈螺纹处制成 10°～15° 的斜角,可减小原受力大的螺纹牙的刚度而将力转移到受力的螺纹牙上,使载荷分布趋于均匀。

(3) 采用钢丝螺套由菱形剖面钢丝绕成的螺套类似螺旋弹簧。

如图 10-27(d)所示,因它有一定的弹性,装于螺纹孔或螺母中,有缓冲、减振及均载作用,可提高螺栓的疲劳强度。

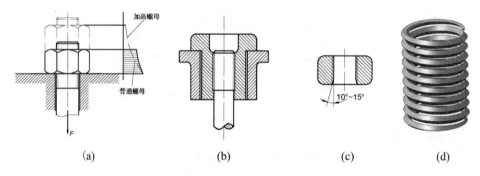

图 10-27 改善螺纹的载荷分配

2. 减小螺栓的应力幅

受变载荷的紧螺栓连接,在最大应力一定时,应力幅越小,疲劳强度越高。在工作载荷和残余预紧力不变的情况下,降低螺栓的刚度或提高被连接件的刚度都能达到减小应力幅的目的。但此时为了保证连接的紧密性,需要增加预紧力。为了提高被连接件的刚度,除改进被连接件的结构外,还可采取刚度大的硬垫圈。但对于有紧密性要求的汽缸螺栓连接,不应采用较软的密封垫圈,而应改用密封环。

3. 采用合理的制造工艺

制造工艺对螺栓疲劳强度有较大影响。采用冷镦头部和滚压螺纹的工艺方法,由于有冷作硬化的作用,表层有残余压应力,滚压后金属组织紧密,其疲劳强度比车削提高 35% 左右。

4. 螺母、螺栓头及被连接件的支承表面的平整

如图 10-28 所示,若被连接件的支承表面不平或倾斜,以及螺母支承表面倾斜,螺纹连接将受到偏心载荷,在螺栓剖面内产生附加弯曲压力,总的拉应力可能比单纯的拉应力大很多。

根据理论分析,若载荷偏心距 e 等于螺纹小径,总的拉应力将为单纯受拉时的 9 倍,这将大大降低连接的承载能力。因此,必须注意使支承表面平整。例如,在不平整的被连接件表面上制出经过切削加工的凸台或凹坑,螺母及螺栓头支承表面也要经过切削加工,

螺纹应有必要的精度，采用合适的垫圈(如斜垫圈)等。

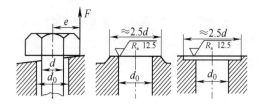

图 10-28　支承表面的倾斜、凸台和凹坑

5. 减小应力集中的影响

螺栓的螺纹牙根、螺纹收尾和螺栓头部与螺栓杆的过渡圆角等处会产生应力集中。为了减小应力集中，可采用较大的圆角半径，或将螺纹收尾改为退刀槽等。

此外，碳氮共渗、渗氮、喷丸等表面硬化处理也能提高螺栓的疲劳强度。

本 章 小 结

通过本章的学习，应达到以下要求：了解螺旋副的受力分析、效率和自锁；了解螺纹连接的基本类型及结构特点；掌握螺栓连接的强度计算；理解螺纹连接的预紧和防松方法以及提高螺栓连接强度的措施。

复习思考题

一、单项选择题

知识拓展

1. 当公称直径、牙型角、线数相同时，细牙螺纹的自锁性能比粗牙螺纹的自锁性能(　　)。

    A. 好　　　　　　　B. 差　　　　　　　C. 相同　　　　　　D. 不一定

2. 用于连接的螺纹牙型为三角形，这是因为三角形螺纹(　　)。

    A. 牙根强度高，自锁性能好　　　　　　B. 传动效率高

    C. 防震性能好　　　　　　　　　　　　D. 自锁性能差

3. 计算普通紧螺栓连接的拉伸强度时，考虑到拉伸与扭转剪应力的复合作用，应将拉伸载荷增加到原来的(　　)倍。

    A. 1.1　　　　　　B. 1.3　　　　　　C. 1.25　　　　　　D. 0.3

4. 在螺栓连接中，有时在一个螺栓上采用双螺母，其目的是(　　)。

    A. 提高强度　　　　　　　　　　　　B. 提高刚度

    C. 防松　　　　　　　　　　　　　　D. 减小每圈螺纹牙上的受力

5. 在螺栓连接设计中，有时在螺栓孔处制作沉头座孔或凸台，其目的是为(　　)。

    A. 避免受附加弯曲应力　　　　　　　B. 便于安装

    C. 安置防松装置　　　　　　　　　　D. 避免拉力过大

二、简答题

1. 按照牙型角，螺纹可分为哪几类？螺纹连接有哪几种基本形式？

2. 标准螺纹连接件既然能满足自锁条件，为什么还需用防松装置？

3. 螺栓防松的根本问题是什么？常用防松方法有几种？

三、计算题

1. 如图 10-29 所示的螺栓连接，采用两个 M20 的螺栓，其许用拉应力[σ]=150MPa，被连接件结合面间摩擦系数 f=0.2。试计算该连接允许传递的载荷 F_R。

2. 已知作用在图 10-30 所示轴承端盖上的力 F =10kN，轴承端盖用四个螺钉固定于铸铁箱体上，螺钉的材料为 Q235 钢，取残余预紧力为工作载荷的 0.4 倍，试确定所需螺钉的公称直径。

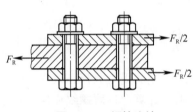

图 10-29　螺栓连接

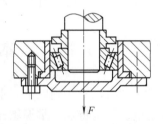

图 10-30　螺栓连接

习题讲解

第十一章　轴

学习要点及目标

(1) 了解轴的概述。
(2) 重点掌握轴上零件的定位和固定方法。
(3) 重点学习轴的结构工艺性。
(4) 掌握轴径的初步估算及轴的强度计算。

第一节　轴的类型和材料

轴概述

一、轴及其分类

轴是一种以一定形状几何线为轴线的回转体，它是组成机器的重要零件。轴主要用于安装、支撑传动零件(如齿轮、带轮、链轮和凸轮等)，使其具有确定的工作位置，并实现运动、力和功率的传递。轴借助轴承支撑安装在机座上。

按轴线形状，轴可分为直轴、曲轴和挠性钢丝轴。曲轴是回转与往复运动转换机构中的专用零件(如曲柄压力机、内燃机等)，如图11-1(a)所示。挠性钢丝轴的结构如图11-1(b)所示，它由数层缠绕成螺旋状的钢丝构成，可用于相互偏离、倾斜或移动的轴间传动，多用在远距离的控制机构和仪表传动中。挠性钢丝轴只能传递转矩，不能承受弯矩。这两类轴的设计有专门的资料介绍，本章只讨论直轴。

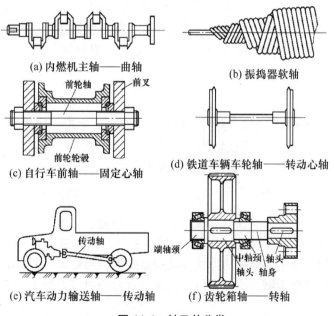

(a) 内燃机主轴——曲轴

(b) 振捣器软轴

(c) 自行车前轴——固定心轴

(d) 铁道车辆车轮轴——转动心轴

(e) 汽车动力输送轴——传动轴

(f) 齿轮箱轴——转轴

图 11-1　轴及其分类

根据轴的承载情况不同，轴又可分为心轴、传动轴和转轴三类。心轴则只承受弯矩而不传递转矩，图 11-1(c)所示自行车前轮轴为固定心轴；图 11-1(d)所示铁道车辆的车轮轴为转动心轴；传动轴只传递转矩而不承受弯矩或承受弯矩很小，图 11-1(e)所示为汽车变速箱与后桥间的轴；转轴既传递转矩又承受弯矩，如图 11-1(f)所示齿轮箱中的齿轮轴。

轴一般都制成实心的，但为减轻其质量(如大型水轮机轴、航空发动机轴)或满足工作要求(如需在轴中心穿过其他零件或润滑油)，则可用空心轴。

二、轴的设计要求和设计步骤

合理的结构和足够的强度是轴设计必须满足的基本要求。如果轴的结构设计不合理，则会影响其加工和装配工艺，增加制造成本，甚至影响轴的强度和刚度。足够的强度是轴的承载能力的基本保证。如果轴的强度不足，则会发生塑性变形或断裂失效，使其不能正常工作。不同的机器对轴的设计要求不同，如机床主轴、电机轴要求有足够的刚度；对一些高速机械轴，如高速磨床主轴、汽轮机主轴等要考虑其振动稳定性问题。

通常轴的设计步骤如下。

(1) 按工作要求选择轴的材料。

(2) 估算轴的基本直径。

(3) 轴的结构设计。

(4) 轴的强度校核计算。

(5) 必要时做刚度或振动稳定性等校核计算。

轴的设计计算与其他有关零件的设计计算往往相互联系、相互影响，因此必须结合进行。

三、轴的材料

轴的材料应具有足够的抗疲劳强度、较低的应力集中敏感性和良好的加工工艺性等。轴常用的材料是碳素结构钢和合金结构钢，有时也用球墨铸铁。轴的常用材料及性能如表 11-1 所列。

1. 碳素钢

优质中碳钢 35～50 钢因具有较高的综合力学性能，常用于比较重要或承载较大的轴，其中 45 钢应用最广泛。为保证轴的力学性能，一般均应对其材料进行调质或正火处理。普通碳素钢 Q275、Q235 等可用于不重要或承载较小的轴。

2. 合金钢

合金钢具有较高的综合力学性能和较好的热处理性能，常用于重要、承载质量很大而尺寸受限或有较高耐磨性、防腐性要求的轴。常用的合金钢有 20Cr、40Cr、40MnB 等。

必须指出，各种合金钢和碳钢的弹性模量均很接近，热处理对其影响也甚少，因此，为提高轴的刚度而采用合金钢并不能奏效。此外，合金钢对应力集中敏感性较强，且价格较高。

3. 球墨铸铁

球墨铸铁适于制造成形轴(如曲轴、凸轮轴等)，它具有价廉，强度较高，良好的耐磨性、吸振性和易切性以及对应力集中的敏感性较低等优点，但球墨铸铁的质量需靠良好的铸造工艺予以保证。

表 11-1　轴的常用材料及其主要力学性能

材料及热处理	毛坯直径 /mm	硬度 /HBW	强度极限σ_b	屈服极限 σ_s	弯曲疲劳极限σ_{-1}	应用说明
			/MPa			
Q235			400	240	170	用于不重要或载荷不大的轴
35 正火	≤100	149～187	520	270	250	有好的塑性和适当的强度，做一般曲轴、转轴等
45 正火	≤100	170～217	600	300	275	用于较重要的轴，应用最为广泛
45 调质	≤200	217～255	650	360	300	
40Cr 调质	25		1000	800	500	用于载荷较大而无很大冲击的重要轴
	≤100	241～286	750	550	350	
	>100～300	241～266	700	550	340	
40MnB 调质	25		1000	800	485	性能接近于 40Cr，用于重要的轴
	≤200	241～286	750	500	335	
35CrMo 调质	≤100	207～269	750	550	390	用于重载荷的轴
20Cr 渗碳淬火回火	15	表面 56～62HRC	850	550	375	用于要求强度、韧性及耐磨性均较高的轴
	≤60		650	400	280	

第二节　轴的结构设计

轴的结构设计是在满足轴的强度和刚度要求的基础上，综合考虑轴上零件的装拆、定位、固定以及加工工艺等要求，从而确定轴的合理形状和尺寸的过程。

轴的结构受多方因素的影响，没有一种固定形式，而是随着工作条件与要求的不同而不同，主要从以下几个方面考虑轴的结构设计。

轴的结构设计

一、轴上零件的定位和固定

为实现轴的功能，必须保证轴上零件有准确的工作位置，要求轴上零件沿轴向和周向固定。

1. 周向固定

零件的周向固定可采用键、花键、成形、弹性环、销、过盈配合等连接，如图 11-2 所示。

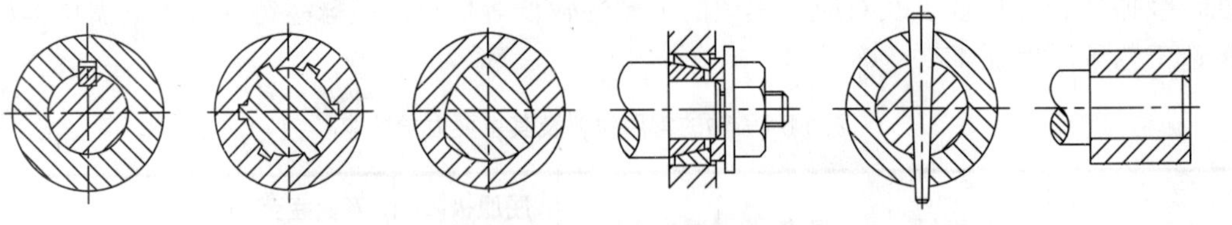

(a) 键连接　(b) 花键连接　(c) 成形连接　(d) 弹性环连接　(e) 销连接　(f) 过盈配合连接

图 11-2　轴上零件的周向固定方法

2. 轴向固定

常见的轴向固定方法如表 11-2 所示，通常各种方法是组合使用的。

> 零件工作需要各安其位，我们工作也要各司其职哦！

表 11-2　轴上零件的轴向固定方法及应用

轴向固定方法及结构简图		特点和应用	设计注意要点
轴肩与轴环	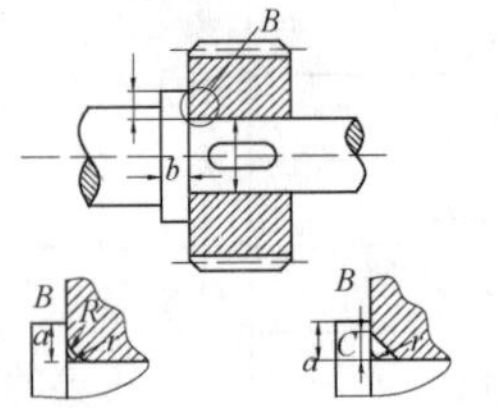	简单可靠，不需附加零件，能承受较大轴向力。广泛应用于各种轴上零件的固定。该方法会使轴颈增大，阶梯处形成应力集中，且阶梯过多将不利于加工	为保证零件与定位面靠紧，轴上过渡圆角半径 r 应小于零件圆角半径 R 或倒角 C，即 $r<C<a$、$r<R<a$；一般取定位高度 $a = (0.07\sim 0.1)d$，轴环宽度 $b = 1.4a$
套筒	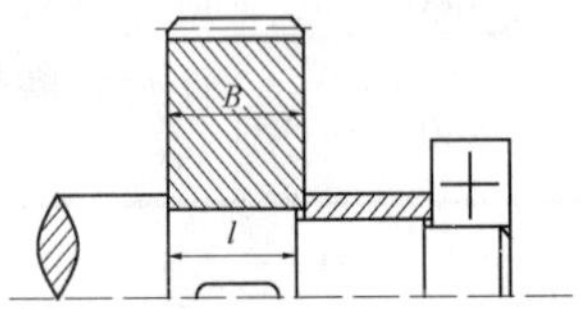	简单可靠，简化了轴的结构且不削弱轴的强度，常用于轴上两个近距离零件间的相对固定，不宜用于高速轴	套筒内径的配合较松，套筒结构、尺寸可视需要灵活设计。为确保固定可靠，与轴上零件相配合的轴端长度应比轮毂略短，如表 11-2 中的套筒结构简图所示，$l = B-(1\sim 3)$mm
轴端挡圈	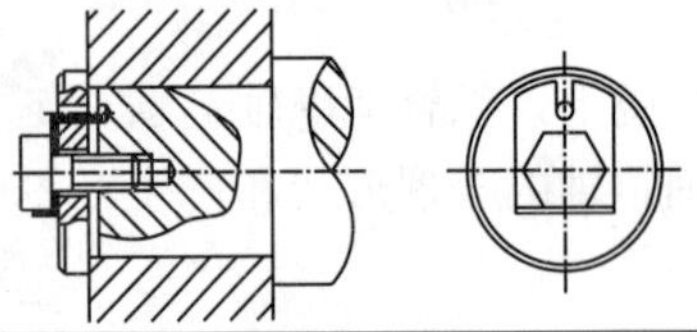	工作可靠，结构简单，能承受较大轴向力，应用广泛	只用于轴端；应采用止动垫片等防松措施
锥面	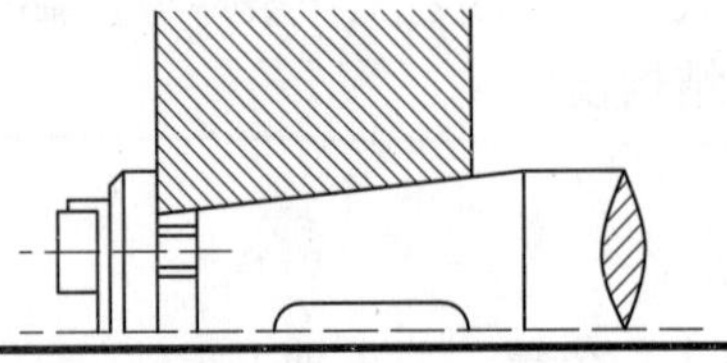	装拆方便，可兼作轴向固定；宜用于高速、冲击及对中性要求高的场合	只用于轴端；常与轴端挡圈联合使用，实现零件的双向固定

续表

轴向固定方法及结构简图		特点和应用	设计注意要点
圆螺母		固定可靠，可承受较大轴向力，能实现轴上零件的间隙调整；常用于轴上两个零件间距较大处及轴端	为减小对轴端强度的削弱，常用细牙螺纹；为防松，必须加止动垫圈或使用双螺母
弹性挡圈		结构紧凑、简单，装拆方便，但受力较小，且轴上切槽将引起应力集中；常用于轴承的固定	轴上切槽尺寸参见相应国家标准
紧定螺钉与锁紧挡圈		结构简单，但受力较小，且不适于高速场合	

二、良好的结构工艺性

在进行轴的结构设计时，应尽可能使轴的形状简单。

1. 加工工艺性

轴的直径变化应尽可能少，应尽量限制轴的最大直径与各轴段的直径差，这样既能节省材料，又可减少切削量。

有时为传递较大的转矩，可将键和过盈两种连接重叠使用。为便于安装，使轮毂上的键槽对准轴上的键，可在轴段的装入侧设置引导锥[见图 11-3(a)]。轴上有需磨制和切削螺纹处，应设砂轮越程槽和退刀槽[见图 11-3(b)]，以保证加工的完整和方便。

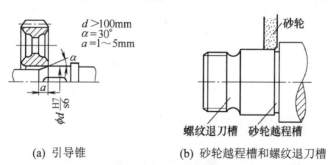

(a) 引导锥　　　　　(b) 砂轮越程槽和螺纹退刀槽

图 11-3　轴的结构工艺性

轴上有多个键槽时，应将它们布置在同一母线上，使一次装夹即可完成键槽的加工。同一轴上，直径相近处的圆角、倒角、键槽、砂轮越程槽、退刀槽等应尽量尺寸一致，以便于加工。

轴上配合轴段直径应取标准值[标准尺寸(直径、长度、高度等)(GB 2822—2005)]；与滚动轴承配合的轴段直径应按滚动轴承内径尺寸选取；轴上的螺纹部分直径应符合螺纹标准等。

2. 装配工艺性

为便于轴上零件的装配，常采用中间粗两端细的阶梯轴，使轴上零件通过轴的轴段直径小于轴上零件的孔径。为便于轴上零件安装而设置的非定位轴肩的高度可取 0.5～3mm。

为便于轴上零件的安装应去除加工毛刺，轴端要倒角。

固定滚动轴承的轴肩高度应符合轴承安装尺寸要求，以便于轴承的拆卸。

三、提高轴的疲劳强度

轴通常在变应力下工作，多数轴因疲劳而失效，因此设计轴时，应设法提高其疲劳强度，常采取的措施如下。

1. 受载合理

合理安排零件在轴上的位置可以改善轴的受力情况，同时减小轴的尺寸，提高轴的强度。当输入转矩均为 $T_1 + T_2$ 时，如图 11-4 所示，由于输入轮的安装位置不同，轴所承受的最大转矩也不同，故设计所需的轴的结构及直径均不同。

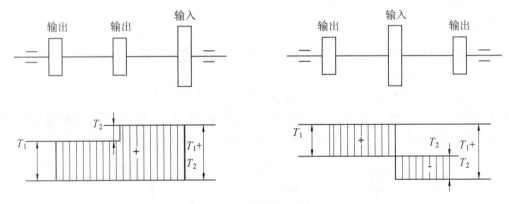

图 11-4　轴的两种布置形式

2. 减小应力集中

改善轴的受力状况的另一重要方面就是减小应力集中。合金钢对应力集中比较敏感，尤需加以注意。

零件截面发生突然变化的地方都会产生应力集中。对阶梯轴来说，相邻两轴段直径相差不应过大，应尽量采用较大的过渡圆角，并尽量避免在轴上(特别是应力较大的部位)开径向孔、切口或凹槽。必须开径向孔时，孔边要倒圆。如果相配合零件内孔倒角很小或比较重要结构时，可采用卸载槽 B[见图 11-5(a)]、过渡肩环[见图 11-5(b)]或凹切圆角[见图 11-5(c)]增大轴肩圆角半径，以减小局部应力。在轮毂上做出卸载槽 B[见图 11-5(d)]，也能减小过盈配合处的局部应力。

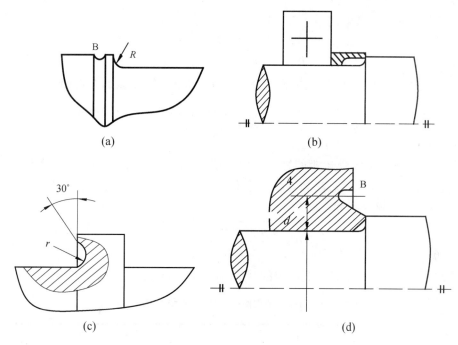

图 11-5　减小圆角应力集中的结构

3. 改善轴的表面状态

实践证明，采用滚压、喷丸或渗碳、氰化、氮化、高频淬火等表面强化处理方法，可以大大提高轴的承载能力。

第三节　轴的工作能力计算

轴的工作能力主要取决于它的强度和刚度，对于高速转动的轴还要校核其振动的稳定性。

轴的强度计算

一、轴的强度计算

对轴进行强度计算时，应该同时考虑到弯矩和扭矩的影响。但是，轴的结构和尺寸没有完全确定之前，由于轴上载荷作用点和支承点之间的距离往往不能确定，因此，不能确定弯矩。轴的强度计算的一般过程是：先按照转矩或采用经验类比法初估轴径，确定最小直径；再根据所得到的直径进行结构设计，确定各个部分轴的尺寸；最后参考轴的弯矩和转矩进行校核。

1. 按扭转强度计算

这种方法适用于只承受转矩的传动轴的精确计算，也可用于既受弯矩又受转矩的轴的近似计算。

对于只传递转矩的圆截面轴，其强度条件为

$$\tau = \frac{T}{W_T} = \frac{9.55 \times 10^6 P}{0.2 d^3 n} \leqslant [\tau] \tag{11-1}$$

式中，τ 为轴的切应力(MPa)；T 为转矩(N·mm)；W_T 为抗扭截面系数(mm³)，圆截面轴 $W_T = \frac{\pi d^3}{16} \approx 0.2 d^3$(mm³)；$P$ 为传递的功率(kW)；n 为轴的转速(r/min)；d 为轴的直径(mm)；$[\tau]$ 为许用切应力(MPa)。

对于既传递转矩又承受弯矩的轴，也可以用式(11-1)初步估算轴的直径，但必须把轴的许用切应力$[\tau]$适当降低(见表 11-3)，以补偿弯矩对轴的影响。将降低后的许用应力代入式(11-1)，并改写为设计公式，即

$$d \geqslant \sqrt[3]{\frac{9.55 \times 10^6 P}{0.2[\tau]n}} = C\sqrt[3]{\frac{P}{n}} \tag{11-2}$$

式中，C 为由轴的材料和承载情况确定的常数(见表 11-3)。

表 11-3　轴常用材料的$[\tau]$值和C值

轴的材料	Q235、20	Q255、35	45	40Cr、35SiMn、38SiMnMo
$[\tau]$/MPa	12～20	20～30	30～40	40～52
C	160～135	135～118	118～107	107～98

注：① 当弯矩作用相对于转矩很小或只传递转矩时，$[\tau]$取较大值，C 取较小值；反之，$[\tau]$取较小值，C 取较大值。

② 当用 35SiMn 钢时，$[\tau]$取较小值，C 取较大值。

应用式(11-2)求出的 d 值，一般作为轴最细处的直径。

此外，也可采用经验公式来估算轴的直径。例如，在一般减速器中，高速输入轴的直径 d 可按与其相连的电动机轴的直径 D 估算，$d \approx (0.8 \sim 1.2)D$；各级低速轴的轴径可按同级齿轮中心距 a 估算，$d \approx (0.3 \sim 0.1)a$。

2. 按弯扭合成强度计算

图 11-6 所示为一单级齿轮减速器的设计草图，图中各符号表示有关的长度尺寸。显然，当零件在草图上布置妥当后，外载荷和支承反力的作用位置即可确定，由此可做轴的受力分析及绘制弯矩图和转矩图，这时就可按弯扭合成强度计算轴径。

对于一般钢制的轴，可用第三强度理论(即最大切应力理论)求出危险截面的当量应力 σ_e，强度条件为

$$\sigma_e = \sqrt{\sigma_b^2 + 4\tau^2} \leqslant [\sigma_b] \tag{11-3}$$

式中，σ_b 为危险截面上弯矩 M 产生的弯曲应力；τ 为转矩 T 产生的切应力。

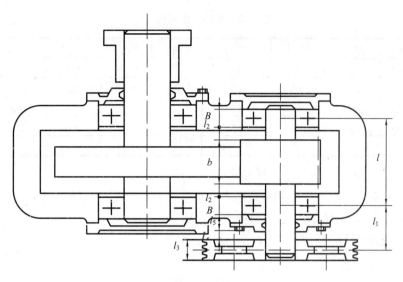

图 11-6 齿轮减速器设计草图

对于直径为 d 的圆轴, 有

$$\sigma_b = \frac{M}{W} = \frac{M}{\pi d^3/32} \approx \frac{M}{0.1d^3} \qquad (11\text{-}4)$$

$$\tau = \frac{T}{W_T} = \frac{T}{\pi d^3/16} \approx \frac{T}{2W} \qquad (11\text{-}5)$$

其中, W、W_T 分别为轴的抗弯截面系数和抗扭截面系数。将 σ_b 和 τ 值代入式(11-3), 得

$$\sigma_e = \sqrt{\sigma_b^2 + 4\tau^2} = \sqrt{\frac{M}{W} + 4\left(\frac{\tau}{2W}\right)^2} = \frac{\sqrt{M^2 + T^2}}{W} \leqslant [\sigma_b] \qquad (11\text{-}6)$$

对于一般转轴, 即使载荷大小与方向不变, 其弯曲应力 σ_b 也为对称循环变应力, 而 τ 的循环特性往往与 σ_b 不同, 考虑两者循环特性不同的影响, 将式(11-6)中的转矩 T 乘以折合系数 α, 即

$$\sigma_e = \frac{M_e}{W} = \frac{1}{0.1d^3}\sqrt{M^2 + (\alpha T)^2} \leqslant [\sigma_{-1b}] \qquad (11\text{-}7)$$

式中, M_e 为当量弯矩, $M_e = \sqrt{M^2 + (\alpha T)^2}$; α 为根据转矩性质而定的折合系数, 对于不变的转矩, $\alpha = \dfrac{[\sigma_{-1b}]}{[\sigma_{+1b}]} \approx 0.3$; 当转矩脉动变化时, $\alpha = \dfrac{[\sigma_{-1b}]}{[\sigma_{0b}]} \approx 0.6$; 对于频繁正反转的轴, τ 可作为对称循环变应力, $\alpha = 1$, 若转矩的变化规律不清楚, 一般也按脉动循环处理; $[\sigma_{-1b}]$、$[\sigma_{0b}]$、$[\sigma_{+1b}]$ 分别为对称循环、脉动循环及静应力状态下的许用弯曲应力 (见表 11-4)。对一般载荷方向、大小均不变的转轴, 许用弯曲应力取 $[\sigma_{-1b}]$。

表 11-4　轴的许用弯曲应力

材料	σ_b	$[\sigma_{+1b}]$	$[\sigma_{0b}]$	$[\sigma_{-1b}]$	材料	σ_b	$[\sigma_{+1b}]$	$[\sigma_{0b}]$	$[\sigma_{-1b}]$
	400	130	70	40	合金钢	800	270	130	75
	500	170	75	45		900	300	140	80
碳素钢	600	200	95	55		1000	330	150	90
	700	230	110	65	铸钢	400	100	50	30
						500	120	70	40

综上所述，按弯扭合成强度计算轴径的一般步骤如下。

(1) 将外载荷分解到水平面和垂直面内，求垂直面支承反力 F_V 和水平面支承反力 F_H。

(2) 作垂直面弯矩 M_V 图和水平面弯矩 M_H 图。

(3) 作合成弯矩 M 图；$M = \sqrt{M_H^2 + M_V^2}$。

(4) 作转矩 T 图。

(5) 弯扭合成，作当量弯矩 M_e 图，$M_e = \sqrt{M^2 + (\alpha T)^2}$。

(6) 计算危险截面轴径。由式(11-7)得

$$d \geqslant \sqrt[3]{\frac{M_e}{0.1[\sigma_{-1b}]}} \text{ mm} \tag{11-8}$$

式中，M_e 为当量弯矩(N·mm)；$[\sigma_{-1b}]$ 为对称循环许用应力(MPa)。

对于有一个键槽的截面，应将计算出的轴径加大 3%～5%；有两个键槽，则加大 7%～10%。若计算出的轴径大于结构设计初步估算的轴径，则表明结构图中轴的强度不够，必须修改结构设计；若计算出的轴径小于结构设计的估算轴径，且相差不是很大，一般就以结构设计的轴径为准。

对于一般用途的轴，按上述方法设计计算即可。对于重要的轴，尚须做进一步的强度校核(如安全系数法)，其计算方法可查阅有关参考书。

例 11-1　试计算某减速器输出轴[见图 11-7(a)]危险截面的直径。已知作用在齿轮上的圆周力 F_t=17 400N，向力 F_r=6410N，轴向力 F_a=2860N，齿轮分度圆直径 d_2=146mm，作用在轴右端带轮上外力 F=4500N (方向未定)，L=193mm，K=206mm。

解：(1) 求垂直面的支承反力[见图 11-7(b)]。

$$F_{1V} = \frac{F_r \dfrac{L}{2} - F_a \dfrac{d_2}{2}}{L}$$

$$= \frac{6410 \times \dfrac{193}{2} - 2860 \times \dfrac{146}{2}}{193}$$

$$= 2123(\text{N})$$

$$F_{2V} = F_r - F_{1V} = 6410 - 2123 = 4287(\text{N})$$

(2) 求水平面的支承反力[见图 11-7(c)]。

$$F_{1H} = F_{2H} = \frac{F_t}{2} = \frac{17400}{2} = 8700(\text{N})$$

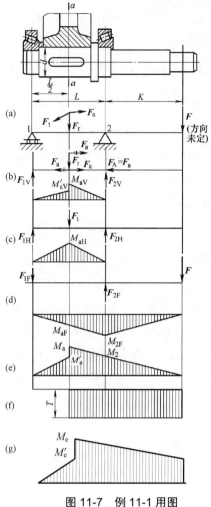

图 11-7 例 11-1 用图

(3) F 力在支点产生的反力[见图 11-7(d)]。

$$F_{1F} = \frac{FK}{L} = \frac{4500 \times 206}{193} = 4803(N)$$

$$F_{2F} = F + F_{1F} = 4500 + 4803 = 9303(N)$$

外力 F 的作用方向与带传动的布置有关，在具体布置尚未确定前，可按最不利的情况考虑。

(4) 绘垂直面的弯矩图[见图 11-7(b)]。

$$M_{aV} = F_{2V} \frac{L}{2} = 4287 \times \frac{0.193}{2} = 414(N \cdot m)$$

$$M'_{aV} = F_{1V} \frac{L}{2} = 2123 \times \frac{0.193}{2} = 205(N \cdot m)$$

(5) 绘水平面的弯矩图[见图 11-7(c)]。

$$M_{aH} = F_{1H} \cdot \frac{L}{2} = 8700 \times \frac{0.193}{2} = 840(N \cdot m)$$

(6) F 力产生的弯矩图[见图 11-7(d)]。

$$M_{2F} = F \cdot K = 4500 \times 0.206 = 927(\mathrm{N \cdot m})$$

a—a 截面力 F 产生的弯矩为

$$M_{aH} = F_{1F} \frac{L}{2} = 4803 \times \frac{0.193}{2} = 463(\mathrm{N \cdot m})$$

(7) 求合成弯矩图。考虑到最不利的情况，把 M_{aF} 与 $\sqrt{M_{aV}{}^2 + M_{aH}{}^2}$ 直接相加。

$$M_a = \sqrt{M_{aV}{}^2 + M_{aH}{}^2} + M_{aF} = \sqrt{414^2 + 840^2} + 463 = 1399(\mathrm{N \cdot m})$$

$$M_a' = \sqrt{(M_{aV}')^2 + (M_{aH}')^2} + M_{aF} = \sqrt{205^2 + 840^2} + 463 = 1328(\mathrm{N \cdot m})$$

$$M_2 = M_{2F} = 927(\mathrm{N \cdot m})$$

(8) 求轴传递的转矩[见图 11-7(f)]。

$$T = F_t \frac{d_2}{2} = 17400 \times \frac{0.146}{2} = 1270(\mathrm{N \cdot m})$$

(9) 求危险截面的当量弯矩。由图 11-7(g)可知，a—a 截面最危险，其当量弯矩为

$$M_e = \sqrt{M_a^2 + (\alpha T)^2}$$

如认为轴的切应力是脉动循环变应力，取折合系数 $\alpha = 0.6$，代入上式可得

$$M_e = \sqrt{1399^2 + (0.6 \times 1270)^2} \approx 1593(\mathrm{N \cdot m})$$

(10) 计算危险截面处轴的直径。轴的材料选用 45 钢，调质处理，由表 11-3 查得许用弯曲应力$[\sigma_{-1b}] = 60\mathrm{MPa}$，则

$$d \geqslant \sqrt[3]{\frac{M_e}{0.1[\sigma_{-1b}]}} = \sqrt[3]{\frac{1593 \times 10^3}{0.1 \times 60}} = 64.27(\mathrm{mm})$$

考虑到键槽对轴的削弱，将 d 值加大 5%，故

$$d = 1.05 \times 64.27 \approx 68(\mathrm{mm})$$

二、轴的刚度计算简介

轴受载荷后要产生弯曲和扭转变形，变形过大会影响轴上零件甚至整机的正常工作。例如，电动机轴挠度过大，就会改变转子和定子之间的间隙而影响电动机的性能。又如机床主轴的刚度不够将影响其加工精度。对于一般的轴径，如果弯矩产生的转角过大，就会引起轴承上的载荷集中，造成不均匀磨损和过度发热。轴上装齿轮的地方如有过大转角，会使齿轮啮合发生偏载。因此，机械设计中常常需要满足轴的刚度要求。

轴的变形通常包括弯曲和扭转，弯曲变形用挠度 y 和转角θ表示；而扭转变形用扭转角ϕ表示。对有刚度要求的轴，应进行弯曲和扭转刚度计算，通常按材料力学中的公式和方法计算，并使结果满足以下刚度条件，即

$$y \leqslant [y] \tag{11-9}$$

$$\theta \leqslant [\theta] \tag{11-10}$$

$$\phi \leqslant [\phi] \tag{11-11}$$

一般机械中轴的许用挠度$[y]$、许用转角$[\theta]$和许用扭转角$[\phi]$参见机械设计手册相关内容。

三、轴的振动稳定性概念

由于回转件的结构不对称、材质不均匀、加工有误差等原因，要使回转件的重心精确地位于几何轴线上几乎是不可能的。实际上，重心与几何轴线间一般总有一微小的偏心距，因而回转件回转时会产生离心力，使轴受到周期性载荷的干扰。

当轴所受的外力频率与轴的自振频率一致时，运转便不稳定而发生显著的振动，这种现象称为轴的共振。产生共振时轴的转速称为临界转速。如果轴的转速停滞在临界转速附近，轴的变形将迅速增大，以至于达到使轴甚至整个机器破坏的程度。因此，对于重要的轴，尤其是高转速的轴必须计算其临界转速，并使轴的工作转速避开临界转速。同型振动的临界转速可以有许多个，最低的一个称为一阶临界转速，其余为二阶、三阶……

工作转速 n 低于一阶临界转速的轴称为刚性轴，超过一阶临界转速的轴称为挠性轴。对于刚性轴，通常使 $n \leqslant (0.75 \sim 0.8)n_{cr1}$；对于挠性轴，使 $1.4n_{cr1} \leqslant n \leqslant 0.7n_{cr2}$，$n_{cr1}$ 和 n_{cr2} 分别为轴的第一阶、第二阶临界转速。

第四节　轴毂连接

主要用来实现轴、毂之间的周向固定以传递转矩的连接称为轴毂连接。安装在轴上的零件，如齿轮、带轮、链轮、联轴器、凸轮等一般都是以轴毂连接的形式实现运动和力矩传递的。轴毂连接的种类繁多，本节主要介绍键连接、花键连接、销连接和成形连接等。

一、键连接

键是一种标准件，可分为平键、半圆键、楔键等。

键连接

1. 平键连接

平键的上表面与轮毂的键槽底留有间隙，工作时靠键与键槽两侧的互相挤压来传递转矩，因而键的两个侧面是工作面，如图 11-8 所示。

这种键具有结构简单、拆卸方便、对中性好、轴与轮毂的同心度较高等优点，常用于同心度要求较高和转速较大的场合，是键连接中应用最广泛的一种。其缺点是不能承受轴向力，不能实现轮毂的轴向固定，若使用，必须有轴向固定装置(如套筒、轴肩、轴环、轴端挡圈等)。

根据用途不同，平键分为普通平键、导向平键和滑键等。

(1) 普通平键[《普通型平键》(GB/T 1096—2003)]。其截面为矩形，按键端形状分为圆头(A 型)、方头(B 型)和单圆头(C 型)三种(见图 11-8)。A 型键如图 11-8(a)所示，在槽中轴向固定较好，但槽在轴上引起的应力集中较大；B 型键如图 11-8(b)所示，轴的应力集中较小，但不利于键的固定，尺寸大的键要用紧定螺钉压紧在槽中，以防松动；C 型键常用于轴端连接，如图 11-8(c)所示。普通平键属于静连接，应用最为广泛，它适用于高精度、速度较高或承受变载、冲击的场合(如在轴上固定齿轮、带轮、链轮、凸轮等回转零件)。

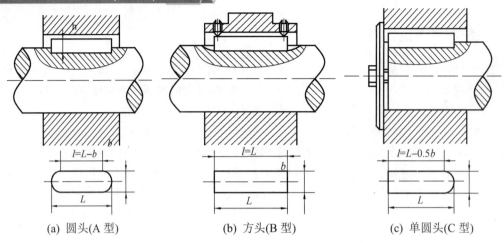

(a) 圆头(A 型)　　　　　　(b) 方头(B 型)　　　　　　(c) 单圆头(C 型)

图 11-8　普通平键连接

(2) 导向平键[《导向型平键》(GB/T 1097—2003)]和滑键。导向平键用于传动零件在工作时需要做轴向移动的场合，轮毂与轴之间、键与毂槽之间均为间隙配合，构成动连接(如变速箱中的变速滑移齿轮)。导向平键是一种较长的平键，用螺钉固定在轴上的键槽中，为了便于拆卸，在键的中部制有起键螺钉孔，轴上的传动件则可沿键做短距离轴向滑动，如图 11-9 所示。当轴上传动件要求滑移的距离较大时，因所需导向平键的长度过大，制造困难，故宜采用滑键，如图 11-10 所示。滑键的特点是键固定在轮毂上，而轴上键槽较长，工作时轮毂与滑键一起在轴槽上滑动。由于键较短，所以宜用于滑动距离较大的场合。

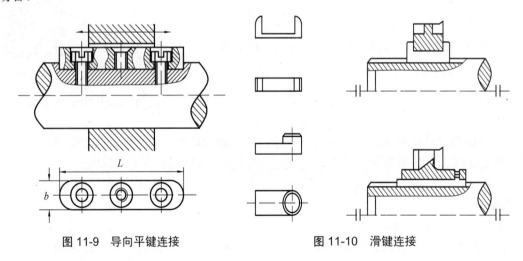

图 11-9　导向平键连接　　　　　图 11-10　滑键连接

2. 半圆键连接

半圆键[《普通型半圆键》GB/T 1099.1—2003]呈半圆形，如图 11-11(a)和图 11-11(b)所示，其工作面仍是键的两个侧面。半圆键用精拔型钢或圆钢切制或冲压后磨削而成。轴上键槽的半圆是用半径与键半径相同的盘形铣刀铣出，所以该键可在轴上相应的半圆形键槽中摆动，以适应装配时轮毂中键槽的斜度。这种键连接的优点是工艺性较好、装配方便，尤其通用于锥形轴端面与轮毂的连接配合，如图 11-11(c)所示。其缺点是轴上键槽较深，对轴的强度削弱较大，故一般只适合轻载连接的场合。

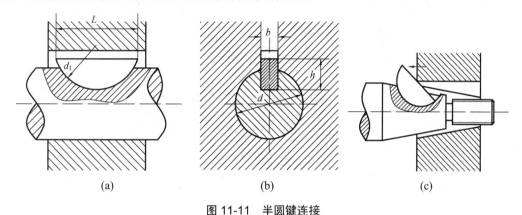

(a) (b) (c)

图 11-11 半圆键连接

3. 楔键连接

楔键的上表面和轮毂槽的底面都有 1：100 的斜度，如图 11-12 所示。装配时将键楔紧在轮毂槽和轴槽之间，键的上、下表面受挤压，构成紧连接，即在工作前连接中就有预紧力作用，工作时靠预紧力产生的摩擦力来传递转矩，因此键的上下表面是工作面。同时，楔键连接还能承受单向的轴向力，可对轮毂起到单方向的轴向固定作用，但由于预紧力的作用，使轴与传动件产生偏心和偏斜，对中性较差，因此主要用于传动件定心精度要求不高和低速轻载的场合。

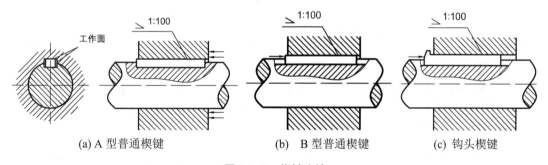

(a) A 型普通楔键　　　　(b) B 型普通楔键　　　　(c) 钩头楔键

图 11-12 楔键连接

4. 平键连接的尺寸选择和强度校核

1) 键的材料及尺寸选择

为保证键连接的工作强度，一般键的材料选用抗拉强度 $\sigma_b > 600\text{MPa}$ 的中碳钢，常用 45 钢。当轮毂用非金属材料时，键可用 20 钢或 Q235 钢。

平键的尺寸主要是键的截面尺寸 $b \times h$ 及键长 L。截面尺寸根据轴的直径 d 从标准中查取。通常键长 L 可取为$(1.6 \sim 1.8)d$，或参照轴上零件的轮毂宽度 B 从标准中选取。对于普通平键，一般 L 比 B 短 5～10mm，并符合国家标准规定的长度系列。

2) 平键连接的失效形式和强度计算

平键静连接的主要失效形式是工作面被压溃，如图 11-13 所示，键被切断的情况较少见，因此，通常只按工作面上的挤压应力进行强度校核计算。注意，键、轴、轮毂三者的材料往往不同，强度计算时一定要按三者中最弱材料的强度进行校核。

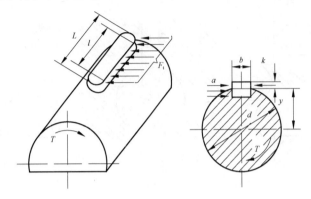

图 11-13　平键受力分析

对于构成动连接的导向平键和滑键连接，其主要失效形式是键和轮毂中硬度较低的工作面的过度磨损，因此通常只作耐磨性计算，即验算压强。

假定载荷均匀分布在键的工作面上，则根据挤压强度计算耐磨性。普通平键静连接的挤压强度条件为

$$\sigma_p = \frac{F_t}{A_{jy}} = \frac{\dfrac{T}{d}/\dfrac{a}{}}{\dfrac{h}{2}l} = \frac{4T}{dhl} \leqslant [\sigma_b] \tag{11-12}$$

导向平键连接和滑键动连接的耐磨性计算条件为

$$p = \frac{4T}{dhl} \leqslant [p] \tag{11-13}$$

式中，F_t 为圆周力(N)；A_{jy} 为挤压面积(mm^2)；T 为键传递的转矩(N·mm)；h 为键的高度(mm)；$\dfrac{h}{2}$ 为键与轮毂的近似接触高度；l 为键的工作长度(mm)，即键与轮毂的接触长度，对于 l 值的计算：A 型普通平键 $l = L - \dfrac{b}{2}$，B 型普通平键 $l = L$，C 型普通平键 $l = L - \dfrac{b}{2}$，其中 L 为键的公称长度(mm)，b 为键的宽度(mm)，d 为轴的直径(mm)；$[\sigma_p]$ 为键、轴、轮毂三者中最弱材料的许用挤压应力(MPa，一般为轮毂，见表 11-5)；$[p]$ 为键、轴、轮毂三者中最弱材料的许用压强(MPa，见表 11-5)。

表 11-5　键连接的许用挤压应力$[\sigma_p]$和压强$[p]$

(MPa)

连接性质	键、轴或轮毂连接中较弱零件的材料	载荷性质		
		静载荷	轻微冲击	冲击载荷
静连接用$[\sigma_p]$	钢	120~150	100~120	60~90
	铸铁	70~80	50~60	30~45
动连接用$[p]$	钢	50	40	30

当强度不够时，可采用下列方法进行修改。

(1) 在允许的情况下可适当增加键的工作长度，考虑载荷沿键长分布不均，故键长不应超过$(1.6\sim1.8)d$。

(2) 增加键的数目，如可以采用双键，两键最好沿周向相隔 180° 布置，如图 11-14 所示。考虑载荷在两键上分布不均，因此在强度校核时，只按 1.5 个键计算。

(3) 改用花键连接(花键连接将在后面介绍)。

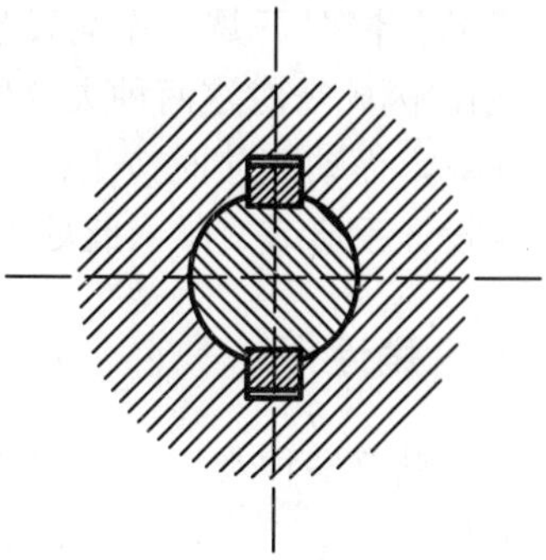

二、花键连接

花键连接由外花键、内花键(见图 11-15)组成，通过轴和毂孔沿周向分布的多个键齿的互相啮合传递转矩，是平键连接在数目上的发展，可用于静连接或动连接。其特点是定心精度高，定心的稳定性好，能用磨削的方法消除热处理引起的变形。花键连接的齿数、尺寸、配合等均应按标准选取。按其齿形不同，可分为矩形花键(见图 11-16)和渐开线花键(见图 11-17)两类，均已标准化。矩形花键连接应用较为广泛。

图 11-14　双键连接

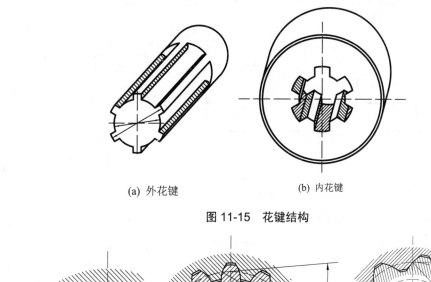

(a) 外花键　　　(b) 内花键

图 11-15　花键结构

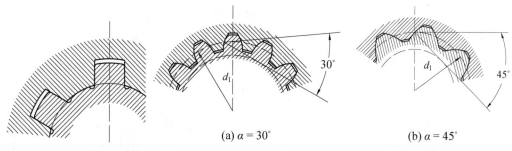

(a) $\alpha = 30°$　　　(b) $\alpha = 45°$

图 11-16　矩形花键定心方式　　　图 11-17　渐开线花键结构

花键连接的缺点是齿根仍有应力集中，通常需要使用专门设备来加工，从而导致其制造成本较高。因此，花键连接主要适用于定心精度要求高、载荷大或经常滑移的连接。

花键连接的强度计算与键连接的强度计算相似，首先是根据连接的结构特点、使用要求和工作条件选择花键的类型及尺寸，然后进行必要的强度校核计算。花键连接的失效形式通常情况下是工作面发生压溃(主要发生在静连接)和工作面过度磨损(主要发生在动连接)，因此需对这两种失效形式分别校核。静连接时按工作面上的挤压应力进行相应的强度计算，而动连接时按工作面上的压力状况进行强度计算。相关的计算校核公式可以参阅机械设计手册或文献，此处不再赘述。

三、销连接

销有多种类型，如圆柱销、圆锥销、槽销、销轴和开口销等，销的结构、尺寸均已标准化。

销连接主要用来固定零件之间的相对位置，并可以传递不大的载荷。

销连接的基本形式是圆柱销和圆锥销，如图 11-18 所示。圆柱销和圆锥销的尺寸已经标准化，其中圆锥销有 1∶50 的锥度，其安装比圆柱销方便，而且多次拆装后其仍能保持较高的定位精度，因此适用于经常拆装且定位精度要求较高的连接中。圆柱销经过多次拆装后其定位精度将降低，因此一般用于定位精度较低或拆装次数少的连接场合。

定位用的圆柱销或圆锥销是组合加工和装配时的重要辅助零件。

连接用的销称为连接销，可以传递不大的载荷，如图 11-19 所示。

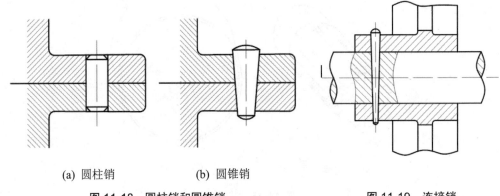

(a) 圆柱销　　　　(b) 圆锥销

图 11-18　圆柱销和圆锥销　　　　　　图 11-19　连接销

销也可以用来作为安全装置中的过载剪断保护元件，此时称为安全销，如图 11-20 所示。

如图 11-21 所示，端部带螺纹的圆锥销可用于盲孔或拆卸困难的场合，开尾圆锥销则适用于有冲击、振动的场合，开口销装配后需要将尾部分开，以防止松脱。

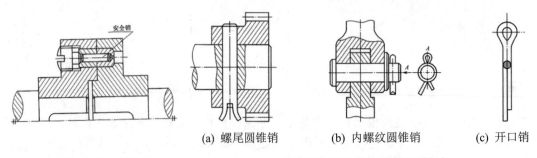

(a) 螺尾圆锥销　　　　(b) 内螺纹圆锥销　　　　(c) 开口销

图 11-20　安全销　　　　　　图 11-21　端部带螺纹圆锥销

销的常用材料是 35 钢和 45 钢，其许用切应力 $[\tau] = 80\text{MPa}$，许用挤压应力 $[\sigma_p]$ 可查阅相关资料。

对于安全销，在机器过载时其应被剪断，因此销的直径应按过载时被剪断的条件确定，具体设计可参考机械设计手册或文献。

对于定位销，其通常不受载荷或受较小载荷，故一般不进行强度计算，其直径可按结构确定，数目一般不少于两个，而且定位销装入被连接件的长度应为其直径的 1～2 倍。

对于连接销，其类型一般根据工作要求选定，尺寸可以根据连接的特点按经验或规范确定，必要时可以再按剪切强度和挤压强度条件进行相应的校核计算。

四、过盈连接及成形连接

过盈连接主要用于轴与轮毂的连接，如图 11-22 所示。由于包容件(轮毂)与被包容件(轴)间存在着过盈量，所以装配后在两者的配合表面间产生压力，工作时靠与此压力所伴生的摩擦力传递转矩或轴向力。

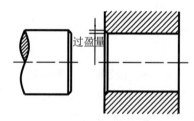

图 11-22　圆柱面过盈连接

过盈连接结构简单、同轴性好、对轴削弱小、耐冲击的性能好，但由于其承载能力主要取决于过盈量的大小，故对配合表面加工精度要求较高。

成形连接是利用非圆剖面的轴与相应的轮毂孔构成的可拆连接，也称为无键连接，如图 11-23 所示。这种连接应力集中小，能传递大的转矩，装拆也方便，但由于加工工艺上的困难，应用并不普遍。

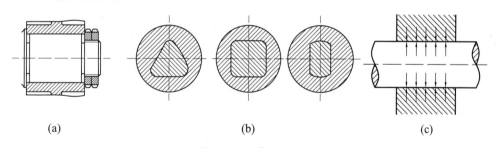

(a)　　　　　　　　　　(b)　　　　　　　　　　(c)

图 11-23　成形连接

本 章 小 结

本章详细介绍了各种常用键连接的类型、特点和应用范围，学习根据轴与轮毂的使用环境合理选择相应类型的键。在此基础上熟练掌握平键的选用和尺寸确定方法，并能进行强度校核。此外，对销连接、过盈配合连接以及成形连接做了简单介绍，了解其应用场合和基本工作原理。

复习思考题

知识拓展

一、填空题

1. 阶梯轴一般由_____、_____、_____三部分组成。

2. 已知一传动轴传递的功率 P=6kW，转速 n=60r/min，材料用 45 钢调质，$[\sigma]=35\text{N}/\text{mm}^2$，常数 C=100，求该轴最小直径的公式为_____，计算结果为_____。

3. 轴按承载性质可分为传动轴、转轴和心轴，其中工作时既承受____又承受____的轴称为转轴。

4. 在轴的初步计算中，轴的直径是按_____来确定的。

二、简答题

1. 轴上零件的轴向固定有哪些方法？各有何特点？轴上零件的周向固定有哪些方法？各有何特点？

2. 齿轮减速器中，为什么低速轴的直径要比高速轴的直径粗得多？

3. 试分析图 11-24 所示轴系中轴上零件的定位和固定方法。

4. 改正图 11-25 所示结构中的错误并说明理由。

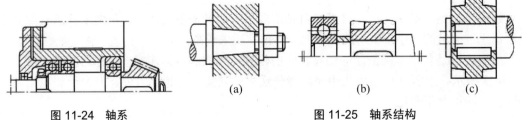

(a)   (b)   (c)

图 11-24   轴系   图 11-25   轴系结构

三、综合题

1. 键连接有哪些类型？它们是怎样工作的？

2. 指出普通平键、半圆键和楔键的工作面。

3. 花键连接的优、缺点是什么？

第十二章　滑　动　轴　承

学习要点及目标

(1) 摩擦基础知识。
(2) 滑动轴承的类型和典型结构。
(3) 轴瓦的结构和材料。
(4) 非液体摩擦滑动轴承的校核计算。

第一节　摩擦、磨损、润滑的基础知识

在法向力作用下相互接触的两个物体发生相对滑动，或有相对滑动趋势时，在接触表面上就会产生抵抗滑动的阻力，这一自然现象称为摩擦，其所产生的阻力称为摩擦力。摩擦是一种不可逆的过程，其结果必然有能量损耗和摩擦表面物质的丧失或转移，即磨损。磨损会使零件的尺寸遭到缓慢而连续的破坏，使机器的效率及可靠性逐渐降低，从而丧失原有的工作性能，最终还可能导致零件的突然破坏。人们为了控制摩擦、磨损，提高机器效率，减少能量损失，降低材料消耗，保证机器工作的可靠性，已经找到一个有效的手段——润滑。本节着重介绍摩擦、磨损的基础知识。

一、摩擦

> 给机器合理的润滑就像小伙伴们需要不断地学习知识和补充能量一样。

按表面润滑情况，摩擦分为以下几种状态。

1. 干摩擦

当两摩擦表面间不加任何润滑剂时，将出现固体表面直接接触的摩擦，如图 12-1(a)所示，工程上称为干摩擦。此时，摩擦系数最大，一般 $f > 0.3$，伴随着大量的摩擦功的损耗和严重的磨损，在滑动轴承中则表现为强烈的温升，甚至把轴瓦烧毁。所以，在滑动轴承中不允许出现干摩擦。

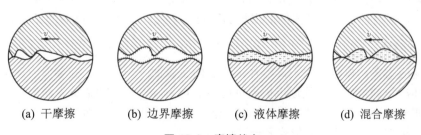

| (a) 干摩擦 | (b) 边界摩擦 | (c) 液体摩擦 | (d) 混合摩擦 |

图 12-1　摩擦状态

2. 边界摩擦

两摩擦表面间有润滑油存在，由于润滑油与金属表面的吸附作用，将在金属表面形成

极薄的边界油膜，如图 12-1(b)所示。边界油膜的厚度比 1μm 还小，不足以将两金属表面分隔开，所以相互运动时，金属表面微观的高峰部分仍将互相接触，这种状态称为边界摩擦。一般而言，金属表层覆盖一层边界油膜后，虽不能绝对消除表面的磨损，却可以起着减轻磨损的作用。这种状态的摩擦系数 $f = 0.1 \sim 0.3$。

3. 流体摩擦

两摩擦表面被流体(液体或气体)完全隔开，如图 12-1(c)所示，形成厚几十微米的压力油膜，此时只有液体之间的摩擦，称为液体摩擦。由于两摩擦表面被油隔开而不直接接触，摩擦系数很小，$f = 0.001 \sim 0.1$，不会发生金属表面的磨损，是理想的摩擦状态。但实现流体摩擦(流体润滑)必须具备一定的条件。

4. 混合摩擦

在一般机器中，摩擦面多处于边界摩擦和液体摩擦的混合状态，称为混合摩擦(或称为非液体摩擦)，如图 12-1(d)所示。

二、磨损

运动副之间的摩擦将导致机体表面材料的逐渐丧失或转移，即形成磨损。磨损会影响机器的工作效率，降低其工作的可靠性，甚至促使机器提前报废。

根据磨损机理不同，一般将磨损分为黏着磨损、磨粒磨损、疲劳磨损及腐蚀磨损。

1. 黏着磨损

相对运动的两表面经常处于混合摩擦状态或边界摩擦状态，当载荷较大、相对运动速度较高时，边界膜可能被破坏，金属直接接触，形成黏结点。继续运动时会发生材料在表面间的转移、表面刮伤以至胶合等。这种现象叫黏着磨损。黏着磨损与材料的硬度、相对滑动速度、工作温度及负荷大小等因素有关。

2. 磨粒磨损

从外部进入摩擦表面间的游离硬颗粒(如空气中的尘土或磨损造成的金属微粒)或硬的微凸体峰尖在较软材料的表面上犁刨出很多沟纹，被移去的材料，一部分流动到沟纹的两旁，一部分则形成一连串的碎片，脱落下来成为新的游离颗粒，这样的微切削过程就叫磨粒磨损。影响这种磨损的因素主要有材料的硬度和磨粒的尺寸与硬度，一般情况下，材料的硬度越高，耐磨性越好；金属的磨损量随磨粒平均尺寸、磨粒硬度的增加而加大。

3. 疲劳磨损

在交变应力多次重复作用下，零件工作表面或表面下一定深度处会形成疲劳裂纹，随着应力循环次数的增加，裂纹逐步扩展进而表面金属脱落，致使金属表面出现许多凹坑，这种现象叫疲劳磨损，又称"点蚀"。点蚀使零件不能正常工作而失效，这是交变应力作用下高副接触零件常见的失效形式之一。

4. 腐蚀磨损

摩擦副受到空气中的酸或润滑油、燃油中残存的少量无机酸(如硫酸)及水分的化学作用或电化学作用，在相对运动中造成金属表面材料的损失称为腐蚀磨损。

三、润滑

在相对运动的摩擦表面间加入润滑剂可以降低摩擦、减轻磨损，同时还起到冷却、吸振、绝缘、传力、防腐、密封和排污的作用。

润滑

1. 润滑剂

最常用的润滑剂有润滑油及润滑脂两类，此外还有固体润滑剂(石墨、二硫化钼等)、气体润滑剂(聚四氟乙烯、空气等)和水。绝大多数滑动轴承使用润滑油润滑，在一些要求不高的重载低速(轴颈圆周速度小于 1～2m/s)场或难以供油的情况下使用润滑脂润滑。固体润滑轴承多用于不允许任何油污污染或无法用流体润滑剂稳定润滑的工况，如某些食品机械、航空机械装置等。在水中工作的轴承(如船舶的螺旋桨轴承)或用橡胶、树脂制的轴瓦可以用水润滑。

在一般条件下，大多数滑动轴承使用矿物油润滑，有特殊条件时使用合成油。润滑油最重要的物理性能指标是黏度，它表示润滑油流动内部摩擦阻力的大小。其次是油性，它指润滑油吸附在接触表面的能力，油性越大，吸附力越强。选用润滑油时，应考虑轴承载荷、速度、工作情况以及摩擦表面状况等条件，原则上当转速低、载荷大时，应选用黏度大的润滑油。

润滑脂是用油、金属皂调制而成的膏状润滑剂。

润滑脂的主要性能指标是针入度、滴点。针入度是指用质量为 150g 的标准锥形针，在 5s 内沉入温度为25℃ 的润滑脂中的深度(以 0.1mm 为单位)。滴点是指在规定的条件下加热润滑脂，当其熔化流下第一滴时的温度，它表示润滑脂的耐热能力。脂润滑轴承可根据工作温度、抗水性、机械稳定性选取润滑脂品种；承载要求高时宜选针入度小的润滑脂，相对滑动速度大且温度高时，可选针入度大、稳定性好的润滑脂。

2. 润滑方法及润滑装置

选定润滑剂后，需要采用适当的方法和装置将润滑剂送至润滑表面以进行润滑。

1) 油润滑

油润滑的润滑方法有间歇供油润滑和连续供油润滑两种。

间歇供油润滑有手工油壶注油和油杯注油供油。这种润滑方法只适用于低速不重要的轴承或间歇工作的轴承。

对于比较重要的轴承，必须采用连续供油润滑。连续供油润滑方法及装置主要有以下几种。

(1) 油绳润滑。如图 12-2 所示，把毛质绳索的一端浸入弹簧盖油杯中的油内，利用毛细管和虹吸管作用从另一端向润滑部位供油。该方法供油连续均匀、结构简单，但供油量不大，且停机时仍在供油，直至吸完为止。这种方法不易调节供油量。

(2) 滴油润滑。如图 12-3 所示，手柄竖立时，针阀被提起，油孔打开，杯内的油通过导油管的侧孔连续不断流入轴承；当手柄横卧时，针阀被弹簧拉下，油孔封闭，供油停止，供油量的大小可通过螺母来调节。但一旦油中存在杂质，阀有被堵塞的危险。

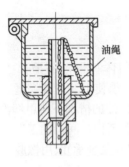

图 12-2　油绳润滑

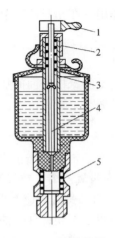

图 12-3　滴油润滑

1—手柄；2—调节螺母；3—弹簧；4—针阀；5—观察孔

(3) 油环润滑。如图 12-4 所示，在轴颈上套一油环，油环的下部浸在油中，当轴颈回转时，靠摩擦力带动油环转动而将润滑油带到摩擦面上。该润滑装置适用于水平位置、运转稳定且要求轴颈的圆周速度不小于 0.5m/s 的轴承。

(4) 飞溅润滑。利用密封壳体中转动的、浸入油池适当深度的零件，使油飞溅到摩擦表面，或在轴承座上制有油沟，以便聚集飞溅的油流入摩擦面。该润滑方式适用于速度中等的机械。

(5) 压力循环润滑。如图 12-5 所示，利用油泵将一定压力的润滑油经过油路导入轴承，润滑油经轴承两端流回油池，构成循环润滑。该润滑方式供油量充足，润滑可靠，并有冷却和冲洗轴承的作用。但润滑装置结构复杂、费用较高，常用于重载、高速或载荷变化较大的轴承中。

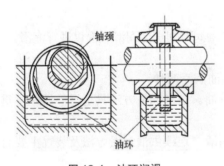

图 12-4　油环润滑

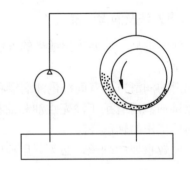

图 12-5　压力循环润滑装置

2) 脂润滑

润滑脂只能间歇供给。常用的润滑装置有图 12-6 所示的旋盖油杯和图 12-7 所示的润滑脂压注油嘴。旋盖油杯杯盖用螺纹与杯体连接，定期旋拧杯盖可将储存于杯体内的润滑脂压入轴承工作面；压注油嘴靠油枪压注润滑脂至轴承工作面。

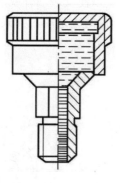

图12-6　旋盖油杯

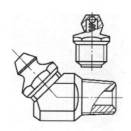

图12-7　压注油嘴

第二节　滑动轴承的结构形式

滑动轴承按照承受载荷的方向分为主要承受径向载荷的向心滑动轴承(又称径向滑动轴承)和主要承受轴向载荷的推力滑动轴承。

滑动轴承的类型和典型结构

一、向心滑动轴承

向心滑动轴承的结构形式主要有整体式和剖分式两大类。

1. 整体式滑动轴承

整体式滑动轴承由轴承座 1、轴瓦 2 和紧定螺钉 3 组成，如图 12-8 所示。这种轴承结构简单、成本低，但装拆时必须通过轴端，而且磨损后轴颈和轴瓦之间的间隙无法调整，故多用于轻载、低速和间歇性工作的场合，如手动机械、农业机械等。

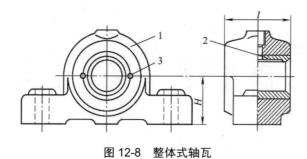

图 12-8　整体式轴瓦

1—轴承座；2—轴瓦；3—紧定螺钉

2. 剖分式滑动轴承

剖分式滑动轴承分为正滑动轴承和斜滑动轴承两种。剖分式滑动轴承是由轴承座 1，轴承盖 2，剖分的上、下轴瓦 3 和 4 及连接螺栓 5 组成，如图 12-9 所示。为使轴承盖和轴承座很好地对中并承受径向力，在剖分面上做有阶梯形的定位止口。剖分面间放有少量垫片，以便在轴瓦磨损后，借助垫片来调整轴颈和轴瓦之间的间隙。轴承盖应适度压紧轴瓦，使轴瓦不能在轴承孔中转动。轴承盖上制有螺纹孔，以便安装油杯或油管。轴承所受的径向力一般不超过对开剖分面垂线左右 35°的范围；否则应采用对开式斜滑动轴承(见图 12-10)，使对开剖分面垂直于或接近垂直于载荷方向。

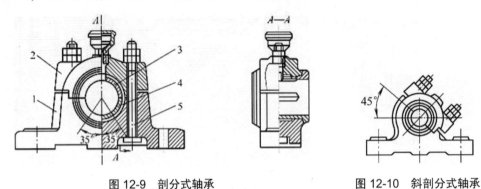

图 12-9　剖分式轴承　　　　　　图 12-10　斜剖分式轴承

1—轴承座；2—轴承盖；3—上轴瓦；4—下轴瓦；5—连接螺栓

剖分式滑动轴承便于装拆和调整间隙，应用广泛，其结构尺寸已标准化。

二、普通推力滑动轴承

普通推力滑动轴承的结构简图如图 12-11 所示，它由轴承座和轴颈组成。推力轴承的工作表面可以是轴的端面或轴上的环形平面。由于支承面上离中心越远，其相对滑动速度越大，从而使端面磨损和压力分布不均匀。为避免工作面上压强严重不均，通常采用环状端面，如图 12-11(b)所示。有时设计成图 12-11(c)所示的空心轴颈。当载荷较大时，可采用多环轴颈，如图 12-11(d)所示。多环轴颈能够承受较大的双向载荷。推力环数目不宜过多，一般为 2～5 个；否则载荷分布不均匀现象更为严重。

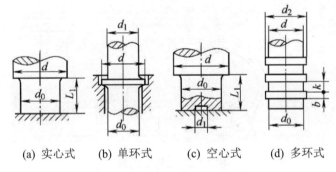

(a) 实心式　　(b) 单环式　　(c) 空心式　　(d) 多环式

图 12-11　普通推力滑动轴承简图

第三节　轴瓦材料和轴瓦结构

滑动轴承材料指的是轴瓦和轴瓦表面轴承衬材料。滑动轴承的主要失效形式是轴瓦的磨损和胶合，此外，还可能产生轴瓦的疲劳破坏和由于制造工艺原因而引起的轴承衬脱落。所以，对轴瓦的材料和结构有些特殊要求。

轴瓦的结构和
材料

一、轴瓦材料

1. 对轴瓦材料的要求

根据轴承的主要失效形式，对轴瓦材料的主要要求如下。

(1) 有良好的耐磨性、减摩性(摩擦系数小)和跑合性(轴瓦工作时，易于消除表面不平度而使其工作表面与轴颈表面很好地贴合)。

(2) 有足够的强度和塑性，即抗压、抗冲击和抗疲劳强度高、塑性好，可以适应轴的变形。

(3) 有良好的导热性、耐蚀性和抗胶合性。

(4) 工艺性好、价格便宜。

2. 常用的轴瓦材料

轴瓦材料可分为三类，即金属材料、粉末冶金材料和非金属材料。

(1) 轴承合金(通称巴氏合金或白合金)。这种材料主要是锡(Sn)、铅(Pb)、锑 (Sb)和铜(Cu)的合金，耐磨性、减摩性和跑合性良好，塑性高、抗胶合能力强，多用于重载、高速场合。但其强度低、成本高，故常用作轴承衬。

轴承合金元素的熔点大都较低，所以只适于 150℃ 以下的工作条件。

(2) 铜合金。青铜是常用的轴瓦材料，其强度比轴承合金高，价格较轴承合金便宜，但减摩性、跑合性、塑性等不如轴承合金，适用于重载、中速情况下。黄铜的应用不如青铜广泛，其减摩性、耐磨性都低于青铜，而且容易产生胶合，但其价格低、铸造工艺性好、容易加工，在低速和中等载荷条件下常代替青铜。

(3) 铸铁。用作轴瓦的铸铁有灰铸铁或加有镍、铬、钛等合金成分的耐磨灰铸铁及球墨铸铁，它抗磨性好，但其硬而脆，跑合性较差，主要适用于低速($v < 1\sim3\text{m/s}$)、轻载和无冲击的场合。

常用的金属轴承材料的使用性能如表 12-1 所列。

表 12-1 常用金属轴承材料

材料	牌　号	$[P]/$ MPa	$[v]/$ (m/s)	$[Pv]/$ (MPa·m/s)	轴颈硬度	特性及用途举例
铸锡基轴承合金	ZSnSb11Cu6	25(平稳)	80	20	27	用作轴承衬，用于重载、高速、温度低于 110℃ 的重要轴承
	ZSnSb12Pb10Cu4	20(冲击)	60	15		
铸铅基轴承合金	ZPbSb16Sn16Cu2	15	12	10	30	用于不剧变的重载、高速的轴承，如车床、发电机、压缩机等的轴承，温度低于 120℃
	ZPbSb15Sn10	20	15	15	20	用于冲击负荷 $Pv<10\text{MPa}\cdot\text{m/s}$ 或稳定负荷 $P\leqslant20\text{MPa}$ 下工作的轴承

材料	牌　号	$[P]/$ MPa	$[v]/$ (m/s)	$[Pv]/$ (MPa·m/s)	轴颈硬度	特性及用途举例
铸造青铜	ZCuPb5Sn5Zn5	8	3	10	50～100	锡锌铅青铜，用于中载、中速工作的轴承
	ZCuAl10Fe5Ni5	30	8	12	120～140	铝铁青铜，用于受冲击负荷处，轴承温度可至 300℃，轴颈经淬火。不低于 300HBW
	ZCuPb30	25(平稳) 15(冲击)	12 28	30	25	铅青铜，浇注在钢轴瓦上作轴承衬。可受很大的冲击载荷，也适用于精密机床主轴
铸造黄铜	ZCuZn38Mn2Pb2	10	1	10	68～78	锰铅黄铜的轴瓦，用于冲击及平稳负荷的轴承
铸锡铝合金	ZAlZn11Si7	20	9	16	80～90	用于 75kW 以下的减速器，各种轧钢机轧辊轴承，工作温度低于 80℃
灰铸铁	HT150	4	0.5		163～241	用于低速、不受冲击的轻载轴承
	HT200	2	1			
	HT250	1	2			
球墨铸铁	QT500-7	0.5～12	5～1.0	2.5～12	170～230	球墨铸铁，用于经热处理的轴相配合的轴承
	QT450-10				160～210	球墨铸铁，用于不经淬火的轴相配合的轴承

(4) 其他材料。除上述几种常用的材料外，还采用粉末冶金轴承材料(含油轴承)、非金属轴承材料，如石墨、橡胶、塑料(如尼龙)、硬木等。由于尼龙轴承和含油轴承在轻工机械中应用广泛，因此这两类轴承材料将在后面做简要介绍。

关于轴承材料的选择，除了根据载荷的大小和性质、滑动速度等条件外，还应考虑经济性问题。例如，非高速重载或非重要场合，一般不要选用高锡的轴承合金和青铜，而是根据条件不同，以低锡青铜(如 ZQSn6-6-3)或无锡青铜、黄铜、铸铁等材料代用。

二、轴瓦结构

常用的轴瓦可分为整体式和剖分式两种结构。整体式轴瓦(又名"轴套")分光滑的[见图 12-12(a)]和带纵向油沟的[见图 12-12(b)]两种。除轴承合金以外的其他金属材料、粉末冶金材料和石墨都可制成这种结构。

剖分式轴瓦由上、下轴瓦组合而成，如图 12-13 所示。其两端的凸肩用以限制轴瓦的轴向窜动。为了调整轴承间隙，可在上、下轴瓦剖分面处去掉 0.3～0.5mm，加上垫片。剖分轴瓦用于对开式滑动轴承。

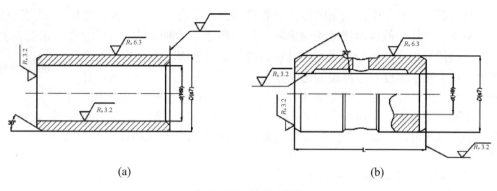

图 12-12　整体式轴瓦

　　为了使润滑油能够很好地分布到轴瓦的整个工作表面，在轴瓦的非承载区要开设油沟和油孔。常见的油沟形式有轴向的、周向的和斜向的三种，如图 12-14 所示。为了使油在整个接触表面均匀分布，油沟沿轴向应有足够的长度，通常取轴瓦宽度的 80%，不能开通，以免油从轴瓦端部漏掉，起不到应有的润滑作用。油沟的具体尺寸和剖面形状可参考有关机械设计手册。

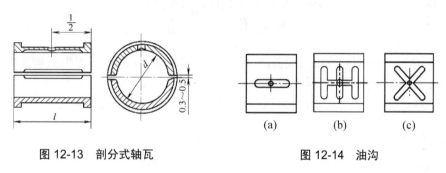

图 12-13　剖分式轴瓦　　　　　　图 12-14　油沟

　　为了合理使用材料，对于重要的轴承，常在钢、青铜或铸铁的轴瓦上浇铸一层轴承合金作轴承衬，基体叫瓦背，这就是常说的双金属轴瓦，如图 12-15 所示。三金属轴瓦是在瓦背和轴瓦材料之间再加一个中间层(常用青铜及铜合金)，中间层的作用是提高表层的强度，使表层易于与瓦背贴合牢靠，或在表层材料磨损后还可以起到耐磨的作用。

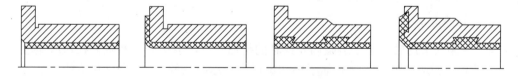

图 12-15　瓦背与轴承衬的结合形式

第四节　非液体摩擦滑动轴承的校核计算

　　非液体摩擦轴承工作在混合摩擦状态下，在摩擦表面间有些地方呈现液体摩擦，有些地方呈现边界摩擦。非液体摩擦滑动轴承的主要失效形式是边界膜破坏，摩擦系数增大，磨损加剧，严重时导致胶合。边界膜抗破坏的能力，即边界膜的强度与油的油性有关，也与轴瓦材料有关，还与摩擦表面的压力和温度有关。温度高，压力大，边界膜容易破坏。设计非液体摩擦滑动轴承时一旦材料选定，则应限制工作温度和压力。但计算每点的压力很困难，目前只能用限制平均压力 P 的办法进行条件性计算。轴承温度对边界膜的影响很大，轴承内各点的温度不同，目前尚无适用的温度计算公式。但温度的升高是由摩擦功耗引起的，设平均压力为 P，滑动速度为 v，摩擦系数为 f，则单位时间内单位面积上的摩擦功可视为 fPv，因此可以用限制表征摩擦功的特征值 Pv 来限制摩擦功耗。

非液体摩擦
滑动轴承的
校核计算

一、非液体摩擦径向轴承的校核计算

进行滑动轴承计算时，已知条件通常是轴颈承受的径向载荷 R、轴的转速 n、轴颈的直径 d (由轴的强度计算和结构设计确定)和轴承工作条件。轴承计算实际是确定轴承的长径比 L/d，选择轴承材料，然后校核 P、Pv、v。一般取 $L/d = 0.5 \sim 1.5$。

1. 校核轴承摩擦表面平均压强

单位压力 P 过大，不仅可使轴瓦产生塑性变形破坏边界膜，而且一旦出现干摩擦状态则加速零件磨损。所以，应保证平均压强不超过许用值 $[P]$，即

$$P = \frac{F_r}{L \cdot d} \leqslant [P] \ (\text{MPa}) \tag{12-1}$$

式中，F_r 为作用在轴径上的径向载荷(N)；d 为轴颈的直径(mm)；L 为轴承长度(mm)；$[P]$ 为许用压强(MPa)，由表 12-1 查取。

如果式(12-1)不能满足，则应另选材料改变 $[P]$ 或增大 L，或增大 d，重新计算。

2. 校核 Pv

Pv 值大，表明摩擦功大，温升大，边界膜易破坏，其限制条件为

$$Pv = \frac{F_r(\pi dn)}{L \cdot d \cdot 60 \times 1000} \leqslant [Pv] \quad (\text{MPa} \cdot \text{m/s}) \tag{12-2}$$

式中，n 为轴颈转速(r/min)；$[Pv]$ 为 Pv 的许用值，由表 12-1 查取。其他符号含义同前。

对于速度很低的轴，可以不验算 Pv，只验算 P。同样，如果 Pv 不能满足式(12-2)，也应重选材料或改变 L，必要时改变 d。

3. 验算速度 v

对于跨距较大的轴，由于装配误差或轴的挠曲变形，会造成轴及轴瓦在边缘接触，局部比压很大，若速度很大，则局部摩擦功也很大，这时只验算 P 和 Pv 并不能保证安全可靠，因为 P 和 Pv 都是平均值，因此，要验算 v 值，即

$$v = \frac{\pi dn}{60 \times 1000} \leqslant [v] \quad (\text{m/s}) \tag{12-3}$$

式中，$[v]$ 为轴颈速度的许用值(m/s)，由表 12-1 查取。其他符号含义同前。

如果 v 值不能满足式(12-3)，也要修改参数 L 或 d，或另选材料增加 $[v]$。

二、非液体摩擦推力滑动轴承的校核计算

推力滑动轴承的校核计算与径向滑动轴承相同。

1. 校核平均压强 P

$$P = \frac{F_a}{Z \frac{\pi}{4}(d_0{}^2 - d_1{}^2) \cdot k} \leqslant [P] \tag{12-4}$$

式中，F_a 为作用在轴承上的轴向力(N)；d_0、d_1 为止推面的外圆直径和内圆直径(mm)；Z 为推力环数目；$[P]$ 为许用压强(MPa)，对于多环推力轴承，轴向载荷在各推力环上分配不均匀，表 12-1 中 $[P]$ 值应降低 50%，k 为由于止推面上有油沟，使止推面积减小的系数，通常取 $k = 0.9 \sim 0.95$。

2. 校核 Pv_m 值

$$Pv_m \leqslant [Pv_m] \tag{12-5}$$

式中，v_m 为环形推力面的平均线速度(m/s)，其值为

$$v_m = \frac{\pi d_m n}{60 \times 1000} \tag{12-6}$$

式中，d_m 为环形推力面的平均直径(mm)，$d_m = \dfrac{d_0 + d_1}{2}$；$[Pv_m]$ 为 Pv_m 的许用值，由于该特征值是用平均直径计算的，轴承推力环边缘上的速度较大，所以 $[Pv_m]$ 值应较表 12-1 中给出 $[Pv]$ 值低些，对于钢轴颈配金属轴瓦，通常取其值为 $[Pv_m] = 2 \sim 4\ \mathrm{MPa \cdot m/s}$。如以上几项计算不满足要求，可改选轴瓦材料或改变几何参数。

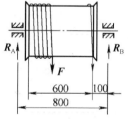

图 12-16　电动绞车卷筒

例 12-1　试按非液体摩擦设计电动绞车中卷筒两端的滑动轴承。钢绳拉力为 30kN，卷筒转速 $n=25\mathrm{r/min}$，结构尺寸如图 12-16 所示，其中轴颈直径 $d=60\mathrm{mm}$。

解：(1) 求滑动轴承上的径向载荷 R。当钢绳在卷筒中间时，两端滑动轴承受力相等，且为钢绳拉力之半。但是，当钢绳绕在卷筒边缘时，一侧滑动轴承受力达最大值，为

$$R = R_B = F \times \frac{700}{800} = 30\,000 \times \frac{7}{8} = 26250(\mathrm{N})$$

(2) 取长径比 $L/d = 1.2$，则

$$L = 1.2 \times 60 = 72(\mathrm{mm})$$

(3) 计算比压 P。

$$P = \frac{R}{dL} = \frac{26250}{72 \times 60} = 6.076(\mathrm{MPa})$$

(4) 计算 Pv 值。

$$Pv = F_r(\pi dn)/(L \cdot d \cdot 60 \times 1000) = \frac{26250 \times 3.14 \times 60 \times 25}{72 \times 60 \times 60 \times 1000} = 0.48(\mathrm{MPa \cdot m/s})$$

根据上述计算，查表 12-1 可知，选用铸锡锌铅青铜(ZCuPb5Sn5Zn5)作为轴瓦材料是足够的，其 $[P]=8\mathrm{MPa}$，$[Pv]=10\ \mathrm{MPa \cdot m/s}$。

第五节　液体摩擦滑动轴承及其他滑动轴承简介

一、动压轴承和静压轴承

前已述及，轴颈和轴承工作表面之间的理想摩擦状态是液体摩擦，即在轴颈和轴承工作表面之间有一层油膜。根据油膜的形成方法，液体摩擦轴承可分为动压轴承和静压轴承。

1. 动压轴承

液体动压轴承即利用轴颈与轴承间的相对滑动，将润滑油带入轴颈与轴承之间的楔形空间，形成具有一定液体动压力的油膜，从而将工作表面完全隔开，并承受外载荷，如图 12-17(a)所示。轴颈与轴承之间有一定的间隙，当轴静止时，在载荷 F 的作用下，轴在孔内处于偏心的位置，形成楔形间隙；当轴转动时，由于油的黏度将油带进这个间隙，随着轴转速的增加，带进的油量增多；由于油具有一定的黏度和不可压缩性，来不及流出的油就会在楔形间隙内产生一定的压力，形成一个压力区，随着转速继续增加，楔形间隙中压力逐渐加大，当压力增大到能够克服外载荷 F 时，轴就会逐渐浮起，当形成的最小间隙 h_{min} 超过两表面不平度的高度之和时，即当轴和轴承的工作表面完全被具有一定压力的油膜隔开时，就形成液体摩擦，如图 12-17(b)所示。

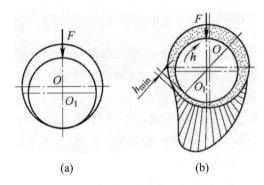

(a)　　　　　　　(b)

图 12-17　动压轴承的工作原理

由此可知，形成液体摩擦的条件如下。
(1) 轴颈和轴承表面之间要构成楔形间隙；
(2) 轴承内的润滑油应具有一定的黏度；
(3) 轴颈相对于轴承有足够高的滑动速度，油液由楔形空间宽的一端流向窄的一端；
(4) 供油充分；
(5) 轴和轴承工作表面的粗糙度值要低。

如果达到轴承外载荷与压力平衡、进油量与出油量平衡、发热与散热平衡(保持油温恒定)等条件，便能保证稳定、可靠的液体摩擦。

2. 静压轴承

静压轴承就是利用外界高压油泵，将具有一定压力的润滑油送入轴颈与轴承之间，靠液体的静压力将工作表面完全隔开，并承受外载荷。

二、含油轴承

含油轴承是用粉末冶金(又称陶瓷合金)材料制成的滑动轴承，它是将金属粉末(铁或铜的粉末)加入一定量的石墨、硫、锡等元素的粉末经压制、烧结而成的轴承材料。这种材料为多孔结构，使用前先在热油中浸渍数小时，使孔中充满润滑油，因而它具有自润滑性。工作时，由于轴颈转动的抽吸作用及轴承发热时油的膨胀作用，油便进入摩擦表面间起润滑作用；不工作时，因毛细管作用，油便被吸回到轴承内部，在相当长时间内，即使不加润滑油仍能很好地工作。由于这种材料韧性较小，故宜用于平稳无冲击的中、小载荷及中低速工作条件下，如洗衣机、电风扇等。

三、尼龙轴承

尼龙是一种热塑性塑料，用尼龙制成的轴承称为尼龙轴承。

尼龙轴承具有良好的耐磨性、跑合性和抗胶合能力，它与钢轴颈相对运动时，摩擦系数较小。尼龙轴承还具有较好的自润滑性能，这是因为在无润滑和反复摩擦情况下摩擦表面之间会出现一层尼龙粉，这层尼龙粉能起润滑剂的作用。因此，即使在润滑条件非常差的情况下尼龙轴承也能正常工作。而低速轻载时，尼龙轴承能在无润滑的条件下工作，这一点对要求防止产品油污的纺织、食品、医药、印刷和造纸等机械有着极为重要的意义。尼龙轴承有较高的耐蚀性，可以在水、弱酸及弱碱等化学溶液中工作，它对各种润滑剂都能适用，如 MoS_2、润滑脂、润滑油和水等。它还具有良好的韧性和减振性。

尼龙轴承的主要缺点是导热性不良，耐热性差，长期在温度较高情况下工作容易老化；线胀系数大；吸水、吸油性大，易引起轴承尺寸的较大改变；在载荷作用下，常因蠕变变形过大而失效。

除尼龙外，布质或木质层压酚醛塑料、聚四氟乙烯、聚甲醛等均可作为轴承材料。

本 章 小 结

本章介绍了关于摩擦、磨损及润滑的基础知识，学习了作为一种常用的支承零件滑动轴承的类型、典型结构以及滑动轴承材料。非液体滑动轴承的校核计算方法是本章的一个重点内容。对液体摩擦滑动轴承及其他轴承可做一般了解。

复习思考题

知识拓展

一、选择题

1. 非液体摩擦滑动轴承的主要失效形式是( )。
    A. 点蚀   B. 胶合   C. 磨损

2. 非液体摩擦滑动轴承，限制 Pv 值是为了防止( )。
    A. 过度磨损   B. 过热产生胶合   C. 塑性变形   D. 疲劳点蚀

3. 非液体摩擦滑动轴承，限制 P 值是为了防止(　　)。

    A. 过度磨损　　　B. 过热产生胶合　　　C. 边缘的塑性变形　　　D. 疲劳点蚀

二、简答题

1. 根据润滑状况的不同，摩擦分为几种形态？
2. 向心滑动轴承的典型结构有几种？
3. 对轴承材料的基本要求有哪些？
4. 非液体摩擦滑动轴承的条件性的耐磨性计算准则内容是什么？
5. 试说明液体摩擦和非液体摩擦滑动轴承的区别。
6. 非液体摩擦滑动轴承的常用结构有哪些类型？各有什么特点？
7. 油沟的作用是什么？油沟一般开设的位置在哪里？

三、计算题

非液体摩擦向心滑动轴承，轴颈直径 $d=100\text{mm}$，轴承长度 $L=120\text{mm}$，轴承承受径向载荷 $F_r=150000\text{N}$，轴的转速 $n=200\text{r/min}$，载荷平稳，轴颈材料为淬火钢，设选用轴瓦材料为 ZCuPb5Sn5Zn5，试进行轴承的校核设计计算，看轴瓦的选用是否合适。

第十三章 滚动轴承

学习要点及目标

(1) 滚动轴承的类型和代号。
(2) 滚动轴承的失效形式及寿命计算。
(3) 滚动轴承的当量动载荷。
(4) 滚动轴承的组合设计、润滑和密封。

> 小伙伴们要有不忘建设世界轴承强国的初心，稳中求进，攻坚克难，爬坡过坎。

第一节 滚动轴承的结构、类型和代号

根据工作时的摩擦性质，轴承可分为滑动轴承和滚动轴承两大类。滚动轴承是机械中广泛应用的标准件，它通过主要元件间的滚动接触来支承转动零件，具有摩擦阻力小、起动灵敏、效率高、润滑简便和易于互换等优点；其缺点是抗冲击能力差，高速时有噪声，工作寿命不及液体摩擦滑动轴承。

由于滚动轴承已经标准化，并由轴承厂大量制造，故使用者的任务主要是熟悉国家标准、正确选择轴承类型和尺寸、进行轴承的组合结构设计和确定润滑及密封方式等。

一、滚动轴承的结构

滚动轴承的典型结构如图 13-1 所示，它由内圈 1、外圈 2、滚动体 3 和保持架 4 组成。滚动体在内、外圈间滚动，其形状如图 13-2 所示，有球形、圆柱形、圆锥形和鼓形等。保持架将滚动体均匀隔开，以减少滚动体间的摩擦及磨损。通常内圈与轴颈配合，外圈与轴承座孔或机座孔配合，内圈随轴颈转动，外圈固定不动；也可以外圈转动，内圈固定不动。

滚动轴承的类型

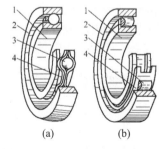

图 13-1 滚动轴承的基本结构
1—内圈；2—外圈；3—滚动体；4—保持架

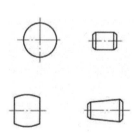

图 13-2 常用滚动体

二、滚动轴承的主要类型及特点

滚动轴承的类型很多，按照滚动体的形状不同，滚动轴承可分为球轴承和滚子轴承。滚子又分为圆柱滚子、圆锥滚子、

> 小伙伴们要牢记：核心技术要掌握在自己手里！

球面滚子和滚针等。

如果按轴承承受的外载荷的不同来分类，滚动轴承可以概括地分为向心轴承、推力轴承和向心推力轴承三大类。接触角是滚动轴承的一个主要参数，轴承的受力状态和承载能力等都与接触角有关。滚动体与外圈接触处的法线和轴承径向平面(垂直于轴承轴心线的平面)之间的夹角 α，称为公称接触角，如图 13-3 所示。公称接触角越大，轴承承受轴向载荷的能力也越强。

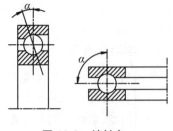

图 13-3　接触角 α

另外，按照工作时能否自动调心，轴承可分为刚性轴承和调心轴承。

如图 13-4 所示，将常用的各类滚动轴承的特点、应用介绍如下。

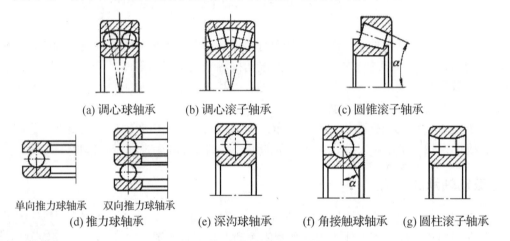

(a) 调心球轴承　　(b) 调心滚子轴承　　　　(c) 圆锥滚子轴承

单向推力球轴承　双向推力球轴承
(d) 推力球轴承　　(e) 深沟球轴承　　(f) 角接触球轴承　　(g) 圆柱滚子轴承

图 13-4　滚动轴承的主要类型

1. 调心球轴承

调心球轴承如图 13-4(a)所示。该轴承主要承受径向载荷，也可承受不大的轴向载荷。由于外圈的滚道是以轴承中点为中心的球面，故能自动调心，它允许内、外圈轴线的偏转角达 $2°\sim 3°$，适用于多支点和挠曲较大的轴上，以及难以精确对中的支承处。

2. 调心滚子轴承

调心滚子轴承如图 13-4(b)所示。该轴承与调心球轴承的特性基本相同，但承受载荷的能力比相同尺寸的调心球轴承大，常用于重型机械上。

3. 圆锥滚子轴承

圆锥滚子轴承如图 13-4(c)所示。该轴承由于滚动体与滚道的接触为线接触，故能同时承受较大的径向和单向轴向载荷。内、外圈沿轴向可以分离，故轴承装拆方便，间隙可调。该轴承应成对使用，常用于重载、中低速条件下。

4. 推力球轴承

推力球轴承如图 13-4(d)所示。单向推力球轴承只能承受单向的轴向力，它的一个套圈与轴紧密配合，另一个套圈与轴有 $0.2\sim 0.3$mm 的间隙。双向推力球轴承能承受双向的轴向力，其中套圈必须与轴颈紧密配合，适用于低、中转速条件下。

5．深沟球轴承

深沟球轴承如图 13-4(e)所示。该轴承主要承受径向载荷，也可承受不大的轴向载荷，但承受冲击载荷的能力差；其内、外圈轴线允许的偏转角为 $2' \sim 30'$，适用于刚性较大和转速高的轴上。

6．角接触球轴承

角接触球轴承如图 13-4(f)所示。角接触球轴承的接触角有 $15°$、$25°$、$40°$ 三种，可同时承受径向载荷和单向轴向载荷，一般成对使用。

7．圆柱滚子轴承

圆柱滚子轴承如图 13-4(g)所示。这种轴承的内圈或外圈可以分离，故只能承受径向载荷，不能承受轴向载荷；其承受载荷的能力比同尺寸的球轴承要大；工作时允许内、外圈有小量的轴向位移。该轴承对轴的偏斜比较敏感，内、外圈间的偏转角不允许超过 $2° \sim 4°$，适用于刚度大、对中性好的支承处。

三、滚动轴承类型的选择

选择滚动轴承类型时，应根据滚动轴承的工作载荷(大小、方向、性质)、转速、轴的刚度等要求参考以下规则进行。

(1) 转速较高、载荷较小、要求旋转精度高时选用球轴承；转速较低、载荷较大、有冲击时选用滚子轴承。

(2) 同时承受径向载荷及轴向载荷的轴承，应区别不同情况选取轴承类型。以径向载荷为主的可选用深沟球轴承；轴向载荷比径向载荷大很多时可采用推力轴承和向心轴承的组合结构，以便分别承受轴向载荷和径向载荷；径向载荷和轴向载荷都很大时可选用角接触球轴承或圆锥滚子轴承。

(3) 选用轴承还应考虑调心性能，各类轴承内、外圈轴线的相对倾斜角度是有限制的，超过限制角度，会使轴承寿命降低。当支点跨距大、轴的弯曲变形大以及多支点轴，可选用调心性能好的调心轴承。

此外，选用轴承时还应考虑经济性、允许空间、噪声与振动方面的要求。

标准即为规范，就是我国的法规。我们要养成遵守生产规范及国家标准的良好习惯。

滚动轴承的代号

四、滚动轴承的代号

滚动轴承的类型很多，每一类型的轴承在结构、尺寸、精度和技术要求等方面又各不相同，为了便于生产、设计和使用，《滚动轴承额定静载荷》(GB/T 4662—2003)规定了滚动轴承代号。该代号通常印在滚动轴承的端面上，由基本代号、前置代号和后置代号组成，用字母和数字表示，如表 13-1 所列。

表 13-1 滚动轴承代号的构成

前置代号	基本代号					后置代号							
	五	四	三	二	一								
轴承分部件代号	类型代号	尺寸系列代号		内径代号		内部结构代号	密封与防尘结构代号	保持架及其材料代号	特殊轴承材料代号	公差等级代号	游隙代号	多轴承配置代号	其他代号
		宽度系列代号	直径系列代号										

注：基本代号下面的一至五表示代号自右向左的位置序数。

1. 基本代号

基本代号用来表示轴承的类型、结构和尺寸，是轴承代号的基础。基本代号由类型代号、尺寸系列代号和内径代号组成。类型代号用数字或字母表示，后两者用数字表示。

(1) 类型代号。滚动轴承的常用类型代号如表 13-2 所列。

表 13-2 轴承类型代号与尺寸系列代号

轴承类型	类型代号	尺寸系列代号	组合代号	轴承类型	类型代号	尺寸系列代号	组合代号
调心球轴承	1	(0) 2	12	深沟球轴承	6	18	618
	(1)	22	22			19	619
	1	(0) 3	13			(1) 0	60
	(1)	23	23			(0) 2	62
调心滚子轴承	2	22	222			(0) 3	63
		23	223			(0) 4	64
		31	231	角接触轴承	7	(1) 0	70
		32	232			(0) 2	72
圆锥滚子轴承	3	02	302			(0) 3	73
		03	303			(0) 4	74
		13	313	圆柱滚子轴承（外圈无挡边）	N	10	N10
		20	320			(0) 2	N2
		22	322			22	N22
		23	323			(0) 3	N3
推力球轴承	5	11	511			23	N23
		12	512			(0) 4	N4
		13	513				
		14	514				

注：表中带"（）"号的数字在组合代号中可省略。

(2) 尺寸系列代号。尺寸系列代号由轴承的宽度系列代号和直径系列代号组成。宽度系列是内、外径相同的轴承有几个不同的宽度；直径系列是指内径相同的轴承有几个不同的外径，如表 13-2 所列。

(3) 内径代号。内径代号表示轴承的内径尺寸，为公称直径，用数字表示，表示方法如表 13-3 所列。

表 13-3　轴承内径代号

内径代号	00	01	02	03	04～96
轴承内径/mm	10	12	15	17	数×5

注：轴承内径代号用两位阿拉伯数字表示。内径为 22mm、28mm、32mm，不小于 500mm 的轴承用内径毫米数直接表示，但与组合代号之间用"/"分开。例如，深沟球轴承 62/22，内径 $d = 22$mm。

2. 前置代号和后置代号

前置代号和后置代号是轴承的结构形状、尺寸、公差、技术要求等有改变时，在其基本代号的前、后增加的补充代号，其排列顺序如表 13-1 所列。

(1) 前置代号。前置代号表示成套轴承的分部件，用字母表示，代号及含义见有关资料。

(2) 后置代号。用字母(或字母加数字)表示，共有 8 组。

内部结构代号表示轴承内部结构变化，常用代号含义如表 13-4 所列。

表 13-4　常用内部结构代号

代号	含义	示例	代号	含义	示例
B	公称接触角 $\alpha = 40°$	7208B 角接触球轴承 $\alpha = 40°$	E	结构改进加强型	N207E
C	公称接触角 $\alpha = 15°$	7208B 角接触球轴承 $\alpha = 15°$			
AC	公称接触角 $\alpha = 25°$	7208B 角接触球轴承 $\alpha = 25°$			

公差等级代号有 P0、P6、P6X、P5、P4、P2 6 个，分别表示标准规定的 0、6、6X、5、4、2 等级的公差等级；0 级精度最低，2 级精度最高；0 级可以省略不写。例如，6203(公差等级为 0 级)，6203/ P6(公差等级为 6 级)。

例 13-1　试说明轴承代号 6208、7311C/ P5、30310/ P6X 的含义。

解： 6208——表示内径为 40mm、宽度系列为 0(省略)、直径系列为 2、公差等级为 0 级(省略)的深沟球轴承。

7311C/P5——表示内径为 55mm、宽度系列为 0(省略)、直径系列为 3、公差等级为 5 级、接触角 $\alpha = 15°$ 的角接触球轴承。

30310/P6X——表示内径为 50mm、宽度系列为 0(省略)、直径系列为 3、公差等级为 6X 级的圆锥滚子轴承。

第二节　滚动轴承的失效形式及其计算

一、失效形式

滚动轴承工作时，可以是外圈固定、内圈转动，也可以是内圈固定、外圈转动，处于上半圈的滚动体不承载，下半圈各滚动体按其所在位置的不同，将受到不同的载荷。如

图 13-5 所示，载荷作用线上的点将受到最大的接触载荷。滚动轴承的失效形式主要有以下几种。

1. 疲劳点蚀

滚动轴承工作时，由于内圈、外圈和滚动体接触表面受变应力，工作一段时间后，接触面就可能发生疲劳点蚀，导致轴承产生振动和噪声，直至轴承失效。通常点蚀是滚动轴承的主要失效形式。

2. 塑性变形

不回转、缓慢摆动或转速很低的滚动轴承，一般不会产生点蚀，但在较大的静载荷或冲击载荷作用下，会使轴承滚道和滚动体接触处的局部应力超过材料的屈服极限而出现塑性变形，形成不均匀凹坑，从而导致轴承失效。

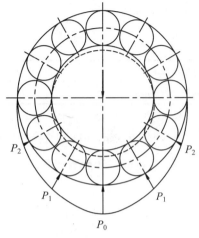

图 13-5　向心轴承径向载荷的分布

3. 磨损及碎裂

当滚动轴承的工作环境恶劣、润滑不良、密封不好或安装使用不当时，各元件会发生碎裂或过早磨损而导致轴承失效。

对于一般转速的轴承，为防止点蚀，应进行寿命计算；而对于转速较低的轴承，为防止塑性变形，则应进行静强度计算。对于高速轴承，除计算寿命外，还应校验其极限转速。

二、轴承寿命的计算

1. 滚动轴承的基本额定寿命

轴承寿命是指轴承中任一滚动体或内、外圈滚道上出现疲劳点蚀以前工作的总转数，或在一定转速下的总工作小时数。

实验表明，即使是结构、尺寸、材料、热处理和加工工艺都完全相同的一批轴承，在完全相同的条件下运转，它们的疲劳寿命也可能相差几十倍。因此，不能用单个轴承的寿命作为计算依据，而要根据统计方法，采用可靠度评价方式规定：一组相同的轴承，在相同的条件下运转，其中10%的轴承发生疲劳点蚀破坏，而90%的轴承不发生疲劳点蚀前的总转数(以 10^6 r 为单位)或在一定转速下的工作小时数作为轴承的疲劳寿命，并把这个疲劳寿命称为基本额定寿命，以 L_{10} 或 L_h 表示。

滚动轴承的
寿命计算

滚动轴承的静
强度计算

因此，基本额定寿命对于一批轴承来说是指90%的轴承所能达到或超过的寿命；而对于单个轴承来讲，是指不发生疲劳点蚀的概率为90%。在做轴承寿命计算时，必须先根据机器的类型、使用条件及对可靠度的要求，确定一个恰当的预期计算寿命，即设计机器时所要求的轴承寿命。

2. 滚动轴承的基本额定动载荷

滚动轴承的寿命与所受载荷的大小有关，工作载荷越大，轴承的基本额定寿命越短，因此，用基本额定动载荷表示滚动轴承的承载特性。基本额定动载荷 C 是指轴承的基本额定寿命为 $10^6 r$ 时所能承受的载荷值。对于向心轴承，指的是纯径向载荷，称为径向基本额定动载荷，以 C_r 表示；对于推力轴承，指的是纯轴向载荷，称为轴向基本额定动载荷，以 C_a 表示；对于角接触轴承，指的是载荷的径向分量。不同型号的轴承有不同的基本额定动载荷值，它表征了不同型号轴承的承载能力，C 值越大，承载能力越大。轴承样本给出了每个型号轴承的基本额定动载荷值 C，单位为 N。

3. 滚动轴承寿命的计算公式

对于具有基本额定动载荷 C 的轴承，当它所受的载荷 P 恰好为 C 时，其基本额定寿命就是 $10^6 r$。但是当其所受的载荷 $P \neq C$ 时，轴承的寿命为多少？这就是轴承寿命计算所要解决的一类问题。轴承寿命计算所要解决的另一类问题是，轴承所受的载荷等于 P，而且要求轴承具有的寿命为 L_{10}（以 $10^6 r$ 为单位），那么须选用具有多大的基本额定动载荷的轴承？下面就来讨论解决上述问题的方法。

图 13-6 所示为在大量实验研究基础上得出的轴承载荷——寿命曲线，该曲线表示轴承的载荷 P 与基本额定寿命 L_{10} 之间的关系，即

$$P^\varepsilon L_{10} = 常数 \tag{13-1}$$

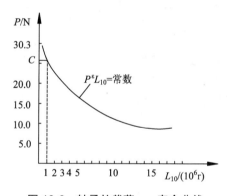

图 13-6　轴承的载荷——寿命曲线

因为 $P = C$ 时，$L_{10} = 1(10^6 r)$，故有 $P^\varepsilon L_{10} = C^\varepsilon \cdot 1$，即

$$L_{10} = \left(\frac{C}{P}\right)^\varepsilon (10^6 r) \tag{13-2}$$

式中，ε 为寿命指数，对于球轴承 $\varepsilon = 3$；对于滚子轴承 $\varepsilon = 10/3$。

实际计算时，用小时表示轴承的寿命比较方便。令 n 代表轴承的转速 (r/min)，则以小时数表示的轴承寿命 L_h 为

$$L_h = \frac{10^6}{60n}\left(\frac{C}{P}\right)^\varepsilon = \frac{16667}{n}\left(\frac{C}{P}\right)^\varepsilon \tag{13-3}$$

4. 滚动轴承的当量动载荷

滚动轴承的寿命计算公式中所用的载荷，对于只能承受纯径向载荷 F_r 的向心轴承或只能承受纯轴向载荷 F_a 的推力轴承来说，即为外载荷 F_r 或 F_a。但是，对于那些同时承受径向载荷 F_r 和轴向载荷 F_a 的轴承来说，为了能和基本额定动载荷进行比较，必须把实际作用的复合外载荷折算成与基本额定动载荷方向相同的一假想载荷，在该假想载荷作用下轴承的寿命与在实际的复合外载荷作用下轴承的寿命相同，则称该假想载荷为当量动载荷，用 P 表示。它的计算公式为

$$P = XF_r + YF_a \tag{13-4}$$

式中，X 为径向动载荷系数；Y 为轴向动载荷系数。

X、Y 可分别按 $\dfrac{F_a}{F_r} > e$ 或 $\dfrac{F_a}{F_r} \leqslant e$ 两种情况，按表 13-5 查取。参数 e 是个界限值，用于判断是否考虑轴向载荷的影响，其值与轴承类型和 $\dfrac{F_a}{C_{0r}}$ 有关(C_{0r} 是轴承的径向基本额定静载荷)。

表 13-5　滚动轴承的径向动载荷系数 X 及轴向动载荷系数 Y

轴承类型	$\dfrac{F_a}{C_{0r}}$	e	$\dfrac{F_a}{F_r} > e$		$\dfrac{F_a}{F_r} \leqslant e$	
			Y	X	Y	X
深沟球轴承	0.14	0.19	2.30	0.56	0	1
	0.028	0.22	1.99			
	0.056	0.26	1.71			
	0.084	0.28	1.55			
	0.11	0.30	1.45			
	0.17	0.34	1.31			
	0.28	0.38	1.15			
	0.42	0.42	1.04			
	0.56	0.44	1.00			
角接触球轴承 $\begin{pmatrix} 7000C \\ \alpha = 15° \end{pmatrix}$	0.015	0.38	1.47	0.44	0	1
	0.029	0.40	1.40			
	0.058	0.43	1.30			
	0.087	0.46	1.23			
	0.12	0.47	1.19			
	0.17	0.50	1.12			
	0.29	0.55	1.02			
	0.44	0.56	1.00			
	0.58	0.56	1.00			
角接触球轴承 $\begin{pmatrix} 7000AC \\ \alpha = 25° \end{pmatrix}$	—	0.68	0.87	0.41	0	1

续表

轴承类型	$\dfrac{F_a}{C_{0r}}$	e	$\dfrac{F_a}{F_r} > e$		$\dfrac{F_a}{F_r} \leqslant e$	
			Y	X	Y	X
角接触球轴承 $\begin{pmatrix} 7000B \\ \alpha = 40° \end{pmatrix}$	—	1.14	0.57	0.35	0	1
圆锥滚子轴承	—	$1.5\tan\alpha$	$0.4\cot\alpha$	0.40	0	1

注：对于 $\dfrac{F_a}{C_{0r}}$ 的中间值，其 e 值和 Y 值可由线性插值法求得。

式(13-4)求得的当量动载荷只是一个理论值。实际上，由于振动、冲击和其他载荷对机器的影响，F_r 和 F_a 与实际值往往有差别，考虑到这些影响，应当为当量动载荷乘上一个根据经验而定的载荷系数 f_p，其值如表 13-6 所列。如果轴承在温度高于120℃的环境下工作，轴承的 P 值有所升高，故引用温度系数 f_t 予以修正，f_t 可查表 13-7。故实际计算时，轴承的当量动载荷应为

$$P = f_p f_t (XF_r + YF_a) \tag{13-5}$$

表 13-6 载荷系数 f_p

载荷性质	举　例	f_p
无冲击或轻微冲击	电动机、通风机、水泵等	1.0～1.2
中等冲击	减速器、车辆、机床、起重机、木工加工机械传动装置等	1.2～1.8
强烈冲击	破碎机、轧钢机、振动筛等	1.8～3.0

表 13-7 温度影响系数 f_t

轴承工作温度/℃	<120	125	150	175	200	225	250	300	350
f_t	1	1.05	1.15	1.2	1.25	1.35	1.4	1.7	2

5. 角接触轴承轴向载荷的计算

角接触球轴承和圆锥滚子轴承在受到径向载荷时，由于接触角 α 的影响，各滚动体所受轴向分力的和称为内部派生轴向力 S，其方向始终沿轴向由轴承外圈宽边指向窄边，如图 13-7 所示。为了使内部轴向力得到平衡，以免轴产生窜动，这类轴承通常是成对使用的。

图 13-8 中表示了两种角接触轴承不同的安装方式。根据力的径向平衡条件，由径向外力 F_r 计算出作用在两个轴承上的径向载荷 F_{r1}、F_{r2}。当 F_r 的大小及作用位置固定时，径向载荷 F_{r1}、F_{r2} 也就固定。由径向载荷派生的内部轴向力 S_1、S_2 的大小可按表 13-8 中相应的公式计算。图中 O_1、O_2 分别为轴承 1 和轴承 2 的压力中心，即支反力作用点。O_1、O_2 与轴承端面的距离可由手册查取。

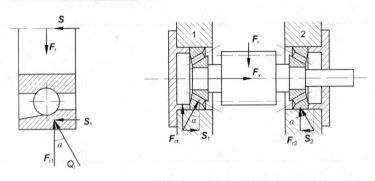

图 13-7   角接触球轴承(圆锥滚子轴承)轴向载荷的分析

表 13-8   角接触轴承内部轴向力计算公式

圆锥滚子轴承	角接触球轴承		
	7000C	7000AC	7000B
$S = F_r / 2Y$	$S = 0.4F_r$	$S = 0.68F_r$	$S = 1.14F_r$

注：Y 为轴向载荷系数，如表 13-5 所列。

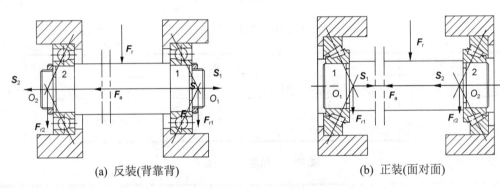

(a) 反装(背靠背)   (b) 正装(面对面)

图 13-8   角接触球轴承(圆锥滚子轴承)轴向载荷的分析

以图 13-8 为例，轴和与其配合的轴承内圈为分离体，按其轴向力平衡为条件，确定轴承的轴向力 F_{a1} 和 F_{a2}。

(1) 当 $F_a + S_2 = S_1$ 时，则轴承 1、2 所受的轴向载荷分别为 $F_{a1} = S_1$，$F_{a2} = S_2$。

(2) 当 $F_a + S_2 > S_1$ 时，则轴有向左窜动的趋势，但实际上轴必须处于平衡位置(即轴承座要通过轴承外圈施加一个附加的轴向力来阻止轴的窜动)，所以轴承 1 所受的总轴向力 F_{a1} 必须与 $F_a + S_2$ 相平衡，即 $F_{a1} = F_a + S_2$；而轴承 2 只受本身的内部轴向力 S_2 作用，即 $F_{a2} = S_2$。

(3) 当 $F_a + S_2 < S_1$ 时，同前理，轴承 1 只受其本身的内部轴向力 S_1 作用，即 $F_{a1} = S_1$；而轴承 2 所受的轴向力为 $F_{a2} = S_1 - F_a$。

6. 静载荷计算

计算静载荷的目的是限制滚动轴承的塑性变形。对于低速回转的轴承，当承载最大的滚动体与内、外圈滚道上产生的塑性变形之和等于滚动体直径的万分之一时所承受的载荷称为基本额定静载荷 C_0 (N)，其值可查轴承手册。

当轴承同时承受径向载荷和轴向载荷作用时，应按当量静载荷 P_0 进行计算，它是一个假想的载荷，在这个假想载荷作用下轴承所产生的塑性变形量与实际径向载荷和轴向载荷同时作用所产生的塑性变形量相同。当量静载荷的计算公式为

$$P_0 = X_0 F_r + Y_0 F_a \tag{13-6}$$

式中，X_0、Y_0 为当量静载荷的径向系数和轴向系数，可查轴承手册。

若按式(13-6)计算出 $P_0 < F_r$，则取 $P_0 = F_r$。

按额定静载荷选择和验算轴承的公式为

$$\frac{C_0}{P_0} \geqslant S_0 \tag{13-7}$$

式中，S_0 为静载荷安全系数，其值可查有关手册。

例 13-2　某减速器输入轴的两个轴承中受载较大的轴承所受的径向载荷 $F_{r1} = 2180\text{N}$，轴向载荷 $F_{a1} = 1100\text{N}$，轴的转速 $n = 970\text{r}/\min$，轴的直径 $d = 55\text{mm}$，载荷稍有波动，工作温度低于120℃，要求轴承的预期计算寿命为15 000h，试选择轴承型号。

解：(1) 初选轴承型号。根据已知条件，试选择深沟球轴承，因其直径为55mm，则其型号初选为6211，由轴承手册查得 $C_r = 33500\text{N}$，$C_{0r} = 25000\text{N}$。

(2) 计算当量动载荷。因 $F_{a1}/C_{0r} = 1100/25000 = 0.044$，由表 13-5，查得 $e \approx 0.25$。

由于 $F_{a1}/F_{r1} = 1100/2180 = 0.51 > e \approx 0.25$，查表 13-5，得 $X = 0.56$，$Y = 1.73$。考虑轴承工作中载荷稍有波动，由表 13-6 查得 $f_p = 1.1$，则当量动载荷为

$$P_1 = f_p(X F_{r1} + Y F_{a1}) = 1.1 \times (0.56 \times 2\,180 + 1.73 \times 1100) = 3436(\text{N})$$

(3) 校核轴承寿命。轴承寿命为 $L_h = \dfrac{10^6}{60n}\left(\dfrac{C}{P}\right)^{\varepsilon} = \dfrac{16667}{970}\left(\dfrac{33500}{3436}\right)^3 = 15924\text{h}$。$L_h > 15000\text{h}$，满足要求，故选用 6211 型号轴承。

例 13-3　如图 13-9 所示，试选择一斜齿圆柱齿轮减速器主动轴上的滚动轴承。已知轴颈 $d = 35\text{mm}$，转速 $n = 1\,200\text{r}/\min$，轴承承受径向载荷 $F_{r1} = 1200\text{N}$，$F_{r2} = 2000\text{N}$，轴向载荷 $F_x = 700\text{N}$，使用时间为 $L_h = 16\,000\text{h}$。

解：(1) 选择轴承类型和型号。由于轴的转速较高，轴向载荷与径向载荷相比不大，故可选用角接触球轴承。又已知 $d = 35\text{mm}$，初选 70207C 型轴承，由机械设计手册查得 $C_r = 30\,500\text{N}$，$C_{0r} = 20\,000\text{N}$。

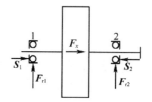

图 13-9　例 13-3 用图

(2) 计算轴承的轴向载荷 F_{a1}、F_{a2}。

由表 13-8 中的公式计算轴承的派生轴向力为

$$S_1 = 0.4 F_{r1} = 0.4 \times 1200\text{N} = 480\text{N}$$

$$S_2 = 0.4 F_{r2} = 0.4 \times 2000\text{N} = 800\text{N}$$

其方向为 S_1 向右，S_2 向左，故有

$$F_{a1} = S_1 = 480\text{N}$$

$$F_{a1} = S_2 - F_x = 800\text{N} - 700\text{N} = 100\text{N}$$

$$F_{a2} = S_2 = 800\text{N}$$
$$F_{a2} = S_1 + F_x = 1180\text{N}$$

由此可知，轴承 1 的轴向载荷为 480N，轴承 2 的轴向载荷为 1180N。

(3) 计算当量动载荷。

轴承 1 为

$$\frac{F_{a1}}{C_{0r}} = \frac{480\text{N}}{20000\text{N}} = 0.024$$

查表 13-5，得 $e = 0.40$，则 $F_{a1}/F_{r1} = 480\text{N}/1200\text{N} = 0.4 = e$，得 $X = 1$，$Y = 0$。

由表 13-6 取 $f_p = 1$，由表 13-7 取 $f_t = 1$，则

$$P_1 = (XF_{r1} + YF_{a1})f_p f_t = (1 \times 1200\text{N} + 0 \times 480\text{N}) \times 1 \times 1 = 1200\text{N}$$

轴承 2 为

$$\frac{F_{a2}}{C_{0r}} = \frac{1180\text{N}}{20000\text{N}} = 0.059$$

查表 $e = 0.43$，则 $F_{a2}/F_{r2} = 1180\text{N}/2000\text{N} = 0.59 \geqslant e$。

查表 13-5 得 $X = 0.44$，$Y = 1.3$，且由表 13-6 取 $f_p = 1$，由表 13-7 取 $f_t = 1$，则

$$P_2 = (XF_{r2} + YF_{a2})f_p f_t = (0.44 \times 2000\text{N} + 1.3 \times 1180\text{N}) \times 1 \times 1 = 2414\text{N}$$

(4) 计算所需的额定动载荷。

同一轴上的两个轴承，一般选用相同的型号。因此，按式(13-4)计算所需的额定动载荷时，应取较大的 P_2，则

$$C = P_2 \sqrt[3]{\frac{60nL_h}{10^6}} = 2414 \sqrt[3]{\frac{60 \times 1200 \times 16000}{10^6}}\text{N} = 25305\text{N} \leqslant 25400\text{N}$$

故选用 70207C 轴承合适。

第三节　滚动轴承的组合设计

为保证轴承在机器中正常工作，除合理选择轴承类型、尺寸外，还应正确进行轴承的组合设计，处理好轴承与其周围零件之间的关系。也就是要解决轴承的轴向位置固定、轴承与其他零件的配合、间隙调整、装拆和润滑密封等一系列问题。

一、轴承的固定

轴承的固定有两种方式。

1. 两端固定(双支点单侧固定)

使轴的两个支点中每一个支点都能限制轴的单向移动，两个支点合起来就限制了轴的双向移动，这种固定方式称为两端固定，如图 13-10(a)所示。两端固定适用于工作温度变化不大的短轴，考虑到轴因受热会伸长，应在轴承盖与外圈端面之间留出热补偿间隙 C，如图 13-10(b)所示，$C = 0.2 \sim 0.3\text{mm}$。

滚动轴承的
组合设计

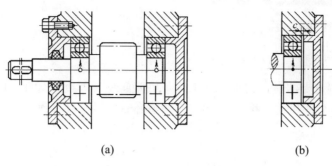

(a)　　　　　　　　　　　　　(b)

图 13-10　两端固定支承

2. 一端固定、一端游动(单支点双侧固定，另一支点游动)

这种固定方式是在两个支点中选一个支点双向固定以承受轴向力，另一支点则可做轴向游动，如图 13-11 所示。可做轴向游动的支点称为游动支点，显然它不能承受轴向载荷。

选用深沟球轴承作为游动支点时，应在轴承外圈与端盖间留适当间隙[见图 13-11(a)]；选用圆柱滚子轴承时，轴承外圈应做双向固定[见图 13-11(b)]，以免内、外圈同时移动，造成过大错位。这种固定方式适用于温度变化较大的长轴。

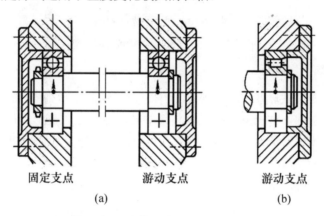

固定支点　　　　　　游动支点　　　　　　游动支点

(a)　　　　　　　　　　　　　(b)

图 13-11　一端固定、一端游动支承

3. 两端游动(双支点游动)

如图 13-12 所示，轴左、右两端都采用圆柱滚子轴承，内、外圈都固定，以保证在轴承外圈的内表面与滚动体之间能够产生左、右轴向游动。此种支承方式一般只用在人字齿轮传动中，而且另一轴必须轴向位置固定。

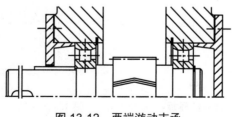

图 13-12　两端游动支承

二、轴承组合的调整

1. 轴承间隙的调整

轴承间隙的调整方法有：①加减轴承盖与机座间垫片厚度，如图 13-13(a)所示；②利用螺钉 1 通过轴承外圈压盖 3 移动外圈位置(调整之后，用螺母 2 锁紧防松)，如图 13-13(b)所示。

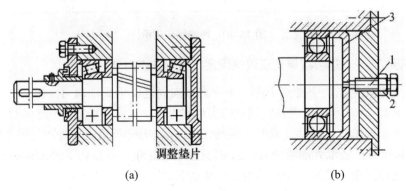

图 13-13 轴承间隙的调整

1—螺钉；2—螺母；3—轴承外圈压盖

2. 轴承的预紧

对于某些可调游隙式轴承，在安装时给予一定的轴向压紧力(预紧力)，使内、外圈产生相对位移而消除游隙，并在套圈和滚动体接触处产生弹性预变形，借此提高轴的旋转精度和刚度，这种方法称为轴承的预紧。预紧力可以利用金属垫片[见图 13-14(a)]或磨窄套圈[见图 13-14(b)]等方法获得。

3. 轴承组合位置的调整

轴承组合位置调整的目的是使轴上的零件(如齿轮、带轮等)具有准确的工作位置，如锥齿轮传动，要求两个节锥顶点相重合，方能保证正确啮合；又如蜗杆传动，则要求蜗轮中间平面通过蜗杆的轴线。图 13-15 所示为锥齿轮轴承组合位置的调整，套杯与机座间的垫片 1 用来调整锥齿轮轴的轴向位置，而垫片 2 则用来调整轴承游隙。

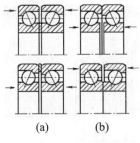

图 13-14 轴承的预紧

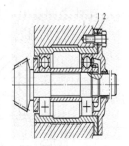

图 13-15 轴承组合位置的调整

1，2—垫片

三、滚动轴承的配合

由于滚动轴承是标准件，为了便于其更换及适应大量生产，轴承内圈孔与轴的配合采用基孔制，轴承外圈与轴承座孔的配合则采用基轴制。

选择配合时，应考虑载荷的方向、大小和性质，以及轴承类型、转速和使用条件等因素。当外载荷方向不变时，转动套圈应比固定套圈的配合紧一些。一般情况下，内圈随轴一起转动，外圈固定不转，故内圈与轴常取过渡配合，如轴的公差采用 K6、M6；外圈与座孔常取较松的过渡配合，如座孔的公差用 H7、J7 或 Js7。当轴承做游动支承时，外圈与座孔应取保证有间隙的配合，如座孔公差采用 G7。

四、轴承的装拆

设计轴承组合时，应考虑是否有利于轴承的装拆，以便在装拆过程中不致损坏轴承和其他零件。

如图 13-16 所示，若轴肩高度大于轴承内圈外径，就难以放置拆卸工具的钩头。对于外圈拆卸要求也是如此，应留出拆卸高度 h_1，如图 13-17(a) 和图 13-17(b) 所示，或在壳体上做出能放置拆卸螺钉的螺孔，如图 13-17(c) 所示。

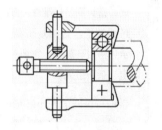

图 13-16　用钩爪器拆卸轴承

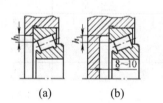

(a)　　　(b)　　　(c)

图 13-17　拆卸高度和拆卸螺孔

五、滚动轴承的润滑

润滑的主要目的是减小摩擦与减轻磨损，滚动轴承的滚动接触部位形成的油膜还有吸收振动、降低工作温度和噪声以及防止锈蚀等作用。

滚动轴承的
润滑和密封

滚动轴承的润滑剂可以是润滑脂、润滑油或固体润滑剂，选用哪一类润滑剂与润滑方式，与轴承的速度有关，一般用滚动轴承的速度因数 dn 值来确定。d 为滚动轴承内径 (mm)，n 为滚动轴承转速 (r/min)，dn 值间接地反映了轴颈的圆周速度。适用于脂润滑和油润滑的 dn 值列于表 13-9 中，可在选择润滑剂与润滑方式时参考。

表 13-9　滚动轴承润滑剂与润滑方式的选择

单位：mm·r/min

轴承类型	脂润滑	浸油、飞溅润滑	滴油润滑	喷油润滑	油雾润滑
深沟球轴承、角接触球轴承	$\leq 1.6 \times 10^5$	$\leq 2.5 \times 10^5$	$\leq 4 \times 10^5$	$\leq 6 \times 10^5$	$> 6 \times 10^5$
圆柱滚子轴承	$\leq 1.2 \times 10^5$				
圆锥滚子轴承	$\leq 1.0 \times 10^5$	$\leq 1.6 \times 10^5$	$\leq 2.3 \times 10^5$	$\leq 3 \times 10^5$	—
推力球轴承	$\leq 0.4 \times 10^5$	$\leq 0.6 \times 10^5$	$\leq 1.2 \times 10^5$	$\leq 1.5 \times 10^5$	—

六、滚动轴承的密封

密封是为了防止外部尘埃、水分及其他杂物进入轴承，并防止轴承内润滑剂流失。轴承密封方法的选择与润滑的种类、工作环境、温度、密封表面的圆周速度有关。密封方法通常可归纳为接触式、非接触式和组合式三大类，具体如表 13-10 所列。

表 13-10　常用的滚动轴承密封形式

密封类型	图　例	适用场合	说　明
接触式密封	毛毡圈密封	脂润滑。要求环境清洁，轴颈圆周速度 v 小于 4～5m/s，工作温度不超过 90℃	矩形断面的毛毡圈 1 被安装在梯形槽内，它对轴产生一定的压力而起到密封作用
	密封圈密封 (a) (b)	脂或油润滑。轴颈圆周速度 $v < 7\text{m/s}$，工作温度范围为-40～100℃	密封圈用皮革、塑料或耐油橡胶制成，有的具有金属骨架，有的没有骨架，密封圈是标准件。图(a)所示为密封唇朝里，目的是防漏油；图(b)所示为密封唇朝外，主要目的是防止灰尘、杂质进入
非接触式密封	间隙密封	脂润滑。干燥清洁环境	靠轴与盖间的细小环形间隙密封，间隙越小越长，效果越好，间隙 δ 取 0.1～0.3mm
	迷宫式密封 (a) (b)	脂润滑或油润滑。工作温度不高于密封用脂的滴点。这种密封效果可靠	将旋转件与静止件之间的间隙做成迷宫(曲路)形式，并在间隙中充填润滑油或润滑脂以加强密封效果。分径向、轴向两种，图(a)所示为径向曲路，径向间隙 $\delta \leqslant 0.1$～0.2mm；图(b)所示为轴向曲路，因考虑到轴受热后会伸长，间隙应取大些，$\delta = 1.5$～2mm
组合式密封	毛毡加迷宫密封	适用于脂润滑或油润滑	这是组合密封的一种形式，毛毡加迷宫，可充分发挥其各自优点，提高密封效果。组合方式很多，不再一一列举

本 章 小 结

本章重点学习了滚动轴承的类型、代号的含义以及选择滚动轴承的方法；理解滚动轴承的失效形式、轴承寿命、基本额定载荷、当量载荷等概念并能正确计算轴承寿命；掌握3类和7类轴承在考虑派生轴向力的基础上计算轴向载荷的方法；了解静载荷条件下轴承寿命的计算方法；了解滚动轴承的组合设计以及滚动轴承的润滑和密封。

复习思考题

知识拓展　　习题讲解

综合题

1. 说明下列型号轴承的类型、尺寸系列、结构特点、公差等级及其适用场合：6005、N209/P6、7207/P5、30209/P5。

2. 根据工作条件，某机械传动装置中轴的两端各采用一个深沟球轴承支承，轴颈 $d=35mm$，转速 $n=2000r/min$，每个轴承承受径向载荷 $F_r=2kN$，常温下工作，载荷平稳，预期寿命 $L_h=8000h$，试选择轴承。

3. 一矿山机械的转轴，两端用 6312 深沟球轴承支承，每个轴承承受的径向载荷 $F_r=5400N$，轴的轴向载荷 $F_a=2650N$，轴的转速 $n=1250r/min$，运转中有轻微冲击，预期寿命 $L_h=5000h$，问是否适用。

4. 根据工作条件，决定在某传动轴上安装一对角接触球轴承，要求背对背布置。已知两个轴承的载荷分别为 $F_{r1}=1470N$，$F_{r2}=2650N$，外加轴向力 $F_x=1000N$，轴颈 $d=40mm$，转速 $n=5000r/min$，常温下运转，有中等冲击，预期寿命 $L_h=2000h$，试选择轴承型号。

5. 指出图 13-18 所示蜗轮轴系中的结构错误，并画出正确的结构，轴承使用脂润滑。

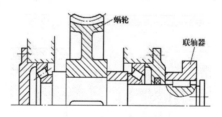

图 13-18　题 5 图

第十四章 联轴器和离合器

学习要点及目标

(1) 联轴器的类型。

(2) 离合器的类型。

(3) 联轴器和离合器的选用。

联轴器

第一节 联 轴 器

联轴器的类型很多，根据其内部是否包括弹性元件，可分为刚性联轴器和弹性联轴器两大类。弹性联轴器因有弹性元件，故可缓和冲击，具有吸收振动的能力。刚性联轴器又根据其结构特点而分为固定式与可移式两类。前者要求被连接的两轴严格对中，且工作时不发生相对移动，而后者允许两轴有一定的安装误差，并能补偿工作时可能产生的相对位移。

一、固定式刚性联轴器

刚性联轴器用于载荷平稳或有轻微冲击的两轴连接。

1. 套筒联轴器

如图 14-1 所示的套筒联轴器是一种最简单的联轴器。它是由连接两轴轴端的套筒和连接件(销钉或键)组成的。这种联轴器的优点是结构简单、径向尺寸小，被连接的两轴能严格地同步转动，当机器过载时如果销能被剪断，则同时可作为安全装置使用。缺点是拆装时轴会做轴向移动，使拆装工作极不方便。套筒联轴器通常用于传递转矩较小的场合，被连接轴的直径一般不会大于 100mm。

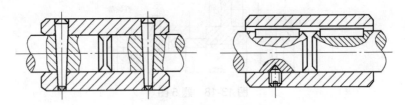

图 14-1 套筒联轴器

2. 夹壳联轴器

图 14-2 所示的夹壳联轴器是由纵向剖分的两半筒形夹壳 1、2 和连接两夹壳的螺栓 3 组成的。这种联轴器在装拆时轴不需做轴向移动，装拆比较方便，但外形复杂，使用时要加防护罩，平衡较困难，常用于低速、载荷平稳及立轴的连接。

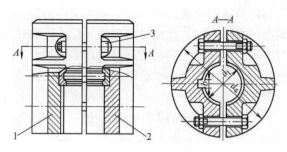

图 14-2　夹壳联轴器

1，2—半筒形夹壳；3—螺栓

3. 凸缘联轴器(GB/T 5843—2003)

图 14-3 所示的凸缘联轴器是由两个带毂的圆盘(凸缘)1、2 组成，圆盘 1、2 用键与轴相连，再用螺栓 3 将两圆盘连接起来。这种联轴器结构简单，能传递较大的转矩，对中精确可靠，因而应用广泛。缺点是不能缓冲和吸振，不能消除两轴因安装误差所引起的不良后果。如果提高其制造和装配精度，也可用于高速重载。

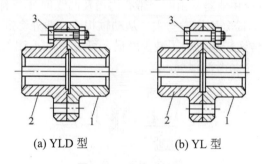

(a) YLD 型　　　　　(b) YL 型

图 14-3　凸缘联轴器

1，2—圆盘；3—螺栓

凸缘联轴器的结构有 YLD 型和 YL 型两种。图 14-3(a)所示的 YLD 型联轴器是利用两半联轴器的凸肩和凹槽定心，装拆时轴需做轴向移动，多用于不常拆卸的场合。图 14-3(b)所示的 YL 型联轴器是利用铰制孔螺栓定心，装拆较方便，但制造较麻烦，可用于经常装拆的场合。

二、可移式刚性联轴器

可移式刚性联轴器因能减小或消除由于两轴相对偏移所产生的不良影响，所以又称为补偿式刚性联轴器。

1. 十字滑块联轴器

图 14-4 所示十字滑块联轴器是由两个在端面上开有凹槽的半联轴器 1、3 和一个两面带有凸牙的中间盘 2 所组成的，中间盘 2 两面的凸牙位于互相垂直的两个直径方向上，并在安装时分别嵌入 1、3 的凹槽中。因为凸牙在凹槽中滑动，故可补偿安装及运转时两轴

间的偏移。中间盘做偏心转动将产生离心力，为了避免离心力过大，应尽量减小中间盘的重量，因此，可将中间盘制成空心的。使用时应限制其偏心距和转速不超过许用值。为了防止因中间盘凸牙和两半联轴器凹槽之间的滑动而引起零件过早磨损，除需保证滑动零件表面具有足够的硬度外，还应从中间盘的油孔中注油进行润滑以及控制凸牙和凹槽之间的压力。这种联轴器一般用于转速小于 250r/min，轴的刚度较大，且无剧烈冲击处。两轴间所允许的径向位移不大于 $0.01d + 0.25\text{mm}$（d 为轴的直径），允许的角偏斜不大于 $40°$。

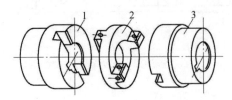

图 14-4　十字滑块联轴器

1，3—半联轴器；2—中间盘

2. 齿轮联轴器

如图 14-5 所示的齿轮联轴器是由两个带有内齿及凸缘的外套筒 3 和两个带有外齿的内套筒 1 所组成。两个内套筒分别用键与主、从动轴相连，两外套筒 3 用螺栓 5 连成一体，依靠内、外齿相啮合以传递转矩。为了减少磨损，可由油孔 4 注入润滑油，并在套筒 1 和 3 之间装密封圈 6，以防止润滑油泄漏。

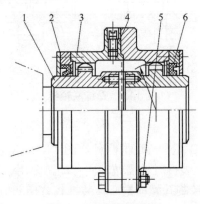

图 14-5　齿轮联轴器

1—内套筒；2—端盖；3—外套筒；4—油孔；5—螺栓；6—密封圈

齿轮联轴器的优点是能传递很大的转矩和补偿适量的综合位移，因此常用于重型机械中。但是，当传递大转矩时，齿间的压力也随着增大，使联轴器的灵活性降低，而且其结构笨重、复杂，因此制造也较困难。

3. 万向联轴器

万向联轴器又称为"十字铰链联轴器"，如图 14-6 所示，它是由两个叉形接头和一个十字销组成的。十字销分别与固定在两根轴上的叉形接头铰接，从而形成一个可动的连接。这种联轴器可允许两轴间有较大的夹角，而且在运转过程中，夹角发生变化仍可正常工作；但当夹角过大时，传动效率明显降低，故夹角最大可达 $35° \sim 45°$。

若用单个万向联轴器连接轴线相交的两轴，当主动轴以等角速度 ω_1 回转时，从动轴的角速度 ω_2 并不是常数，而是在一定的范围内 $(\omega_1\cos\alpha \leqslant \omega_2 \leqslant \omega_1/\cos\alpha)$ 变化，因而在运转过程中将产生附加的动载荷。为了改善这种状况，常将万向联轴器成对使用，组成双万向联轴器，如图 14-7 所示。安装时应保证主、从动轴与中间轴间的夹角相等，且中间轴的两端叉形接头应在同一平面内，这样便可使主、从动轴的角速度相等。

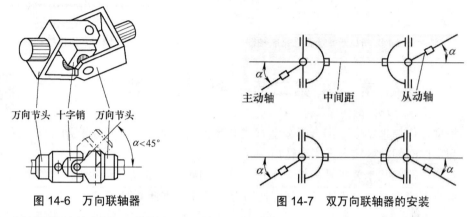

图 14-6　万向联轴器　　　　　　图 14-7　双万向联轴器的安装

万向联轴器的结构紧凑、维修方便，能补偿较大的角位移，因而在汽车、拖拉机和金属切削机床中获得广泛应用。

三、弹性联轴器

弹性联轴器的结构内部装有弹性元件，不仅可以补偿两轴的线位移和角位移，而且具有缓冲和吸振的能力。它适合于承受变载荷、频繁起动、经常正反向转动以及两轴不便于严格对中的场合，尤其在高速轴上应用十分广泛。常见的有弹性套柱销联轴器和尼龙柱销联轴器两种，它们的性能基本一致。

1. TL 型弹性套柱销联轴器(GB/T 4323—2002)

如图 14-8 所示的 TL 型弹性套柱销联轴器在结构上与凸缘联轴器很近似，只是用套有数个橡胶圈的柱销代替了连接螺栓。

这种联轴器结构简单、装拆方便、易于制造，安装时如果两圆盘之间留有间隙 c，则可以利用弹性柱销的变形补偿变形较大的轴向位移、微量的径向位移和角度偏斜等。但弹性圈容易磨损和老化，故寿命较短。它适用于正反转变化多、载荷较平稳或起动频繁的中小功率的两轴连接上。

2. 弹性柱销联轴器(GB 5014—2003)

用尼龙柱销代替弹性套柱销联轴器的橡胶套圈，称为弹性柱销联轴器，如图 14-9 所示。为了防止柱销脱落，在半联轴器的外侧用螺钉固定了挡板。这种联轴器与弹性套柱销联轴器很相似，但传递转矩的能力很大，结构更为简单，制造、装配及维修都方便，寿命长，也有一定的缓冲吸振能力，允许被连接两轴有一定的轴向位移以及少量的径向位移和角度偏斜，适合轴向窜动量较大、正反转变化较多和起动频繁的场合。由于尼龙对温度较敏感，故使用温度限制在 20～70℃ 的范围内。

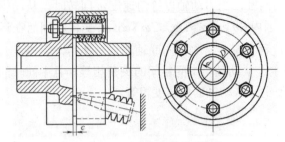

图 14-8　TL 型弹性套柱销联轴器

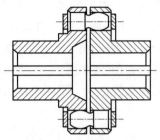

图 14-9　弹性柱销联轴器

第二节　离　合　器

离合器

根据工作原理不同，离合器分啮合式和摩擦式两类，它们分别利用牙齿啮合和工作面间的摩擦力来传递转矩。

对离合器的基本要求是：接合平稳；分离彻底；质量轻、尺寸小；操纵省力，工作可靠；调整维修方便，散热情况良好，使用寿命长和成本低廉等。

一、牙嵌离合器

如图 14-10 所示的牙嵌离合器是由两个端面带牙的半离合器 1、2 组成的，其中 1 紧配在轴上，而 2 可以沿导向平键 3(或花键)在另一根轴上移动。利用操纵杆移动滑环 4 可使两半离合器接合或分离。为了避免滑环的过度磨损，可动的半离合器应装在从动轴上。为便于两轴对中，在半离合器 1 上固定有对中环 5，从动轴端则可在对中环中自由转动。

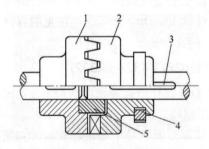

图 14-10　牙嵌离合器

1，2—半离合器；3—键；4—滑环；5—对中环

离合器牙的形状有三角形、矩形、梯形和锯齿形，如图 14-11 所示。三角形牙离合方便，但磨损较快、强度较弱、传递转矩小，适用于低速。矩形牙和梯形牙均能双向工作，但由于梯形牙具有侧边斜角，所以它比矩形牙容易离合，并能补偿牙齿的磨损和消除牙侧间隙，因而可以避免速度和载荷变化时因间隙而产生冲击振动；同时梯形牙的齿根强度较高，能传递较大转矩，所以应用甚广。锯齿形牙容易离合，强度高，能传递很大的转矩；但是，只能单向工作，反转时由于有较大的轴向分力，会迫使离合器自行分离。设计时应使各牙精确等分，保证载荷均布。

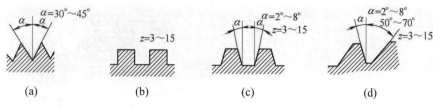

图 14-11　牙嵌离合器的牙形

若要求离合器传递转矩较大，则应选用较少的牙数；要求接合时间较短，则应选用较多的牙数。但牙数越多，载荷分布就越不易均匀。为了减轻牙面磨损，钢制离合器表面需经淬火处理，以提高牙面硬度。

牙嵌离合器只适用于速度较低和不需在运转过程中接合的场合。

二、摩擦离合器

摩擦离合器是靠两接触表面之间的摩擦力来传递运动和转矩的。它可在两轴运转中或转速不同时进行离合；不仅能控制离合器的接合过程，还能减小接合时的冲击和振动，实现较平稳的接合；当过载时，离合器打滑，可避免损坏其他重要零件，起着安全装置的作用。对于必须经常起动、制动或频繁改变速度大小和方向的机械，如汽车、拖拉机等，摩擦离合器是一个重要部件。

离合器的形式很多，其中以圆盘摩擦离合器应用最广泛。圆盘摩擦离合器有单片和多片两种。图 14-12 所示为单片圆盘摩擦离合器，圆盘 1 与主动轴用平键连接，圆盘 2 可以沿导向平键在从动轴上移动。移动滑环 3 可使两圆盘接合或分离。轴向压力 Q 使两圆盘的工作表面产生摩擦力，设摩擦力的合力作用在摩擦半径 R_f 的圆周上，则传递的最大转矩为

$$T_{max} = QfR_f \tag{14-1}$$

式中，f 为摩擦系数。

摩擦离合器在正常的接合过程中，从动轴转速从零逐渐加速到主动轴的转速，因而两摩擦面间不可避免地会发生相对滑动。这种相对滑动要消耗一部分能量，并引起摩擦片的磨损和发热。单片圆盘摩擦离合器多用于转矩较小的轻型机械(如包装机械、纺织机械等)中。

为了传递较大的转矩，可用如图 14-13 所示的多片圆盘摩擦离合器。主动轴 1 用键与外壳 2 相连接，从动轴 3 也用键与套筒 4 相连接。一组外摩擦片 5[见图 14-13(b)]的外圆与外壳之间通过花键连接，而其内圆不与其他零件接触；另一组内摩擦片 6[见图 14-13(c)]的内圆与套筒之间也通过花键相连，其外圆不与其他零件接触。当滑环 7 沿轴向移动时，将拨动曲臂压杆 8，使压板 9 压紧或松开内、外两组摩擦片，从而使主、从动轴接合或分离。调节螺母 10 用以调节内、外两组摩擦片之间的间隙大小。

摩擦片总数一般不得超过 10～13 对，否则受压不均匀、松脱不灵敏，同时还易引起磨损和发热等。为使离合器脱开时摩擦片分离迅速、可靠，内摩擦片通常做成中部凸起的形状[见图 14-13(d)]。借弹性作用离合，既能减小空转转矩，又有利于提高结合时的平稳性。

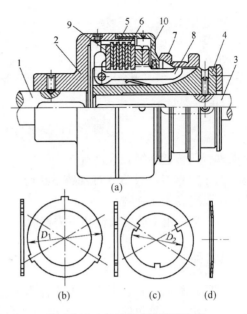

(a)

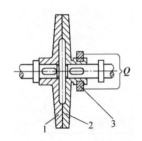

图 14-12　单片圆盘摩擦离合器

1，2—圆盘；3—滑环

(b)　　　　(c)　　　　(d)

图 14-13　多片圆盘摩擦离合器

1—主动轴；2—外壳；3—从动轴；4—套筒；5，6—摩擦片；
7—滑环；8—曲臂压杆；9—压板；10—调节螺母

三、电磁粉末离合器

电磁粉末离合器简称磁粉离合器，其工作原理如图 14-14 所示。图中安置励磁线圈 1 的磁轭 2 为离合器的固定部分。若圆筒 3 与左右轮辐 7、8 组成离合器的主动部分，则转子 6 与从动轴(图中未画出)组成离合器的从动部分。圆筒 3 的中间嵌装着隔磁环 4，轮辐 7 或 8 上可连接主动件(图中未画出)，转子 6 与圆筒 3 之间有 0.5～2mm 的间隙，其中充填磁粉 5。图 14-14(a)表示磁粉被离心力甩在圆筒的内壁，疏松并且散开，此时离合器处于分离状态。图 14-14(b)表示通电后励磁线圈产生磁场，磁力线跨越空隙穿过圆筒到达转子形成图示回路，此时磁粉受到磁场的影响而被磁化，磁化了的磁粉彼此相互吸引串成磁粉链，而在圆筒与转子间聚合，依靠磁粉的结合力和磁粉与工作面间的摩擦力来传递转矩。

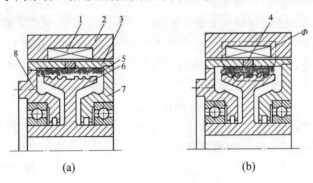

(a)　　　　　　　(b)

图 14-14　磁粉离合器

1—励磁线圈；2—磁轭；3—圆筒；4—隔磁环；5—磁粉；6—转子；7，8—轮辐

磁粉的性能是决定离合器性能的重要因素。磁粉应具有磁导率高、剩磁小、流动性好、耐磨、耐热、不烧结等性能，一般常用铁钴镍、铁钴钒等合金粉末，并加入适量的粉状二硫化钼。

电磁粉末离合器可用作恒张力控制，这对造纸机、纺织机、印刷机、绕线机等十分重要。

四、超越离合器

图 14-15 所示为常见的滚柱式超越离合器，又称"定向离合器"。它由星轮 1、外壳 2、滚柱 3 和弹簧推杆 4 组成。弹簧推杆的作用是将滚柱压向楔形槽，以保持滚柱、星轮和外壳之间的接触。星轮和外壳分别与主动轴和从动轴(或其他零件)相连，当星轮按顺时针方向转动时，滚柱借摩擦力作用被楔紧在槽内，并带动外壳一起转动，这时离合器即处于接合状态；反之，当星轮按逆时针方向转动时，滚柱将被推到星轮的宽敞部分，使离合器处于分离状态，所以称为定向离合器。星轮和外壳均可作为主动件。

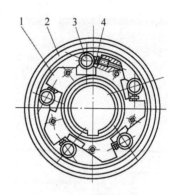

图 14-15　超越离合器

1—星轮；2—外壳；3—滚柱；4—弹簧推杆

当星轮与外壳做顺时针方向的同向回转时，根据相对运动原理，若外壳转速小于星轮转速，则离合器处于接合状态；反之，若外壳转速大于星轮转速，则离合器处于分离状态，因此称为超越离合器。超越离合器常用于汽车、机床等的传动装置中。

第三节　联轴器和离合器的选用

如前所述，联轴器与离合器种类繁多，且多数已标准化和系列化，一般不必另行设计。通常可先根据机械的工作要求，如轴的同心条件、载荷、速度、安装、维修、使用、外形、绝缘要求及制造等因素，选择合适的类型，然后再按轴的直径、转速和计算转矩从有关手册中查出适用的型号和尺寸。必要时，还应该校核其中关键零件的强度。如果根据工作要求需要自行设计，可参照同类联轴器和离合器的主要尺寸关系来确定结构尺寸，然后再做必要的校核计算。

一、类型选择

小伙伴们做选择的时候要记得，合适的才是最好的！

选择联轴器和离合器的类型时可参考下述原则。

(1) 低速、重载、要求对中的大刚性轴，可选用刚性联轴器(如凸缘联轴器)。若两轴有随时分离要求，可选牙嵌式离合器。

(2) 低速、刚性小、有偏斜的轴，可选用可移式刚性联轴器或弹性联轴器，如十字滑块联轴器、齿轮联轴器或弹性套柱销联轴器等。若两轴有随时分离要求，可选用摩擦离合器。

(3) 高速、变载荷、起动频繁的轴，最好选用具有缓冲及减振能力的弹性联轴器。若两轴有随时分离要求，双向传动可选摩擦离合器，单向传动可选超越离合器。

二、型号和尺寸选择

当联轴器或离合器的类型确定后，可根据被连接轴的直径、转速和计算转矩，从相关手册中选定具体型号和尺寸，并应注意，两轴直径应在所选型号规定的孔径范围之内；轴的最大转速应不大于所选型号的规定值。

由于机器转动时的惯性力和过载影响，轴所传递的最大转矩要比正常工作时的转矩大得多，并且不易准确求出。因此，常以计算转矩作为选择和计算的依据，其值为

$$T_{ce} = KT \tag{14-2}$$

式中，T_{ce} 为计算转矩(N·m)；T 为工作转矩(N·m)；K 为载荷系数，其值可根据原动机和工作机的性质以及所选用的联轴器和离合器的类型，由表 14-1 查得，或根据各种机械的使用经验决定。

表 14-1 载荷系数

机械名称	K
带式运输机、鼓风机、连续运转的金属切削机床	1.25～1.5
离心泵、螺旋输送机、链式和刮板式运输机	1.5～2.0
发电机	1.0～2.0
往复运动的金属切削机床	1.5～2.5
活塞式泵、活塞式压缩机	2.0～3.0
球磨机、破碎机、冲剪机	2.0～3.0
升降机、起重机、电梯、轧钢机	3.0～5.0

注：① 表中的原动机为电动机，若为往复式发动机时，K 值应增加 50%～70%。
  ② 对于固定式联轴器、刚性可移式联轴器和啮合式离合器 K 应取较大值，对于弹性联轴器、摩擦离合器 K 应取较小值。

本 章 小 结

本章介绍了联轴器和离合器的种类和适用场合以及不同类型联轴器和离合器的结构特点；合理选用联轴器和离合器的原则和方法。

复习思考题

知识拓展

简答题

1. 联轴器和离合器的主要功用是什么？它们的功用有何异同？
2. 哪种联轴器允许轴有较大的安装误差？哪种联轴器只允许轴有小的安装误差？
3. 刚性凸缘式联轴器如何对中？
4. 离合器应满足哪些基本要求？

附 录　常 用 标 准

表 1　粗牙普通螺纹(摘自 GB/T 196—2016)

(mm)

公称直径 d	螺距 p	大径 d	中径 d_2	小径 d_1
8	1.25	8	7.188	6.647
10	1.5	10	9.026	8.376
12	1.75	12	10.863	10.106
16	2	16	14.701	13.835
20	2.5	20	18.376	17.294

注：粗牙普通螺纹代号用"M"及"公称尺寸"表示，如大径 d=16mm 的粗牙普通螺纹的标记为 M16。

表 2　常用向心轴承的径向基本额定动载荷 C 与径向额定静载荷 C_0

(kN)

轴承内径 /mm	深沟球轴承								圆柱滚子轴承							
	(1) 0		(0) 2		(0) 3		(0) 4		(1) 0		(0) 2		(0) 3		(0) 4	
	C	C_0	C	C_0	C	C_0	C	C_0	C	C_0	C	C_0	C	C_0	C	C_0
30	13.2	8.30	19.5	11.5	27.0	15.2	47.5	24.5	—	—	19.5	18.2	33.5	31.5	57.2	53.0
35	16.2	10.5	25.5	15.2	33.2	19.2	56.8	29.5	—	—	28.5	28.0	41.0	39.2	70.8	68.2
40	17.0	11.8	29.5	18.0	40.8	24.0	65.5	37.5	21.2	22.0	37.5	38.2	48.8	47.5	90.5	89.8
45	21.0	14.8	31.5	20.5	52.8	31.8	77.5	45.5	—	—	39.8	41.0	66.8	66.8	102	100
50	22.0	16.2	35.0	23.2	61.8	38.0	92.2	55.2	25.0	27.5	43.2	48.5	76.0	79.5	120	120
55	30.2	21.8	43.2	29.2	71.5	44.8	100	62.5	35.8	40.0	52.8	60.2	97.8	105	128	132
60	31.5	24.2	47.8	32.8	81.8	51.8	108	70.0	38.5	45.0	62.8	73.5	118	128	155	162

表 3　常用角接触球轴承的径向基本额定动载荷 C 和径向额定静载荷 C_0

(kN)

轴承内径 /mm	70000C 型				70000AC 型				70000B 型			
	(1)0		(0)2		(1)0		(0)2		(0)2		(0)3	
	C	C_0	C	C_0	C	C_0	C	C_0	C	C_0	C	C_0
30	15.2	10.2	23.0	15.0	14.5	9.85	22.0	14.2	20.5	13.8	31.0	19.2
35	19.5	14.2	30.5	20.0	18.5	13.5	29.0	19.2	27.0	18.8	38.2	24.5
40	20.0	15.2	36.8	25.8	19.0	14.5	35.2	24.5	32.5	23.5	46.2	30.5
45	25.8	20.5	38.5	28.5	25.8	19.5	36.8	27.2	36.0	26.2	59.5	39.8
50	26.5	22.0	42.8	32.0	25.2	21.0	40.8	30.5	37.5	29.0	68.2	48.0
55	37.2	30.5	52.8	40.5	35.2	29.2	50.5	38.5	46.2	36.0	78.8	56.5
60	38.2	32.8	61.0	48.5	36.2	31.5	58.2	46.2	56.0	44.5	90.0	66.3

参 考 文 献

[1] 初嘉鹏，胡建忠. 机械设计基础[M]. 3 版. 北京：中国计量出版社，2011.

[2] 杨可桢，等. 机械设计基础[M]. 7 版. 北京：高等教育出版社，2020.

[3] 濮良贵，纪名刚. 机械设计[M]. 10 版. 北京：高等教育出版社，2019.

[4] 孙桓，陈作模. 机械原理[M]. 7 版. 北京：高等教育出版社，2006.

[5] 陆凤仪，钟守炎. 机械设计基础[M]. 北京：机械工业出版社，2011.

[6] 陈东. 机械设计[M]. 北京：电子工业出版社，2010.

[7] 陆凤仪，钟守炎. 机械设计[M]. 北京：机械工业出版社，2008.

[8] 李威，王小群. 机械设计基础[M]. 2 版. 北京：机械工业出版社，2009.

[9] 秦伟. 机械设计基础[M]. 北京：机械工业出版社，2004.

[10] 宋育红，等. 机械设计基础[M]. 北京：北京理工大学出版社，2012.

[11] 尚久浩. 机械设计基础[M]. 北京：中国轻工业出版社，1996.

[12] 王德伦，马雅丽. 机械设计[M]. 北京：机械工业出版社，2015.

[13] 王德伦，高媛. 机械原理[M]. 北京：机械工业出版社，2011.

[14] 申永胜. 机械原理教程[M]. 3 版. 北京：清华大学出版社，2014.

[15] 郑文纬，吴克坚. 机械原理[M]. 7 版. 北京：高等教育出版社，2001.

[16] 邹慧君，傅祥志，等. 机械原理[M]. 北京：高等教育出版社，1999.

[17] 朱友民，江裕金. 机械原理[M]. 重庆：重庆大学出版社，1987.

[18] 邹慧君. 机械系统设计[M]. 上海：上海科学技术出版社，1996.

[19] 张永宇，陆宁. 机械设计基础[M]. 北京：清华大学出版社，2009.

[20] 郑志峰. 链传动[M]. 北京：机械工业出版社，1984.